RENLEI WENMING YU KECHIXU FAZHAN
SANZHONG WENMINGLUN

人类文明与可持续发展

——三种文明论

毛志锋 / 著

U0208514

吉林出版集团股份有限公司

图书在版编目（CIP）数据

人类文明与可持续发展 ：三种文明论 / 毛志锋著
. -- 长春 ：吉林出版集团股份有限公司，2015.12（2025.4重印）
ISBN 978-7-5534-9819-5

Ⅰ. ①人… Ⅱ. ①毛… Ⅲ. ①文明－关系－可持续性发展－研究 Ⅳ. ①X22

中国版本图书馆 CIP 数据核字(2016)第 006760 号

人类文明与可持续发展——三种文明论

RENLEI WENMING YU KECHIXU FAZHAN——SANZHONG WENMINGLUN

著　　者：毛志锋
责任编辑：杨晓天　张兆金
封面设计：韩枫工作室
出　　版：吉林出版集团股份有限公司
发　　行：吉林出版集团社科图书有限公司
电　　话：0431-86012746
印　　刷：三河市佳星印装有限公司
开　　本：710mm×1000mm　1/16
字　　数：254 千字
印　　张：14.75
版　　次：2016 年 4 月第 1 版
印　　次：2025 年 4 月第 3 次印刷
书　　号：ISBN 978-7-5534-9819-5
定　　价：63.00 元

如发现印装质量问题，影响阅读，请与印刷厂联系调换。

目　录

第1章　人类发展危机

1.1　引言

人类自在地球上诞生以来，便不断地凭借着自己无比聪明的智慧和力量，与自然做斗争，以图改变客观的生存环境，发展和壮大着自身。特别是工业文明以来，在两百多年的时间里，不仅人类所创造的财富比过去一切世代所创造的总和还要多得多，而且人类自身也得到了前所未有的发展。但是，“文明如果是自发地发展，而不是自觉地发展，则留给自己的是荒漠。”[1]当人类在享受着改天换地的胜利喜悦的同时，亦不断地吞食着自身酿成的生存厄运和发展危机的苦果。

自20世纪下半叶以来，世界人口以平均每年2.4%的高速持续增长，造成了危及人类生存和发展的全球性问题。尤其是迈入新世纪之初，人类在充分享受现代物质文明，满怀信心地迎接新世纪曙光的同时，却面临席卷全球的严重危机：人口膨胀、资源短缺、环境污染、生态退化、贫困蔓延和精神危机。这些危机显露出前所未有的特征。首先，涉及范围广。它们不仅跨越了地区、部门、民族、国家和区域界限，而且也超越了社会制度差异和意识形态分歧，带有明显的普遍性和全球性，关系到全人类的共同利益。其次，相互缠结的复杂性和问题解决的高难性。各种危机并非孤立存在，而是相互渗透、相互影响、相互制约，形成一个不可分割的链状结构，“牵一发，而动全身”，更增添了其复杂性和解决的高难性。第三，它们不仅影响和制约着人类的生存与发展，而且构成人类可持续发展和各国实现现代化的“瓶颈”，危及人类社会的有序演化和健康发展。

因此，在20世纪末期，面对严峻的不可持续发展危机和新的挑战，人类不得不反思已历经的6000多年的文明史，特别是工业文明的辉煌和遗患，需要重新审视自己的社会、经济行为和发展追求，努力寻求一条经济、社会、生态和环境相互协调的、既能满足当代人的需求而又不对满足后代人需求的能力构成威胁的可持续发展道路。

1.2 人口膨胀

1.2.1 20世纪以来世界人口增长危机

1.2.1.1 人口增长的特点及趋势

地球这个蓝色的岛屿，她养育了人类，人类本该以爱报之；但由于人们缺乏理智，没有控制自身，造成了人口的急剧增加。

研究表明，人类在地球上诞生以来的二三百万年间，由于自然因素和社会经济条件的影响，更主要是受社会生产力发展状况的制约，人口总是非常缓慢地增长。据估计，公元前百万年间，地球上最多时只有1万～2万人；直到公元前500年，地球上的人口才突破1亿。当人类从狩猎时期进入农耕时代，世界人口才有了较大的发展。公元元年，世界人口约2.5亿；公元1500年增加到4.5亿。在这段时间里，由于社会生产力落后，生产资料的获得极为困难，加上战争频繁、瘟疫流行，人口增长依然非常缓慢，16世纪人口平均增长率仅为千分之一。

随着资本主义生产方式的诞生，社会生产力得到了较大的发展，人口亦开始大幅度地增长，公元1650年世界人口达到了5亿。欧洲工业革命后，人类进入工业文明阶段，生产力飞速发展，社会财富猛增，人口列车也随之加速，增加1倍的时间只需了150年，到1804年世界人口已达10亿。特别是自世界二战之后的半个多世纪里，全球人口就像滚雪球般飞速膨胀，翻番的周期越来越短。1950年世界人口才25亿，到1999年的10月12日已达60亿，是50多年前的2.4倍。

由表1-1可知，世界人口每增加10亿所需的时间间隔越来越短。人口总量由1804年的10亿增加到20亿用了近130年，其后则呈现出加速增长之势；1960年人口达30亿，用了33年的时间；1974年人口达40亿，用了14年；1987年人口突破50亿大关时，用了13年；而从50亿增加到60亿仅用了12年。

尽管自20世纪70年代以来，世界许多国家采取了积极的人口控制政策，人口规模剧增的态势有所遏制，平均增长率渐趋下降，增速逐渐减缓，一些发

表 1-1　世界人口增长趋势

年　代	人口（百万）	年均增长率（%）	人口翻番周期（年）	每增加10亿所需时间（年）
公元前7000—6000年	5～10	—	—	—
公元元年	200～400	0.0	—	—
1650年	470～545	0.1	700	—
1750年	629～961	0.4	154	—
1800年	约1000	0.47	150	近300万年
1850年	1128～1402	0.49	130	—
1900年	1550～1762	0.5	129	—
约1930年	约2000	—	—	—
1950年	2531	0.8	38	—
1960年	约3000	1.9	37	30年
1970年	3678	1.97	36	—
1975年	约4000	1.75	15年	—
1980年	4415	1.67	38	—
1987年	约5000	—	—	—
1990年	52.5	1.58	43.8	—
1999年	约6000	—	—	—
2000年	6127	1.38	50.6	—

注：根据有关资料整理。

达国家的人口已呈现零增长甚至负增长。但是，工业文明累积起来的庞大的人口基数，使得世界人口每年还是净增近1亿，并且由于人口惯性的作用，这种增长态势还将持续较长时期。预计到2050年，全球人口最低为79亿，最高可达109亿。显然，在未来的几十年里，世界仍将面临庞大的人口增长重负。

世界人口不仅数量加速膨胀，而且在地域分布上亦极不均衡。如图1-1所示，在20世纪50年代初期，发达国家或地区的人口年平均增长率为1.2%，而不发达国家或地区则为2.1%。自此以后，前者人口年平均增长率持续下降，在1980—1985年间降至0.6%，1985—1990年间基本不变；而后者的人口年平均增长率则逐年增加，到1965—1970年间上升至2.5%，以后虽逐步有所下降，但在1980—1985年间仍高达2.0%，1985—1990年间为1.9%。发达国家1990—2000年间人口平均递增0.83%，而同期发展中国家高达1.52%每年。预计到2025年，发达地区人口年平均增长率可下降到0.3%，而不发达地区有望下降到1.0%。在20世纪的百年间，发展中国家的人口增长率可能是发达国家的3～4倍。

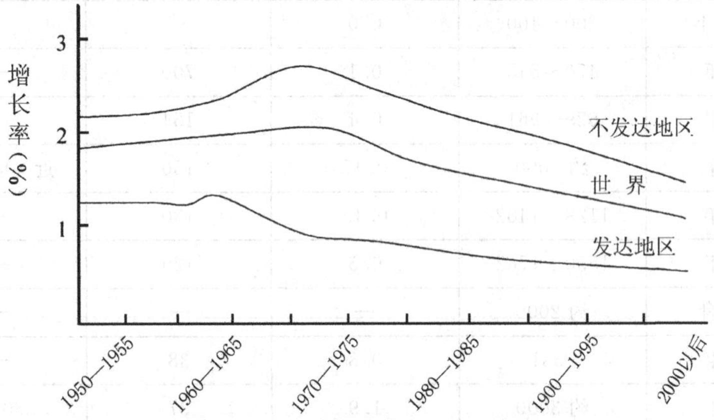

图1-1 发达地区和不发达地区人口平均增长率（1950—2000）

（注：根据有关资料整理）

就区域人口格局来说，欧洲和北美发达国家的人口增速缓慢，加拿大和德国的人口增长已停滞甚或萎缩。但是，亚洲、非洲、拉丁美洲的许多发展中国家，人口增长依然很快。世界人口相对集中于发展中国家，出现了越来越多的巨型人口大国。1992年世界10个人口过亿的巨型人口国家依次是：中国(11.88)、印度（8.8）、美国（2.25）、印度尼西亚（1.91）、巴西(1.54)、俄罗斯（1.49）、巴基斯坦（1.25）、日本（1.24）、孟加拉国（1.19）、尼日利亚(1.16)，其中发展中国家就占了7个。

人口地域分布不均的另一表现是，由于城乡经济发展和生活水平差距拉大，越来越多的农村人口向城市集中，从而在世界上形成了许多人口在1000万以上的特大城市，如墨西哥、加尔各答、圣保罗、上海、开罗、孟买、北京、雅加达和卡拉奇，均分布在发展中国家。

1.2.1.2 世界人口年龄结构及其发展趋势

纵观世界人口再生产的演化过程，大致经历四个阶段（如图1-2所示）。即高出生、高死亡、低增长阶段，高出生、低死亡、高增长阶段，低出生、低死亡与人口规模稳定变化下的负增长阶段。当代发达国家的人口再生产已处在第四阶段，而大多数发展中国家正在迈向第三阶段。[2]

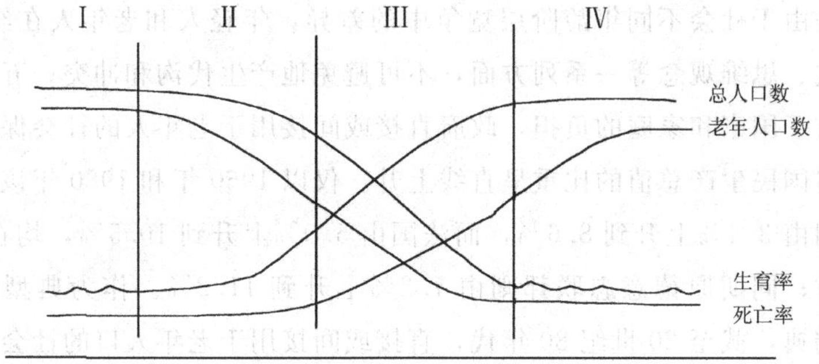

图 1-2　人口转变四个阶段示意图

（注：根据有关资料整理）

伴随人口低速增长或稳态、负增长阶段的降临，人口老化已成为必然趋势。人口老龄化是一个随着社会经济的发展，老年人口占总人口的比重逐渐上升的人口年龄结构变动过程。在人口老龄化过程中，当老年人口部分在总人口中的比重达到一定水平（例如 65 岁及以上年龄人口的比重超过 7%），人口年龄构成的其他指标也发生相应的变化（如 0～14 岁人口比重低于 30%，年龄中位数超过 30 岁，老少比高于 15%）时，则称人口年龄结构类型已经进入“老年型”人口。具有这种人口结构类型的国家，称为老年型国家或老龄化社会。

自从 1870 年法国成为世界上第一个老年型人口国家以来，伴随着人口向低出生、低死亡、低自然增长率增长的现代类型转化，人口老龄化相继在美国和欧洲的一些国家出现。当前，世界上许多发达国家都已经完成了人口再生产向现代型的转变，步入人口老龄化行列。在这些国家，少年儿童系数比重较低，1986 年英国为 19%，法国为 20.8%；劳动力人口比均在 60%以上；人口自然增长率低，一般均在 1%以下，个别国家如原西德 1976 年和 1985 年的自然增长率分别出现－2%和－1.5%的负增长。家庭抚养系数上升，社会负担加重。而在发展中国家，人口年龄构成普遍年轻，15 岁以下的幼年人口比重一般均在 40%以上。如，1987 年印度 14 岁以下儿童占其人口的 37.2%；1986 年约旦 14 岁以下儿童为 51%，人口自然增长率高，且仍在递增或下降缓慢。因此，在未来几十年里，人口膨胀问题主要集中在发展中国家，成为这些国家现代化建设和可持续发展的最大障碍。

人口老龄化既是一个人口总量问题，也是一个人口质量问题。一是它使劳动力愈益高龄化和供给短缺；二是人口老龄化导致年老工人和雇员再就业的竞争力大大减弱，失业期延长；三是退休老年人生活水平低下，形成新的贫困群体；四是由于社会不同年龄阶层竞争中的差异，年轻人和老年人在经济收入、生活方式、思维观念等一系列方面，不可避免地产生代沟和冲突；五是人口老龄化加重了国家和家庭的负担，政府直接或间接用于老年人的社会保险和公共支出，占国民生产总值的比重呈直线上升。仅以 1960 年和 1980 年该比重相比较，英国由 3.4%上升到 8.6%，而法国由 5.0%上升到 10.5%，均在 20 年内翻了一番；同期原德意志联邦则由 7.2%上升到 11.2%。作为典型“福利国家”的瑞典，截至 20 世纪 80 年代，直接或间接用于老年人口的社会保险和公共支出，占国民生产总值的比重竟高达 65%。

在发达国家，由于老年人口多，因而从事经济活动的老龄人口大约占 10%左右。这些国家人口的低速增长，经济的快速发展，一方面因劳动力供给不足，采取各种手段吸引、滞留发展中国家的高技术人才和低层次的服务业人口；另一方面失业压力又不断滋扰着社会生活的安定。

就发展中国家而言，人口的急剧增长，人均 GNP 占有和增长率较低，产业的就业结构大多处在低、中级发展状态，即第一产业的就业人口比重大多介于 40%以上，少年儿童实际从事经济活动的较多。据联合国劳工组织统计，20 世纪 80 年代初全世界有 5200 多万童工，绝大多数在发展中国家，而印度就达 1700 万。在非洲，适龄儿童的入学率仅有 55%左右，老年人口比重较小，人口文化技术素质较低，劳动生产率自然亦低，饱受经济贫困的折磨。现虽度过 20 余年，其改观不大，足见人口背负的沉重和影响的深远性。

1.2.2 21 世纪中国人口增长危机

中国是世界上人口最多的国家。全国第五次人口普查表明：截至 2000 年 10 月 11 日零时，中国大陆人口已达 126583 万人。由于坚持不懈地推行计划生育政策，人口过快增长的势头得到了有效控制。同第四次人口普查相比，虽然人口总量增长了 11.66%，但人口年均增长率已经降到 1.07%，与 1982 和 1990 年两次人口普查间的人口增长速度相比，下降了 0.41 个百分点。这表明我国人口增长已经降到了一个较低的水平，实现了人口再生产过程的转变，进入低生育、低速增长时期，步入低生育水平国家行列。

然而，由于庞大的人口基数和人口增长的惯性，我国人口增长将持续 40

年左右，预计到 21 世纪中前叶，全国人口达到 15 亿～16 亿时方能实现零增长；未来十几年，我国人口年平均净增将达 1000 余万人，沉重的人口负担仍将成为我国经济发展的重要障碍。同时，低生育水平必将导致儿童数量减少，老年人口增加，人口年龄结构呈现上宽下窄的倒金字塔形，人口老龄化接踵而至。目前，我国老年人口（65 岁及以上）已达 8811 万人，占总人口的 6.96%；少儿人口（0～14 岁）为 28979 万人，占总人口的 22.89%，老少比（老年人口/少儿人口×100）为 30.4%；适龄劳动人口（15～64 岁）为 88793 万人，占总人口比重高达 70.15%。依据国际公认的少儿人口比重在 30%以下、老年人口比重在 7%以上、老少比在 30%以上即为老年性（减少型）人口的标准，目前我国的人口结构已基本进入老年型。

在新的世纪里，我国老龄人口将迅速而大规模地膨胀，尤其是随着高龄人口的迅速增长，“银色浪潮”将席卷全国城乡。据预测，1999 年到 2010 年为人口老龄化加速期，老年人口比重平均每年上升 0.1 个百分点；2011 年到 2040 年为人口老龄化高速期，老年人口比重平均每年上升 0.4 个百分点；从 2041 年到 2060 年为人口老龄化减速期，老年人口比重平均每年上升速度再次回落到 0.1 个百分点。预计到 21 世纪 60 年代，我国 65 岁及以上老年人比重将达到最高值，但不会超过 25%，其后人口老龄化进入稳定期。

我国老龄化发展不仅速度快，而且老年人口数量多。当我国人口在世界人口总量中所占的比重不断下降时，老年人口的比重却在不断攀升。2000 年我国 60 岁及以上老年人口已达到 1.3 亿，占全球老年人口总量的 20%。到 2050 年，世界老年人口将达到 12 亿，而我国为 3 亿，占 1/4。不仅如此，我国老年人口的高龄化趋势亦突增。1990 年至 2010 年，80 岁及以上的高龄老人年平均增长预计为 4.1%，快于 3.0%的世界平均水平和 2.0%的发达国家水平。目前，我国 80 岁及以上高龄老人已达 1100 万。

我国人口老龄化趋势还存在地区差异。总体而言，东部地区要早于西部地区进入老年社会。自 1979 年上海率先步入老龄化城市以来，北京、天津、江苏、浙江、山东、辽宁和四川等省市相继进入老年社会；而偏远的青海、西藏等欠发达省区估计要到 2010—2020 年前后才会跨入老年型的行列。[3][4]

与发达国家相比，我国的老龄化问题更加严重，其根源如下。

第一，我国是在经济不发达的情况下，用较短的时间，依靠大力推行计划生育，才使人口过快增长的趋势得到有效遏制，实现了人口再生产类型的历史性转变，走完了一些发达国家数十年乃至上百年才完成的历程，因而已达到的低生育水平很不稳定，控制人口的工作丝毫都不能懈怠，稳定生育水平的任务仍十分艰巨。率先进入人口老年型的发达国家和地区在年龄结构老化的时候，早已具备较强的经济实力，人均国民生产总值接近或超过1万美元。而我国与这些国家和地区相比，情况迥然不同，是在低水平的人均收入状态下进入老龄社会的，人口老龄化不仅相对于经济发展水平来说是超前的，而且相对于社会发展水平也是超前的，加之社会保障体系的建设远远落后于人口老龄化的进程。所有这一切使得我国的老龄化问题更显突出，也更难于解决。同时，我国绝大多数老年人口将散居在农村，由集体和社会供养孤寡老人，则更是难以承受和可行。

第二，我国人口老龄化基数大、速度快，国家财力难以承受。以65岁以上人口老龄化速度为例，瑞士和意大利用了56年，芬兰用了48年，日本用了25年，我国仅用了22年即达人口比重的7%以上。这意味着我国必须大力发展经济，创造出更多的物质财富来保障急剧增长的老年人口的需求。

第三，我国一方面表现为人口膨胀，另一方面又呈现出人口老化，人口膨胀与老化并存并发，直接加重了我国人口调整的复杂性。单纯的人口老化问题，可通过增加物质财富，适当鼓励生育等措施来加以解决；单纯的人口膨胀，可以通过计划生育严格控制总量和生育率来解决。然而，人口膨胀与老化的并存，不仅加剧了老年人口的持续膨胀规模，而且加重了社会经济负担和变革的成本，更涉及一系列需要付出代价的社会经济调整，如福利、就业、医疗、养老保险、住房、教育等制度。

制约我国经济发展的另一人口问题是，人口文化素质普遍低下。1990年我国文盲、半文盲人口总数约2.5亿，其中90%在农村。尽管全国文盲和半文盲人口比重已由1990年的22.27%下降到1996年的16.48%，但其总量巨大。如此众多的低素质人口既为我国现代化的实现造成无形的阻力，亦为农村的脱贫致富产生巨大的障碍。因此可以说，当今中国最大的危机是人口危机，真正的贫困是教育贫困。教育的贫困直接影响我们的战略目标——科教兴国，而人口危机所产生的一系列重负将直接影响我国经济增长方式的转变和综合国力的提高，制约着人民生活水平的改善和我国社会、经济的可持续发展。

1.2.3 资源、环境和社会压力

人口与资源、环境、社会相互关联（如图1-3所示），共同形成了一个巨系统。[5]如果它的某一个环节遭到破坏，就会形成严重的社会、经济危机。人口膨

胀引发和加剧了当今世界人类所面临的诸多严重问题，所形成的人口危机和粮食短缺、资源枯竭、能源匮乏、环境污染并列构成了当代五大全球性危机。

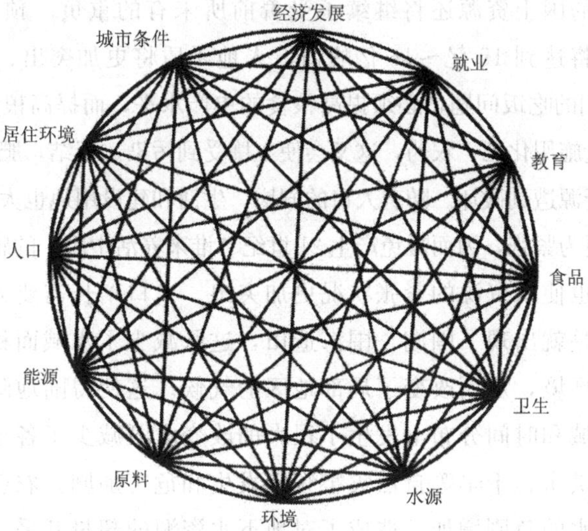

图 1-3　人口—环境—社会—资源关联图

随着世界人口的急剧增长，人口老龄化的加剧，地区分布的不平衡以及城市化的进程加快，给资源、环境、社会造成了巨大的压力和挑战。我们只有从战略高度处理好人口—资源—环境—社会—发展之间的相依关系，才能保障社会经济健康、有序、持久地发展。

1.2.3.1　人口增长对资源的压力

人口的膨胀，意味着需要创造更多的社会财富来满足新增人口的生存和发展需求，以及人们日益增长的物质和文化需要，从而消耗大量的资源，给世界资源的永续利用造成严重威胁。

人口急剧增长的直接后果是加剧了人地之间的矛盾，导致土地资源的可耕总量和人均数量的减少，在科技支持和单产水平递增有限及人均粮食消费增长的情况下，难免会产生粮食供给危机。1975 年，世界人均耕地为 0.31 公顷，到 2000 年则下降到 0.15 公顷，即减少了一半。在 20 世纪 70 年代初，平均每 1 公顷耕地只需养活 2.6 人，到 2000 年则需养活 4 个人。

1949 年，中国人均耕地约为 0.18 公顷；到 1988 年却只有 0.09 公顷，1991 年已不足 0.0867 公顷。20 世纪末，我国人均耕地再次下降到不足 0.067 公顷，每 1 公顷需要养活 14 人，致使人口对耕地的压力更加沉重。曾令国人引以为豪的是，我们以仅占世界7%的耕地养活了占世界22%的人口。不过，这只是低水平的养活，仅仅满足了人的最基本的生存需求而已。在未来的较长时期内，我国的国土资源还将继续承受着前所未有的重负。预计21世纪中前叶，我国人口将达到15亿～16亿峰值，人地矛盾将更加突出、尖锐。

要解决人们的吃饭问题，必须提高粮食的单产水平，而提高粮食产量的主要措施之一就是大量施用化肥、农药，这又会使土壤受到污染、板结，肥力下降，生产能力受损，土地资源遭到破坏。随着人口的剧增，生活和建设用地也大量增加，使得原本稀缺的土地更为紧张，因而难免产生21世纪“谁来养活中国”的感慨和惊世之言。

人口增长也使水资源的紧张状况更加突出。人口增长需要大量耕地来进行粮食生产，于是就出现了围湖、围海造田，这既减少了水域面积，又破坏了地表水系和生态环境，从而改变了局部地区的气候。这使得陆地降水不仅在总量上，而且在地域和时间分布上发生了很大的改变，既减少了各地水资源的供给总量，又导致洪涝、干旱等自然灾害频频发生和危害加剧。农业灌溉用水和城乡人口生活用水的急剧增加，造成了对地下水资源的超量开采，不仅使地下水资源储量大为减少，亦引发了城市地表下沉、地壳断裂和局域地震灾变。工业和生活废水的大量排放，污染了水源，危害着人们的健康，亦造成水质性短缺，使人类社会的发展无奈愈益面临全球性水荒威胁。

人口增长对木材和粮食的巨大需求，造成乱砍滥伐和毁林开荒，使森林资源大量减少。到1975年，地球上的森林面积已由1962年的5500万km^2减少到2600万km^2，短短十余年间竟锐减了一半，森林覆盖率仅为20%。拥有世界最大面积热带雨林的巴西，其森林覆盖率也从400年前的80%减少到当代的40%。我国人均森林面积仅为世界人均水平的40%，居世界第120多位。

人口剧增造成同样以自然环境为生存条件的生物资源急剧减少，生物物种大量灭绝。这是由于人口剧增下的生存和发展需求而导致大量毁林开荒，侵占生物的生存环境和栖息地；同时，对野生生物的过量采猎、索取，导致了生物数量的急剧减少和物种的大量灭绝。

此外，人口的剧增和物质消费水平的迅速提高，更加剧了能源的消耗和矿藏的开采，造成能源危机和稀缺矿产的耗竭。

1.2.3.2 人口危机对环境的影响

人口危机对环境的冲击是巨大的、多方面的，有时甚至是灾难性的。关于人口膨胀对环境的影响，D. L. Meadows曾提出了一个“人口膨胀—自然资源耗竭—环境污染”的世界模型（如图 1-4 所示）并做了形象的概括。[6]

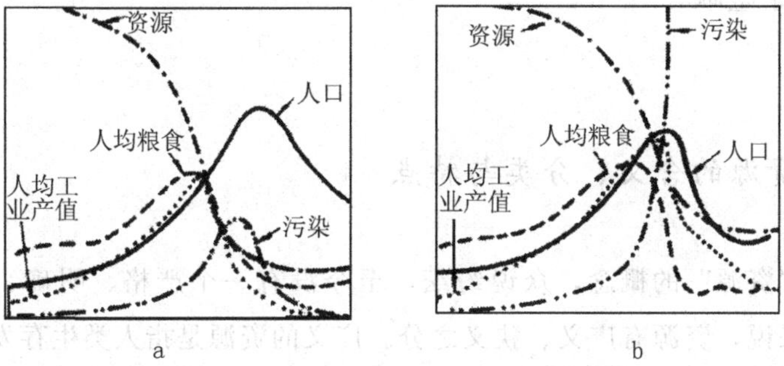

图 1-4　人口增长—自然资源耗竭—环境污染的世界模型

注：a. 在人均粮食和人均工业产量达到高峰值后，人口和污染仍在继续增加，其结果是死亡率的剧增；b. 资源利用翻一番后，此时工业化达到更高的峰值，但到 2100 年时仍和 a 一样，所不同的是环境污染已经严重到无法控制的地步。

从这一模型可以看出，随着人口的急剧增长，人口对土地资源、水资源、能源等形成巨大的压力，大大超出了其承受能力和污染消纳能力，从而破坏了生态环境的结构和自组织调节机制，造成生物资源再生能力蜕化和植被破坏；导致水土流失、土地沙化与荒漠化，以及土壤盐碱化；引起水资源和能源供给短缺，以及水质恶化等环境问题，危及人类的生存与发展。由于一个国家或地区的经济财力需要更多地投入到解决新增人口的生存问题，因而人口的剧增必然会延滞产业结构的升级换代和社会其他事业的发展。

1.2.3.3　人口剧增对社会保障的挑战

人口的剧增不仅影响到人类赖以生存的资源和环境，还直接或间接地影响到人类社会系统自身的结构、功能与发展。如果人口的增长与社会经济发展不相适应，就会导致严重的社会经济危机，从而造成社会、经济的不可持续发展。

人口增长过快，使得消费者数量增加，需要创造更多的社会财富满足新增人口的消耗，且给社会保障体系增加了巨大的压力。劳动人口的剧增若与社会经济增长的不同步，便使劳动力供给过剩，从而形成巨大的就业压力，这不仅增加了社会的负担，也会引发更多的社会治安混乱、道德沦丧、犯罪率上升以及与政府为敌等严重的社会问题。此外，因人口增长的惯性作用，必然导致老年人口的急剧增长，使得社会面临严峻的挑战，许多发达国家已经和正在经历着这样的阶段。

1.3 资源短缺

1.3.1 资源的含义、分类与特点

关于“资源”的概念，众说纷纭，至今没有一个严格、明确、公认的定义。一般来说，资源有广义、狭义之分。广义的资源是指人类生存发展和享受所需要的一切物质的和非物质的要素。也即包括一切为人类所需的自然物，如阳光、空气、水、矿产、土壤及动植物等；包括以人类劳动产品形式出现的一切有用物，如各种房屋、设备及其他消费性和生产资料性商品；还包括无形的资财，如信息、知识和技术，以及人类本身的体力和智慧。狭义的资源仅指自然资源。联合国环境规划署（UNEP）对资源下过这样的定义：“所谓自然资源，是指在一定时间、地点的条件下，能够产生经济价值的、以提高人类当前和将来福利的自然环境因素和条件的总称”。它排除了那些目前在技术上能够加以开采，但在经济上还不合算的那部分矿产资源，以及目前无法开垦利用，但却有观赏、科研等价值的自然资源。

当然，资源的内涵与外延并非是一成不变的，它随着技术、经济发展而不断拓展、深化。在社会发展进程中，随着人类认识水平的不断提高和科学技术的日益进步，先前尚不知其用途或未被利用的自然物质，逐渐被人类所利用，成为资源。正因为如此，资源的概念也变得扑朔迷离。本节所讨论的资源即指狭义的自然资源。

对于资源，从不同的角度、按不同的标准有着各种各样的分类方法。通常来说有如下两种：①按资源的根本属性不同，可划分为自然资源和社会资源；②按资源的利用限度，分为可再生资源和不可再生资源。本节采用第二种分类法，着重于自然资源价值和短缺的探析。

可再生资源是指能连续或往复供应的资源，主要包括动植物资源、水资源、森林资源、气候资源。而不可再生资源系指难于永续利用的自然资源，主要包括化石类能源和各种矿产资源。

当今世界，资源短缺是人类面临的又一个全球性问题。自然资源是人类生存发展不可缺少的物质依托和条件，然而随着全球人口的增长和经济的发展，

对资源的需求与日俱增，人类正面临某些资源短缺或耗竭的严重挑战。全球资源匮乏和危机主要表现在：耕地和森林资源不断减少和退化，淡水资源出现严重不足，生物物种亦在锐减，某些矿产资源濒临枯竭等等。

有限性是资源最重要的特性，主要表现在以下几个方面：第一，在一定的时空域内，资源的数量是有限的。如我国现有的耕地资源仅 19.3 亿亩，世界可用的淡水资源极其稀少且分布不均；第二，某些资源的存量和潜能虽然相当大，但是人类可利用的部分却是有限的，如太阳能、水能和核能等；第三，在一定的社会经济科技水平条件下，人类利用自然资源的能力和范围是有限的。譬如，尽管耕地资源有限，但世界上目前依然有许多地方还是不毛之地和荒芜之地难以垦殖利用。人类由于技术条件的限制，现对矿产资源等的利用仍仅限于表层的高品位部分。但是，长期以来人们对资源价值的认识有失偏颇，认为资源是大自然赐予人类的财富，是取之不尽、用之不竭的。因此，人类不顾自然规律的约束，盲目地开采和超度利用自然资源，既造成大量浪费，又破坏了生态环境的再生调节能力，使得原本有限的自然资源更加紧缺。[7]

1.3.2 资源保障与可持续发展

资源既是国民经济赖以发展的物质基础，也是社会财富的主要来源。种类齐全、储量丰富的资源是一个国家真正的财富，是国富民强的可靠保障。一个国家的富强程度，不能仅用国内生产总值（GDP）来衡量，还应把资源保障作为一个重要尺度。因为资源的丰度与组合状况，在很大程度上决定一个国家产业结构、经济优势、外贸特征等；资源保障程度如何，也直接影响到国家未来经济的发展。

人类进入 21 世纪，面临人口加速膨胀和人们物质需求不断增长的双重压力，因而资源越来越成为制约一个国家经济发展和子孙后代生活水平改善的“瓶颈”。世界各国都十分重视其资源的保障程度，尤其是那些经济发达而资源又十分贫乏的国家，如日本。因为它直接涉及一个国家的现实经济利益和可持续发展，事关国家的国防安全、抵御自然灾害的能力、应付国际上不测事件和保障人民的正常生活需要。在国际政治经济活动，特别是国际贸易和全球性的问题中，一些发达国家总是盛气凌人，对广大发展中国家百般阻挠，动则实行经济封锁、制裁。广大发展中国家为了民族利益和社会经济的可持续发展，也常常联合起来共同抵制发达国家的不平等待遇。

因此，资源保障对发展中国家和发达国家来说都至关重要。它是广大发展中国家摆脱贫困和奴役、争得民族独立与发展的重要物质条件，也是发达国家社会经济可持续发展的物质保证。一些干旱地区对淡水资源的争夺，特别是跨国性河流水资源的分配和一些具有战略、战备意义资源的占有等，都有可能发生地域性政治或战争危机，如叙利亚和以色列两国对戈兰高地的争夺，尼罗河流经国对水资源的分配之争等。有人曾预言，如果要爆发第三次世界大战的话，其导火线正是水。这足见资源保障对国家和人类社会的经济发展、社会秩序稳定和可持续发展的重要性。

然而，资源对社会经济发展的保障程度不仅受资源数量的影响，而且受资源开发利用条件的制约。为确保有限的自然资源能够满足经济持续发展的需要，必须实行保护、合理开发利用与增殖并重的政策，依靠科技进步挖掘资源潜力，运用市场机制和经济手段促进资源的合理配置，通过产业结构调整和法规、管理体系的建设，以及消费模式的调控而最大限度地节约资源，旨在能为子孙后代留下充裕的发展空间。

中国是一个地大物博、人口众多的国家，资源总量在世界上占据十分重要的地位，但是许多种类资源的人均拥有量却远远低于世界平均水平。在未来的社会经济持续发展中，我们不仅面临人口基数庞大、实现人口的零增长尚需近半个世纪的时间，以及人民对改善和提高生活水平的强烈愿望和要求的严峻挑战；而且由于我国正处于工业化过程，资源利用率低下，资源总需求量不断增大，资源供求矛盾日益尖锐；此外，主要的发达国家又在通过政治、经济、外交、贸易等手段不断地施加压力和影响，妄图延缓我国的现代化进程。为了确保中国21世纪社会经济持续发展，必须从战略的高度认真研究和解决好人口、资源、环境和发展之间的关系，重视资源的利用、保护与储备，正确制定长期的资源战略与政策。

就目前的情况来看，中国的自然资源尽管有一定的储备，其中一部分资源的储备还较多，可以满足国家较长时期的开发需要；但总的来看，中国的大部分资源储备不足，其中有不少资源本身贫乏或短缺，不能满足需要，人均资源储备不到世界人均值的一半，很多资源人均值的世界排名在几十位甚至百位之后。迄今为止，中国还没有建立起一套较完善的主要资源储备制度和富有成效的调控机制。同时，由于长期的计划经济，资源无偿使用，并且生产工艺和技术落后，有的甚至处于手工作坊阶段，资源利用率极低，浪费相当严重。

随着经济的较快发展，特别是在21世纪中叶，要使中国的经济发展水平达到世界中等发达状态，在人民生活水平提高和人口总量膨胀双重压力下，对自然资源的需求也就会越来越大。为了预防不测，保证经济顺利发展和满足人们生活质量日益提高的可持续发展需求，且基于如下亟待考虑的原因，国家积极储备资源不失为其英明的抉择。

首先是中国卷入地区冲突的可能。冷战结束后，虽说再次发生世界大战的可能性减少了，但世界并不太平，民族矛盾、地区冲突从未间断。一些大国为了自身利益或出于某些政治、经济目的，插手地区冲突或直接出兵干预，充当“世界警察的角色”，从而加剧了地区动荡与冲突。震惊世界的美国“9·11”恐怖事件和泛滥的恐怖思潮，既是这种冲突的集中体现，也成为当前人类社会和平与发展的最大隐患。

中国还没有完全妥善地解决好边界问题，存在着本不应该发生的所谓“南沙之争”。另外，中国台湾还没有回归祖国怀抱，外国敌对势力还在大做文章。西藏问题、新疆的“东突”分子和中亚的恐怖势力沆瀣一起，不时滋扰着我国边疆地区的社会稳定和健康发展。

其次，在国际事务中，中国所遇到的困难与压力要比别的国家大。苏联解体，东欧剧变，但东西方对抗并未消除，世界上“恐共症”依然存在，这给坚持社会主义制度的中国增加了困难和压力。中国实行改革开放政策，迅速地摆脱了闭关自守的锁国时代，正在走向世界，但是在国际事务中，中国同西方国家在思想意识和道德观念等方面还存在相当大的差距，以美国为首的西方国家与共产党执政的国家很难“和平相处”。它们虽然解散了“限制向共产主义国家输出”的巴黎统筹委员会，但还会在这样那样的问题上给中国制造麻烦。例如，以所谓的“人权”问题，向中国施加压力，实行制裁。比较典型的是，美国国会每年都要炮制一个世界各国人权状况的“黑名单”，中国必列其中。在联合国人权大会上，一些别有用心的国家一次次制造中国人权状况的提案，尽管屡屡碰壁，但也给需要和平国际环境的中国带来了麻烦。中国加入世界贸易组织（WTO）的谈判也是历尽千辛万苦，中国欲求“和平崛起”但不时遭遇“中国威胁论”的挑衅。

再次，中国特殊的国情：人口多，底子薄，发展任务重。中国同美国的国土面积接近，但是人口却是美国的 5 倍。50 多年来，中国虽然基本解决了近 13 亿人口的吃饭问题，但只是一种低水平温饱型的解决，经济实力还不雄厚，国家还不富强。我国现阶段的经济增长依然是建立在资源的依赖和大量消耗、浪费的基础上的，因而资源的短缺和环境的破坏，势必成为未来可持续发展的桎梏。

最后，中国地域辽阔，因水旱和地质等自然灾害多发，每年都要消耗大量的物力、财力来救助受灾地区，帮助灾民重建家园、恢复生产，这就需要更多的资源来加以保障。

总之，任何一个国家要保证其经济和社会的可持续发展，必须充分考虑其资源保障情况，必须从战略的高度予以重视，建立完备的资源保障体系。只有这样，国家才有独立的主权、稳定的社会经济发展，一旦出现不测风云，才能保证自身的安全与稳定。资源保障不仅对于发达国家具有重要意义，对于广大发展中国家尤为重要，特别是对于我国这样的人口众多的发展中国家其意义更为重大而深远。

1.3.3 能源、矿物和水资源供给的短缺与危机

1.3.3.1 能源资源

能源是指人类取得能量的来源，包括已开采出来可供使用的自然资源和经过加工与转换的能量来源，而尚未开采出来的能量资源只能称为资源。能源是人类社会活动和进行物质生产、提高生活水平的重要物质基础和动力，其消费量的多少已成为衡量人类进步和文明的标志。从某种意义上讲，人类社会得以发展离不开优质能源的保证和先进能源技术的支持。

在漫长的人类历史进程中，能源成为社会文明的重要推动力之一。一种能源的短缺迫使人们寻找新的替代品，新能源的出现又促使人们研究与之相适应的新型生产工具，从而提高社会生产力，推动人类社会的发展。就这样，能源发展的每一次飞跃，都引起生产技术的变革，出现与之相适应的先进生产工具，极大地推动着生产力的发展，使几乎停滞的文明又勃发新的活力，对能源的需求量也随之大幅度增加。

人类对能源的利用大致经历了三个时期，即柴草时期、煤炭时期和石油时期。自从原始人发现火能给人类带来巨大的能量后，人类开始以木材、草梗等植物体和残体为燃料。由于大自然界中植物的再生力远远大于人类的消耗量，因而人类并未感到能源危机，也没有去寻找新的能源。但是自16世纪以来，作为欧洲主要能源的木材的价格从15世纪后半叶到1700年增长了10倍，从而导致了用煤来代替土地生产的燃料资源。而煤的应用，又推动了以蒸汽为动力的机械工业和运输工业的发展，进而引发了工业革命。19世纪中叶，石油

资源的发现，开拓了能源利用的新时代，特别是 20 世纪 50 年代，世界石油和天然气的消费量已超过了煤炭，成为世界能源供应的主力。

蒸汽机、内燃机以及以电力为动力的机械的发明与使用，使人们对能源的利用能力大大加强，生产力出现了质的飞跃，从根本上改变了人类社会的面貌。二战之后发展起来的以原子能、空间技术和电子计算机为主要标志的新技术，正以迅猛的速度向前发展，形成了极大的社会生产力。工业不断集中扩大，与之相联系的城市化速度加快，高消费生活方式应运而生，既造成资源的大量消耗，也导致了能源需求的剧增。

能源有多种多样的分类（见表 1-2）[8]，如一次能源和二次能源，常规能源和新生能源，再生能源和非再生能源。据统计，20 世纪 80 年代中期世界商品能源的消费量，用标准煤来计算，每年约 100 亿吨。同时，消费的非商品能源为 10 亿吨左右。在所有的能源消耗中，比重最大的是石油，占能源消耗总量的 45%，煤炭占 30%，天然气占 21%。而这些化石燃料都是不可再生资源，其储量有限。据估计，世界煤炭储量约为 10 万亿吨，按目前的开采速度大约可以维持 400 年。

表 1-2　能源分类

类别		常规能源	新生能源
一次能源	再生能源	水能、生物质能	潮汐能、地热能、风能、太阳能、海洋动力能、海洋波力能、海洋温差能
	非再生能源	油页岩、天然气、石油、煤炭	核能燃料
二次能源		焦碳、煤气、电力、氢、蒸汽、酒精、汽油、柴油、煤油、重油、石油液化气、沼气、激光	

世界石油 1968 年探明储量为 960 亿吨，1985 年的产量为 28 亿吨，按照这一开采水平，30 多年就要消耗殆尽。

此外，由于世界能源生产和消费很不平衡，使得一些地区的能源供需矛盾更加尖锐、突出。经济发达的美国、日本、西欧诸国以及俄罗斯，人口不到世界总人口的 30%，而能源消费却占世界总量的 94%。尤其是美国，其人口仅为世界的6%，能源消费却占世界的33%。相反，占世界人口三分之二的发展中国家，人均能耗只有发达国家的八分之一。

随着世界各国经济的进一步飞速发展，全球能源消费呈加速度增长。据统计，从1950年至1980年，化石燃料每年增长率高达5%，而同期人口增长率为2%，能源消费的增长率远大于人口增长率。因此，未来世界的发展将面临严重的能源危机，人类如何获得社会经济发展的动力将直接关系到人类未来的生存与发展。

目前，尽管世界各国都加紧了对新能源的研究，初步开发利用了太阳能、风能、生物能、海洋能、地热能等替代能源；但是，由于开发利用这些能源的技术难度大、成本较高，而且它们的存在本身受诸多自然、社会经济及技术因素的影响，无法实现大规模、全天候的使用，目前只是在少数条件优越、技术好的地区和个别特殊领域得以利用。比如，对太阳能的使用就受季节、天气状况、地形等多方面的限制，目前主要是在日照强度大、日照时间充足的地区和人造航天器上得以利用。风能的开发利用主要受风的强度、持续时间等众多因素的影响，目前只是在个别风力资源丰富的地区得到广泛利用（如荷兰）。显然，化石燃料在目前和今后很长一段时间内仍将是主导世界的重要动力，而面对剧增的能源消耗，能源供给短缺越来越突出，势必成为制约人类可持续发展的“瓶颈”。

1.3.3.2 水资源

水是人类生存和社会发展又一不可或缺的物质条件。它不仅是地表的主要组成物质，也是环境中的重要自然要素。水在自然界中进行着巨大循环，是自然界和人类活动所产生的各种物质迁移、转化的动力和基础，也是生命产生、生存和发展的必要条件。地球上包括人类在内的一切生命都与水有着生死攸关的关系，生命从水中发源并依赖水分维持生存、繁衍。据研究，植物体内平均含水量为70%；成人身体中平均含水40～50千克，约占体重的60%左右，而且每天要消耗和补充2.5千克水，若失水12%以上就会导致死亡。水不仅是生物体的重要组成部分，而且也是生物体生命活动的动力与介质，以及生物新陈代谢的物质和动力。

水也是人类社会得以持续发展的必要自然因素。自古以来人类就择水而居，依水而兴。在现代社会，人类的一切生产、生活活动更是与水有着密不可分的关系。农业离不开水，工业发展不能没有水，人类生活须臾也离不开水。

地球是太阳系中唯一有水的行星，水是地球上丰富的自然资源，总量约为13.68亿 km^3，且可循环补给，属可再生资源。尽管地球是一个“水球”，但其表面71%被海洋所覆盖，海水占总水量的97.3%，难以直接利用；淡水只占2.7%，约合 $38\times10^6 km^3$。绝大多数淡水又以固态形式分布在两极冰帽和大陆冰川，还有一部分以地下水的形式存储在地层中。人类目前广泛利用的是地表的江河、湖泊水和少量浅层地下水，约 $20\times10^6 km^3$ 左右，[9]不到地球淡水总量的1%。即便如此，这极小部分的淡水资源在各大陆上分布也是极为不均的。就全球来看，水资源最丰富的是赤道地区，较缺乏的是中亚南部、阿富汗、阿拉伯和非洲撒哈拉地区。

几千年来，在传统观念中，人们往往认为水是最廉价、最丰富的资源，是大自然无偿赐予给人类的，“取之不尽，用之不竭”，因而浪费惊人。同时，水污染又不断加剧。随着社会经济的发展，工农业以及生活用水的需求迅猛增加，使得水资源的供需矛盾激化，水资源短缺和水质恶化问题愈来愈突出。在过去的50年中，全球淡水使用量增加了近4倍，耗水总量已达41500多亿 m^3。[10]

目前地球上已有80个国家和地区面临缺水之灾，其中有28个国家被列为严重缺水国，近20亿人缺乏饮用水。因而不仅地表水广泛被利用，而且一部分浅层地下水已被大量采掘，致使个别缺水地区因超采地下水而造成地表下陷或形成地下漏斗，严重危及人类的生存基础。世界上许多人口大国如中国、印度、巴基斯坦、墨西哥，以及所有的中东和北非国家，在过去的约30年间因超采地下水资源，导致地下水逐渐枯竭，结果使得：淡水含水层迅速下降，含盐碱的水位上升，而盐碱和其他有毒元素使含水层遭受严重污染，进而污染到地表水，引起了水质性短缺的愈以加剧。

随着世界人口和社会经济的发展，对水资源的需求还将大幅度增长。1900—1975年间，世界人口翻了一番，而世界的年用水量则由约4000亿 m^3 增加到3万亿 m^3，大约增长了6.5倍。其中农业用水增加了约5倍，工业用水增加了20倍，城市生活用水增长了12倍。尤其自20世纪60年代伊始，由于城市人口的急剧增长，以及耗水量巨大的新兴工业的建立和发展，使得全世界的用水总量增加了一倍。根据国际水资源管理学会的研究，2025年世界总人口的1/4或发展中国家人口的1/3，计近14亿人将严重缺水；生活在干旱地区的10亿多人将面临极度缺水，因没有足够的水资源用于灌溉，即使提高灌溉效率也难以维持1990年的人均粮食产量水平，更不能满足生活、工业和环境对水资源的要求。近年来一些工业较发达、人口较集中的国家和地区已明显感到水资源的严重不足，全球正面临一场水资源危机。

全球性的缺水业已成为危及世界粮食安全、人类健康和自然生态系统的最大问题。由于缺水，人们不得不每天拿着水罐到几公里外去提水来供家用；由于没有足够的水从土中冲走盐分，农民失去赖以生存的土地而贫困；由于上游水源枯竭，湿地和河口港湾也随之丧失。缺水导致水质下降和环境污染，尤其对贫穷人口影响最大。许多人，特别是发展中国家的大多数穷人，被迫饮用完全不宜饮用的水。由于没有水或者用被污染的水洗澡，患上皮肤病和其他由不卫生引起的疾病。水管理不善也为疟疾等疾病提供了肆虐的机会。

缺水对穷人影响最大的还是粮食生产。在亚洲，处于贫困线以下的人们用收入的约60％购买粮食，而粮食增产的80％以上来自可灌溉的土地。被称为绿色革命的灌溉农业，其直接和间接作用是减少了亚洲的贫困人口。但是，由于缺水，粮食增产难以保证。而因投资欠缺，使一些贫穷的国家很难加快水资源开发的步伐，水资源的短缺将制约着这些国家未来的生存与发展。江河、湖泊是人类文明的发源地，它的污染、断流和干涸，将最终导致这一流域或地区人类文明的中断乃至消失。

全球有将近一半的陆地依靠跨国界的河流供水，有200多个国家和地区分享着主要河流和湖泊的水源。随着水资源保障危机的加剧，为了争夺水资源的控制权可能引发边界冲突和区域战争。约旦国王侯赛因不无忧虑地说：水争端可能触发他的国家同以色列之间的战争。印度和孟加拉国在水资源的分配上也存在着潜在的冲突。在动乱的中东地区和海湾国家中，水也可能成为一种武器，一旦再度爆发战争，土耳其可以通过切断底格里斯河和幼发拉底河的水源来打击伊拉克。由此看来，水危机就像一把高悬的达摩克利斯之剑，人类要想在地球上持续生存和发展就必须设法努力避免这一灭顶之灾的侵袭。

中国水资源比较丰富，陆地水资源总量为2.8万亿m^3，占世界第六位。多年平均降水量为648mm，年平均径流量为2.7万亿m^3，地下水补给量约为0.8万亿m^3。但由于我国人口较多，人均占有量不足2700m^3（水利部《2000年水资源公报》），仅相当于世界人均水量的1/4。与世界水资源丰富的国家相比，只相当于美国的1/5，印尼的1/7，加拿大的1/50。

中国水资源在季节分配和地域分布上极为不均衡，更加剧了水资源的供需矛盾。从季节上来说，各地降水主要集中在夏季，北方地区更为集中，主要在7、8两个月。从地域上来说，我国的年降水量南方多于北方，东部多于西部，从东南沿海向西北内陆逐渐减少。但是，由于我国人口高度集聚在东部地区，城市化程度较高，这使得水资源相对较多的东部地区水资源供需矛盾却十分突出，人口稠密的华北地区尤为尖锐，已严重制约了当地的社会经济发展。目前的一些跨流域调水工程也只是杯水车薪，无法从根本上解决水资源的短缺。人口集中的城市，缺水现象相当普遍。据统计，在我国640个城市中，有300多个缺水，其中严重缺水的有108个；在32个百万以上人口的特大城市中，目前有30个长期受缺水的困扰；农村年缺水量达300亿 m^3。到2020年前后，全国将出现缺水高峰期，年缺水总量可能达到500多亿 m^3，形势将更加严峻。

1.3.3.3 矿产资源

矿产资源是人类生存与发展的又一重要物质基础。在当今世界，80%的工业原材料来自于矿产资源，因此可以说，矿产资源是人类经济发展的命脉。相对于人类历史来说，矿产资源的再生速度和再生力十分渺小，因而地球上矿产资源的蕴藏量是极其有限的。同时，随着世界人口数量的剧增、人均生活水平的全面提高，以及对矿产资源的需求与消耗迅速扩大，有限的矿产量与人类日益膨胀的需求之间的矛盾将会变得愈加尖锐。当前，不仅发达国家需要大量矿产资源，而且发展中国家正在努力致力于工业化进程，故更加剧着矿产资源的消耗。

按联合国中等方案预测，到2100年世界人口将达到115亿。到那时，如果人们的消费水平达到美国1998年的状态的话，世界将面临的是一场毁灭性的噩梦：许多矿产如铝、铜、锌等将会分别在18年、4年和3年中消耗殆尽。虽然这样的噩梦只是一种推测和假想，但是它也给人类敲响了警钟：矿产资源的有限性和不可再生性将正在和继续给人类的未来生存与发展造成巨大的危害。

事实表明，这种顾虑并非杞人忧天。自1939年以来，世界所消耗的矿产资源比有史以来到1938年所消耗的矿产总量还多。美国几乎用尽了已经探明的锰、镍和铝土矿，不得不靠大量进口矿产来维持其经济的高速发展，不得不进口大量的铁、一半用量的铝、镍、锌以及几乎全部用量的锡。同样，西欧许多国家的工业发展也是靠大量进口原材料来得以维持的。英国这个老牌资本主义国家和工业发展的先驱，其矿产资源的开发历史最为悠久，现在矿产资源短缺所造成的影响也最大。其经济的发展困境，正是由于必须大量进口铁、铜、锡等矿产资源所致。日本，这个资源极其贫乏的国家，矿产资源更是严重不足，很多都需要进口。这些资本主义国家，在第二次世界大战以前主要靠掠夺殖民地的资源来满足其经济的高速发展。但在二战之后，随着世界殖民体系的瓦解，殖民地纷纷走向独立，这些国家重新面临资源短缺问题。

20世纪70年代初期，发展中国家开始意识到它们拥有矿产资源的“出产国的势力”，纷纷团结起来，结成联盟，共同抵制发达国家所确定的不合理的原料价格与政策，从而威胁着发达国家的经济发展。比如，欧佩克（OPEC，石油输出国组织）通过大幅度提高石油价格和削减产量来威胁石油进口国，保护了自身利益，显示了“出产国的势力”。这种对立的加剧必然会导致地区冲突，甚至引发世界大战，如中东地区数十年来的石油纷争和由此引发的海湾战争和美国再度入侵伊拉克。[11]

新中国成立以来，先后发现中华大地下蕴藏有168种矿产资源，但其中主要矿产人均数量不及世界平均水平的1/2。50多年来国民生产总值虽然增长了十几倍，但矿产资源消耗却增长了40多倍。如果不改变这种高消耗的粗放增长方式，人均矿产资源十分贫乏的中国，在经济快速增长、工业化中期发展阶段对矿产资源使用强度最大和人口众多三大压力下，矿产资源除煤之外，多数将失去国内资源的最基本的供给保障。

总之，全球的化石能源、矿物和水资源短缺危机给人类经济的发展以及社会的稳定都有直接的影响，不仅威胁到人类当前的生存与发展，而且危及未来的可持续发展。如20世纪70年代，矿产资源的危机严重地影响了美国钢铁和汽车工业的发展，并影响到其他相关行业的发展，致使工业增长遭受严重打击，并由此造成物价上涨、商品短缺、通货膨胀、失业、高税率和生活水平下降的严重经济衰退，社会经济处于低迷运行状态。又如英国在20世纪80年代初发生的能源危机，迫使其不得不将每周工作日缩短为三天，并引起国际收支严重失衡，其严重影响一直持续多年。因此，如何有效地利用和保护自然资源，是人类社会可持续发展实践亟待解决的重大课题。

1.3.4 可再生资源的利用与技术约束

不可再生资源的有限性和耗竭性给人类社会的发展造成了不可持续性危机，迫使人们不得不引起强烈反思和极大关注。然而，对于可再生资源因其可再生性被加速利用、消耗和滥用的危机往往重视不够。从当今资源现状来看，由于环境污染和生态破坏，加之人们对可再生资源的利用已大大超出了其再生力，从而造成了不可逆转性危机。世界上与人类关系密切的耕地、森林、淡水等可再生资源，由于人类的过度和不合理利用，其再生能力逐渐退化，使荒漠、沙化、尘暴不断扩张和肆虐。

资源替代对缓解某些稀缺资源的紧缺性有重大意义，特别是以可再生资源替代不可再生资源。在广大的农村，尤其是边远地区，利用水能、太阳能、生物质能等来代替化石能源具有重要意义。20 世纪世界范围内的能源危机迫使人类寻找新的能源，从而改变了发达的工业化国家的能源结构，由以煤炭为主转为以石油为主。许多国家纷纷探寻新的可替代的能源，使能源利用呈现多元化态势。

原子能、生物质能、潮汐能、核能、太阳能、风能等新能源在有条件或能源紧张的地区逐步得到应用，使得人类暂时摆脱了能源危机。但是这种转变，需要较高的技术和大量的资金，这对于大多数发展中国家来说望尘莫及。更何况这些替代能源的利用比起传统的化石能源来说，成本要高得多，而且这些能源的地域性更强，很难大面积推广，有的甚至还存在着巨大的危险性。如核能的应用、核电站的核泄漏以及核废料的处理等安全问题一直让世人棘手，苏联切尔诺贝利核电站的核泄漏和日本长崎、广岛上空的蘑菇云至今让人谈核色变。在淡水资源奇缺的西亚，人们利用海水淡化来替代紧缺的天然淡水，真正是“水贵如油”。为了保护世界森林资源，许多国家禁止使用一次性木筷，代之以竹筷等。

在当今世界，可再生资源的替代转化不胜枚举，它保护了不可再生资源和稀缺资源。但是这种替代转化并非万能和可以无限拓展的，它不仅受到技术条件的制约，而且还受到社会、经济、自然条件等多种因素的束缚。资源利用的替代转化和重复利用需要技术的支持，而技术的研究、发展与推广，需要投入大量的人、财、物，并且需要一定的时间。对于广大发展中国家来说，生存都还存在困难，技术研究、发展与推广又谈何容易。因此，面对日益严重的资源短缺，我们既不能悲观失望，但也不可盲目乐观，犯“唯技术论”的错误。同时，科学技术是一把双刃剑，它在带给人类巨大的物质财富和利益的同时，也会造成一些负面影响。特别是技术一旦被专门用来反人类，或被一些别有用心的人所掌握、利用时，其负面影响将是巨大的，甚至是毁灭性的，如原子能的发现与利用。因此，在考虑资源利用的替代转化时，要慎重运筹。不仅要充分利用先进的科学技术，而且更要借助产业结构的调整、生产方式的改进和社会经济的调控机制，以便尽量减少其负面影响。

1.3.5 资源节约的价值和潜力

虽然资源的总量是有限的，供需矛盾尖锐、突出，且越来越严重地制约着经济发展和社会进步，但是资源的潜力又是无限和富有的，那种片面夸大资源的有限性的悲观论调是不可取的。资源内在潜力的发挥程度是建立在科技进步基础之上的，科技进步又受科技本身、人类认识的局限和社会机制的制约，往往与人类巨大的需求和资源的消耗并不同步，甚至远远落后于二者。因此那种只看到科技巨大的创造力量，而忽视其滞后性和对资源的负面影响的乐观主义，也是不可取的，只会加剧目前的资源危机。

由于资源无价的传统观念，造成在国民经济核算体系中，只重视经济产出，而忽视资源基础；只重视经济的增长和效益，而忽视了生态效益和社会效益。挖掘资源潜力在于依靠科技进行深度和广度开发，综合、合理、科学地利用资源，提高资源的利用率，做到物尽其用。同时，要加强资源的管理，改变传统的资源无价的观念，充分发挥市场对资源合理配置利用的调节作用，并借重政府的宏观调控职能，最大限度地发挥资源的潜在效用和保障生态环境的可持续支持能力。

随着人口的持续增加和收入水平逐步提高，人均资源消费量迅速增长，人均资源占有量将进一步下降，加之后备资源不足，未来全球资源总需求与总供给的矛盾态势将愈加严峻。特别是广大发展中国家正处在工业化高速发展时期，主要农产品、矿产品以及资源性产品的进口量还会大幅度增长，这势必会加剧资源的全球性短缺。

尽管全球资源供给形势日趋严峻，但还是有相当的潜力可挖。这主要表现在：

潜力之一，转变经济增长模式，节约资源，内涵挖潜，变高消耗型为低消耗型生产，变粗放经营为集约经营，从而有效地开发利用自然潜力。

由于一个国家或地区在经济发展的历史、技术水平和劳动力素质等方面存在明显差异，其资源的利用水平也截然不同。表 1-3 和表 1-4[9] 展示了在工业耗能方面，中国与发达国家或国际先进水平之间的差异和可挖的潜力。在农业领域，中国农业产量普遍只有气候生产潜力的 30%～60%，现有耕地的三分之二为中低产田，有近 50%至一倍的生产潜力待开发；如果改传统农业的漫灌为先进的喷灌和滴灌方式，灌溉效率可望提高 20%～30%。

表 1-3　1990 年几种高能耗产品单位能耗的国内外差距

	国内平均 (1)	国际先进 (2)	(1) / (2) (%)
火电供电煤耗（克煤当量/千瓦时）	427	325	＋31.4
吨钢能耗（可比）（千克煤当量/吨）	1034	629	＋64.4
水泥熟料能耗（千克煤当量/吨）	185.4	100.6	＋84.3
合成氨能耗（千克煤当量/吨）（大型，天然气）	1290	930	＋38.7

表 1-4　国内外通用耗能设备效率比较（%）

	中　国	发达国家	差　距
工业锅炉	55～65	80～85	20～25
窑　　炉	5～37.5	40～60	加权平均差 40
风　　机	65～70	80～90	30
水　　泵	65～80	78～90	10

矿藏资源浪费惊人，中国平均开发利用总回收率只有 30%～50%，比发达国家低 10%～20%。中国每万美元的国民收入，消耗能源为 20.5 吨标准煤，为德国的 10 倍，降低能耗潜力较大。从 1952 年到 1987 年中国国民收入增长 8.6 倍，而能耗却增长 14.9 倍，有色金属消耗量增长 23 倍，铁矿石增长 24 倍。由于工业生产工艺和生产流程不科学、技术落后、设备老化，用水消耗量大，浪费严重。如果采用先进的工业技术和生产流程，工业用水有效率可提高 30%～40%。因此，对资源合理配置、综合利用、科学管理，降低能耗和节约用水潜力相当巨大，这对于缓解我国资源短缺和保障社会经济的持续发展意义深远。

潜力之二，加快后备资源的开发与利用，积极开源，增加资源的储量。

尽管人类已经利用了相当数量和种类的自然资源，但当前仍有相当可观种类和储量的自然资源未被发掘和利用，特别是海洋资源和生物资源。随着社会生产力的发展和科学技术的进步，人类通过不断拓宽资源的开发范围，加大利用深度，可增加资源的总量。

对于耕地资源来说，世界上还有大量的宜农林牧的荒地、荒山、草坡可供发展农林牧生产，形成综合性农业战略后备基地。长期以来，大多数发展中国家对草地的投入强度普遍较低，靠天养畜，超载过牧，草场退化，生产率低下。通过增加投入，合理轮牧，在防止草场进一步退化的同时，可以增强草场的生产潜力。

就矿产资源而言，目前由于勘探程度不高，大量低品位的矿产未被开采或被遗弃。因此，加大勘探力度和先进技术的研究、推广，能使矿产资源的固有潜力得以充分发挥。比如我国煤炭资源最为丰富，它的探明储量可供上百年开采使用，而探明储量仅占煤炭资源总量的 20%，还有相当的潜力可挖。油、气、金、铜等已探明储量都只占有预测资源量的 1/5 至 1/4，特别是深层勘探大有潜力可为。我国非金属矿产资源在已探明储量的 80 种矿种中，形成一定生产能力的只有 20 种，潜力更大。我国水利资源丰富，已开发量仅占可开发总量的 5.5%，是今后发展电力工业的主要资源。海洋资源迄今仍是人类开发利用的处女之地，其资源种类的多样、储量的丰富和开发潜力的巨大性，不啻是人类社会可持续发展最重要的资源依托宝库。

潜力之三，废弃物资源化，变废为宝，化害为利。

随着经济发展和人民生活水平的提高，工业与居民生活废弃物迅速增加，不仅浪费了宝贵的资源，侵占了大量宝贵的土地，而且也造成环境污染。我国每年废弃物回收率仅占应回收物资的 30%，与发达国家相比，还有较大差距。如废弃物资能基本得到回收利用，每年可节约投资数百亿元，废弃物资源化潜力巨大。污染物减量化、资源化既是解决污染的重要途径，也可节约大量宝贵的资源，特别是污水资源化对于缓解部分地区水资源紧缺极为重要。

总之，虽然地球上资源的种类和数量都有限，但是人类依靠科技进步，若从深度和广度上去开源与节流，不断挖掘资源利用的潜力，便可以缓解当前人类所面临的困境，保障社会经济的可持续发展。

1.4 环境污染

随着社会生产力的发展和人们消费水平的不断提高，人类的社会行为对环境系统的作用也越来越大。人类在开发、利用环境资源创造丰富物质财富的同时，也在污染和破坏着自身的生存环境，并因此而遭到自然界的无情“报复”。

环境污染是指有害物质或因子进入环境，并在环境中扩散、迁移、转化，使环境系统的结构与功能发生变化，对人类以及其他生物和非生物产生不良影响、危害的现象和过程。环境污染作为全球性的重要环境问题，主要是指温室气体过量排放造成的气候变化、广泛的大气污染和酸沉降、臭氧层破坏、有毒有害化学物质的污染危害及其越境转移、海洋污染等。

环境污染常因目的、角度的不同，分类方式也各异。按环境要素划分有大气污染、水污染、土壤污染等；按照污染产生的原因可分为生产污染和生活污染，生产污染又可分为工业污染、农业污染、交通污染等；按污染物的性质可分为物理污染、化学污染和生物污染；按污染物的形态可分为废气污染、废水污染、固体废弃物污染，以及噪声污染、辐射污染等；按污染涉及的范围可分为局部性污染、区域性污染和全球性污染。

环境污染的产生和存在由来已久，但是一直鲜为人类所重视，只是在 20 世纪 50 年代后，世界由于工业和城市化的迅速发展，以至产生了一系列重大的污染事件或称公害，才引起世界的广泛关注。如因向大气中排放 SO_2、NO_x、碳氢化合物以及烟尘等形成的大气污染事件——马斯河谷烟雾事件、多诺拉烟雾事件、伦敦烟雾事件、洛杉矶光化学烟雾事件和四日市哮喘事件；因向海湾排放含汞废水而形成的甲基汞污染，并通过生物链而危害人体的公害事件——日本水病事件；因排放含镉废水污染了土壤和作物而造成危害人体的公害事件——日本富山（骨痛病）事件；因有害化学物质进入食品造成食物污染而危害人体的公害事件——日本米糠油事件。同时，随着社会经济的发展和社会经济水平的提高，人们对环境质量的追求越来越高，环境污染问题也才得以引起高度的重视。

1.4.1 环境污染的根源

环境污染是人类社会或区域经济发展到一定阶段的必然产物，是人们限于一定的认识水平和经济技术条件，把各种污染物不加处理和利用就排入环境，使资源浪费和生态环境惨遭破坏的表现。传统的经济增长和消费方式是造成环境污染的主要根源。具体来说主要有：

（1）工业的飞速发展

在某种意义上说，环境污染是与工业相伴而生、日趋加剧的。在传统农业社会的很长时期内，只有作坊式的手工业，没有任何真正意义上的现代工业，因而产生的污染危害几近于零。在这一历史阶段，影响人类环境质量的主要是人口的增长以及人畜排放物。但由于环境巨大的纳污能力消纳了绝大部分污染物，因而环境污染并不明显，也未能引起人们的重视。

人类进入工业社会以来，新发明、新技术、新产品层出不穷，推动了生产力的发展，但也污染了人类的生存环境。经济发展的加快，使大自然的自调和自净能力难以与之相适应，人类也难以采取新的措施根除日新月异的污染源，于是环境污染亦随之加剧。工业生产是以能源作为动力的，当今世界的主要动力仍是以煤、石油为主的传统能源，对环境污染严重。煤炭直接燃烧排放的含硫气体会导致酸雨的产生，世界三大酸雨中心无一不是如此。煤炭、石油等化石燃料的大量使用，也导致了全球气候变暖和光化学烟雾的污染等。然而传统的经济增长方式，则使得工业发展陷入“高消费-高增长-高污染”的恶性循环，是加重了环境污染的主要根源。

(2)人口的急剧增加和物质消费追求的增长

人既是生产者，又是消费者，因而人对环境的影响也存在两个方面的效应。从生产者的人来说，任何生产都需要大量的自然资源来支持，如农业生产需要耕地，工业生产要有能源、各类矿产资源以及生物资源等。随着人口的增加、生产规模的扩大，一方面，对资源需求继续或急剧增大；另一方面，随着资源消耗的剧增而使环境污染加重。从消费者的角度而言，随着人口的增加、生活水平的提高，则对土地的占用（居住、生产食物、公共设施）愈多，对资源的消费亦急剧增加，排出的废弃物量也在暴涨，从而加剧了环境污染。同时，由于区域经济发展水平的差异，导致发达地区和城市人口剧增，使得城市环境急剧恶化，区域生态调控能力下降，各种“城市病”相伴而生。

(3) 贫穷的存在和作祟

据统计，全球目前有5000万人受到饥荒的威胁，有7亿人长期营养不良，有10亿人生活在贫困之中，他们没有食品、住所、清洁的水和其他基本必需品的保障。这些贫困人口主要生活在发展中国家，少数分布在发达国家的城市贫民窟和边远贫困的农村地区，其生态条件往往比较脆弱，灾害频繁。

穷人既是环境的破坏者，又是环境污染的直接受害者。在穷人生活的地区素以“脏、乱、差”著称，医疗卫生条件差，是疾病、瘟疫多发区；生活条件恶劣，常常食不果腹。为了生存，改变其贫穷、落后的面貌和现状，他们努力发展经济，甚至不惜以牺牲资源和环境为代价。低素质的劳动者、落后的生产工艺与流程、技术，造成了资源的大量浪费和对环境的极大破坏。此外，发达国家为了保持高速发展，一方面，将发展中国家作为原料的供应地，大肆掠夺、侵占其资源，破坏他们的环境与生态；另一方面，发达国家又把自己的工业品大量倾销到这些国家，把在本国早已淘汰了的高污染、高能耗、高浪费的技术和设备转移到发展中国家，在获得高额利润的同时加重了这些输入国的环境污染。另则，不合理的国际政治经济秩序使广大发展中国家背负了沉重的债务，阻碍了他们的经济发展，使其陷入更加贫穷的境地和环境恶化的“怪圈”。

(4) 经济、技术水平的制约

环境与经济、技术是矛盾的统一体，相互影响、促进和制约。经济的高速发展必然消耗大量的资源，产生大量的污染物和废弃物，对环境形成巨大的压力和降低环境对污染的消纳能力；经济的发展导致人们生活水平不断提高，消费需求增大，这不仅加大了自然资源的压力，也向大自然排放更多的污染物，直接造成了巨大的环境污染。然而，经济的发展反过来又会促进环境的改善。因为经济发展以后，一是人们的生活水平提高了，对环境质量的要求也越来越高，从而促使人们的环境意识增强，进而加强环境保护；二是有了更多的资金可投入到污染的治理和环境的改善之中。

技术也是一把双刃剑，技术的创新与发展，其一是提高了社会生产力，创造出巨大的社会财富；其二是污染防治技术的发展直接削减了环境污染，改善了环境。但是技术的发展，在使人们拓宽了资源利用范围、加深了资源利用强度的同时，却对环境污染起到了推波助澜的作用，加剧了环境的污染。因此，一个国家或地区经济、科技的发展状况与水平往往左右着环境质量的变异。

当今世界，发展中国家占大多数，他们经济、技术比较落后，人口众多，供需矛盾突出，急需大力发展经济来满足人们的基本物质需求。这就难免陷入“低经济、技术水平—高经济增长—高环境污染—低经济发展”的恶性循环。同时，发达国家为了自身的利益，不但拒绝向发展中国家提供污染防治资金和技术，而且还以环境污染为借口，阻挠发展中国家的产品出口和经济的发展。更有甚者，一些发达国家借口援助发展中国家，大量向这些国家转嫁污染，使得这些国家的污染更加严重。

总之，面对日益严重的环境污染和污染的日益国际化、全球化，以及人们随着生活水平的提高而对环境质量的高度关注，迫使人们不得不做出新的抉择——走可持续发展之路。人类只有一个地球，环境污染不再只是一个国家、一个地区的问题，不同种族、不同意识形态和不同发展水平的国家的人们须携起手来，共同努力防治污染，共创未来美好生活。

1.4.2 环境污染的危害

环境污染对自然生态系统和人类的生存与发展均有极为严重的影响和危害。不同类型的污染，其影响和危害也各不一样，而尤以大气污染和水质污染对人类社会的可持续发展危害最为严重。

空气是人类生存最重要的环境要素之一，其正常化学组分是保障人体生理机能和健康的必要条件。但是由于人类大量燃烧、使用化石燃料和其他物质，将成千上万种化学物质排放到大气中，使大气的化学组分发生变化，从而危害着人类自身的健康。在前已述及的震惊世界的十大重污染事件中，有7件是由大气污染造成的，这些污染事件给人类的生命和财产造成了巨大损失。

对人类影响最大的大气污染物主要有硫化物、氮氧化物、一氧化碳、飘尘，以及光化学烟雾。这些污染物主要通过呼吸系统侵入人体内部，危害着人们的健康。在低浓度空气污染物的长期作用下，可引起人群上呼吸道炎症、慢性支气管炎、支气管哮喘及肺气肿等末端呼吸道疾病。空气污染还是肺病、冠心病、动脉硬化、高血压等心血管疾病的重要致病因素，某些大气污染物还会强化致癌物质的致癌作用。此外，空气污染还会降低人体的免疫功能，使抵抗疾病的能力下降，易遭受疾病感染或增加某些疾病的爆发率。如果局部地区空气污染物的浓度过高，会引起急性中毒与死亡。有些污染物破坏了空气的固有组分，从而间接地危害人体健康，如臭氧层的破坏和负离子的减少。

大气污染物对工业的影响主要表现在两个方面：一是大气中的酸性污染物对工业材料、设备和建筑设施等的腐蚀、玷污，使其受到损坏或功能降低，失去原有价值，从而造成巨大的经济损失。1952年伦敦烟雾事件后对全国的调查表明，因烟雾造成的器物腐蚀损失每年达8亿多美元；二是大气中的飘尘增多给精密仪器、设备的生产、安装、调试和使用等带来不利的影响。从经济角度来说，大气污染增加了工业的生产费用，提高了生产成本，缩短了产品的使用寿命。

大气污染物的浓度超过植物的忍耐限度，会使植物的细胞和组织器官受到伤害，影响动植物的发育、生长，进而影响农业生产，导致农业减产或者使农业生态系统功能降低、丧失，失去再生能力。牲畜吃了被污染的植物或饮用了被污染的水而生病，甚至中毒和死亡，进而经由食物链威胁到人类的安全与健康。另则，大气污染还会助长病虫害的发生和蔓延。

此外，空气污染还对天气和气候产生巨大的影响，从而影响人类的身心健康与生产、生活活动。大气中的尘埃增多，使大气的能见度降低，减少了太阳对地面的照射，形成“阳伞效应”。同时，尘埃又作为水气凝结核或冻结核而改变局部地区的降水。大气污染除了对局部地区的天气产生不利影响外，对全球性气候变化也有重要影响，诸如日益加剧的温室效应及全球气候变暖、臭氧层的耗竭与臭氧空洞、酸雨污染等均来自大气污染的气候变异。[12][13]

水是人类的生命之源。但随着人口的增加、经济的发展，越来越多的工业“三废”、农用化学物质（主要是农药与化肥）、生活污水和垃圾源源不断地通过各种途径排入江河、湖泊，大大超过了水体的自净力，造成严重污染。废水中常含有多种有害、有毒甚至剧毒物质，有的污染物通过饮水或食物链进入人体，使人急性或慢性中毒乃至诱发癌症；有些含有寄生虫、病毒或其他致病微生物的污染水体，会引起多种传染病和寄生虫病；还有的污染物难以降解，但却能通过食物链在生物体内富集、浓缩（如 DDT、多氯联苯、重金属），造成水生生物和人体中毒，危及人类健康。例如水中生物对汞的富集，当水中汞浓度为每升 0.01 微克时，浮游生物可富集 1000 倍，虾可富集 1 万倍，小鱼可富集 3 万～5 万倍，大鱼可富集 10 万倍。曾轰动一时的日本“水俣病”就是水中含汞量在食物链中逐级富集，人们长期吃了含汞的鱼类，造成甲基汞中毒。迄今为止，日本有 964 人因患这种病而死亡，还有 2842 人被确认是水俣病患者。1988 年春，震惊中国的上海甲型肝炎流行事件，是由于居民食用了被污染的毛蚶等贝类水产品引起的；2003 年春，波及全球的 SARS 病毒亦与水体污染、空气传播密切关联。诸如此类由水污染而引起的危害人类健康的事件不胜枚举。

水污染对工农业生产的影响更不容低估。水体污染后，不仅工业用水必须投入更多的人、财、物来进行达标处理，从而增加了生产成本，造成了资源、能源的浪费，而且不合格的水质影响到产品的质量和使用（如食品工业）。农业用水被污染后，会使农作物减产，进而使人畜受害；农田遭到污染，会降低土地的生产力。

水体中溶解氧虽然数量有限，但却是水生生物得以生存的条件，而且也是水中各种氧化-还原反应的重要成分或介质。它促使污染物转化、降解，是天然水体具有自净能力的重要原因。废水中的有机物促使水中的藻类丛生，植物疯长，使水体通气不良，溶解氧下降，甚至出现无氧层，致使水中植物大量死亡，水面发黑，水体发臭，出现水体富营养化，甚至沼泽化。目前，具有高原明珠的云南滇池正是水污染灾害的一部典型的反面教材。

污染物常有较强的酸度（或呈酸性，或呈碱性），进入水体后，破坏水体的酸碱平衡，对水体生态环境、水中建筑设施和水生生物都有危害。此外，火电厂、核电站以及其他一些工厂的大量冷却水排入水体，使水中溶解氧降低，水生生物不能适应温度的骤变，繁殖受到影响，造成特定食物链结构瓦解，生态系统失去平衡，生物量锐减。这种“热污染”不仅破坏了水体生态平衡，而且还会使水中的某些有毒物质的毒性增加，从而窒息着生命物质的繁衍。

1.4.3 中国环境污染的现状与演绎

中国的工业化是在20世纪50年代正式起步的，与此同时也进入了有史以来的人口倍增阶段，由此形成了环境和生态须承负的双重压力。我国的工业化起步虽然较晚，环境污染产生的时间较短，但是由于认识上的偏差和决策方面的失误，造成了污染的累积、叠加效应。特别是在改革开放之后的一段时间里，伴随经济高速发展，环境污染亦日趋加剧。虽然环境问题已引起各级政府和民众的高度重视，且加大了污染的防治力度，但中国的环境问题依然相当严重，每年由此造成的经济损失在1000亿元以上。

对于二战后资本主义国家因经济高速增长引发的环境污染等公害问题，较长时间我们仅断定这是资本主义社会的必然弊端，且盲目地认为“社会主义没有公害”。在这种思想的导引下，我国采取了鼓励人口增长的方针，而为了解决人口吃饭问题，又不顾大自然的规律，对地球资源进行掠夺式开发利用；为了盲目追求高速发展，引发了许多破坏生态和污染环境的短视行为。20世纪50年代在旧中国留下的工业烂摊子上，又建起了一大批缺乏起码防污设施的工程。60年代中后期至70年代初受“文化大革命”的影响，原来一些很不完备的规章制度被“砸烂”，无政府思潮泛滥，在城市中心、居民稠密区、水源地、风景游览区又建起了一批污染严重的工矿企业，导致我国大气、水质、土壤等的全面污染。1972年，在周总理的亲自推动下，我国环保工作在动乱岁月艰难起步。同年，我国出席了斯德哥尔摩第一届世界人类环境大会，1973年又召开了第一次全国环境保护大会，环境保护工作才迈出了可喜的一步。但是，由于“文革”的影响，环保工作步履维艰。

1978年后，在改革开放政策的指引下，经济高速增长，成绩举世瞩目。但经济的高速增长加剧了我国本已严重的环境污染，使得环境不堪重负。在经济利益的驱动下，环境污染不可避免地遍地“开花”。城市的工业，特别是沿海城市工业突飞猛进地发展，环境污染也相伴而生且不断加剧。城市污染不仅影响了城市的环境，而且不断向周围农村扩散、转移，也造成了农村环境质量的下降。加之农村经济快速发展，乡镇工业异军突起，产业部门不断拓宽，而技术水平依然低下，伴随城市的高能耗、高污染工业向农村的转移，使农村的环境污染日趋严重。于是，我国的环境污染也由城市的“点”向城市与农村“点面结合”的全面污染转变。

据有关资料分析，1989 年全国乡镇工业产值 6100 亿元，比 1984 年增长 4.1 倍，而废水、废气、废渣的排放量分别增长 12%、82% 和 15%。又据 1990 年农业部、国家环保局、国家统计局对全国乡镇工业污染的普查，乡镇工业废水排放量为271.5亿吨，占全国总排放量的 7.3%；废气排放量为 9.54 万立方米，占全国总排放量的 14.8%；废渣排放量为 21176 万吨，占全国总排放量的 9.9%。乡镇工业污染不仅点多面广，类型复杂，影响大，治理难度更大，而且直接污染农村的灌溉用水、饮用水、地下水源以及区域性农业大气，破坏土壤的质地和功能，从而影响农作物产量，损坏农业生态系统的结构与功能，制约着当地农林牧业的进一步发展。

对于诸上环境污染和生态环境问题，中央和地方各级政府及广大民众做出了与国力相适应的最大努力，但是环境总体态势仍然不容乐观：局部有所改善，总体还在恶化，治理赶不上破坏速度，从而正在严重损害着我国可持续发展的自然基础。

我国能源消费结构长期以煤炭为主，约占 76%。1995 年煤炭消费量达到 12.8 亿吨，居世界第一位。煤炭利用中的洗选率和污染治理水平较低，因煤炭引起的污染物排放量占全国排放总量的 90%以上，这就决定了我国大气污染基本属于煤烟型污染。在今后很长时期里，以煤为主的能源消费结构并不会有太大的改变，随着能源消费量的急剧增长，无疑会加剧城乡的环境污染。另一方面，随着人民生活水平的提高，城市中私人小轿车的拥有量急剧膨胀，从而又增加了大气环境的负载。

值得欣慰的是，10 余年来，经过政府和人民的共同努力，环境质量状况尚能维持在比较平稳的水平上，污染的治理已由末端治理转向源头控制。2000 年，城市环境空气中主要污染物浓度持续下降，城市空气质量恶化趋势有所减缓，部分城市空气质量有所改善，酸雨区范围和频率基本得以控制；工业废水对地表水的污染也得到一定的控制，近岸海域海水水质总体上有所改善；重点城市道路交通噪声大都控制在轻度污染水平。

总之，随着我国经济的发展，工业化进程和城市化进程的加快，城乡环境污染不可避免。但是随着政府和人民对环境的重视，环境污染治理力度的加大，环境污染恶化趋势基本得到了较有效的控制。应不容乐观和须重视的是，全国城市空气污染依然严重，空气质量迄今能达到国家二级标准的城市仅占1/3；地表水污染普遍，特别是流经城市的河段有机污染较重，湖泊富营养化问题突出，地下水受到点状和面状污染，水位下降，从而加剧着水资源的供需矛盾。随着人们物质生活水平的不断提高和对环境质量的追求，污染治理和环境保护的任务将愈益艰巨。

1.5 生态退化

所谓生态退化，是指生态系统的能量供需失衡和自组织调节能力的衰退。即来自外界的压力和冲击超过了系统的忍耐力或“阈值”，破坏了生态系统的结构和功能，使生态系统的再生能力削弱或者丧失，引起生态失调，乃至造成生态危机，进而威胁到人类的生存和发展。一些国家或地区由于生态环境的破坏，当地居民在失去继续生存的条件下，被迫离乡背井，遂之成为“生态难民”。更甚者，诸如古时因沙化严重导致中东地区巴比伦王国消亡和我国西夏王朝覆灭等。

1.5.1 生态良性循环的意义与作用

生态系统是一个生态学概念，它是指一个具有特定功能的有机体，由生产者（绿色植物和其他自养生物）、消费者（异养生物）、分解者、无机环境等四个部分组成，其间不断地进行着物质循环、能量流动和信息传递活动。

生态系统具有开放性（物质循环和能量流动）、运动性（相对于稳定状态下的涨落变化）、自我调节性（适应外界变化条件、维持系统动态平衡）、相关性（彼此相互联系）、演化性（产生、发展、消亡的周期性）等特征。任何一个正常的、成熟的生态系统，其结构和功能，包括生物种类的组成、各种群的数量比例，以及物质与能量的输入输出等方面，都处于相对稳定的状态。这种稳定状态称为生态平衡，也即自然平衡。这时，系统内的生产者、消费者和分解者之间在物质供需上保持着一种动态均衡，使系统内的能量流动和物质循环能够在较长时期内得以有序稳态演绎。

在自然状态下，生态系统的演替总是自动地向着生物种类多样化、结构复杂化、功能完善化方向发展。在没有外界因素的干预下，生态系统必将最终达到生物种类最多、种群比例最适、总生物量最大、内稳性最强的成熟稳定阶段。同时，生态系统存在着一系列的负反馈机制维持着这种动态平衡，其中最重要的是生态系统的自我调节能力和代偿功能。在物质循环与能量流动过程中，如果某一环节发生了变化，这一负反馈机制能使原有的生态平衡得以恢复。通常，一个生态系统的结构愈复杂、物种越多，其构成的食物链、网也愈复杂多样，能量流动与物质循环的替代和调控作用便愈强。但是，生态系统的自动调节能力和代偿功能有一定限度（或称阈值），超过这个限度就会破坏生态系统的结构与功能，引起生态失衡，严重的会导致生态系统的崩溃，造成生态危机，进而直接或间接地危害着人类社会或区域的可持续发展。

自从人类社会诞生以来，自然界就与人类有着密不可分、水乳交融的联系。人类成为生态系统的一个重要组成成分，处在生物金字塔的顶端，构成食物链和食物网中的一个重要环节，直接和间接地影响着生态系统的结构、功能与发展方向。自然界提供了人类所需的巨大的物质和能量，反过来人类又时时刻刻地在影响着自然，这种影响随着人类征服自然和改造自然的能力的增强而急剧膨胀。

人类不仅依靠自身的力量改造了农业生态系统，而且凭借自身的智慧建造了高度人工化的城市生态系统。随着人类的足迹遍布高山、沙漠、海洋和南北极，地球自然生态系统无不深深地镌刻着人类的烙印，地球自然生态系统也因此演变成了人工、半人工的生态系统。人类的环境观（自然观）也从“天定胜人”到“人定胜天”，最后发展到“天人合一”，人类文明随之也走过了原始文明、农业文明、工业文明阶段，并正朝着新的环境文明时代发展。人类在这漫长的道路中，不断地变换着自身在自然生态系统中的角色和地位，在维持生态系统良性循环的基础上，以保障人类生产与生活的正常、健康和顺利地进行，保障人类自身安全，促进社会的稳定与发展，并最终实现人类社会的可持续发展。

1.5.2　生态退化的现状和危害

当代世界范围内的生态破坏与功能退化主要表现为：植被破坏和生产力下

降，以及由此而引发的水土流失、土地沙漠化、野生动植物资源减少（生物的灭绝与多样性的丧失）、气候变异和自然灾害的加剧，从而严重地危及人类的生存与发展，阻碍着人类社会的进步。

土地沙漠化是指由于植被遭到破坏，地面失去覆盖后，在干旱和多风的条件下，出现风沙活动和类似沙漠景观的现象。由于人类活动范围不断扩大和活动强度的加深，土地荒漠化逐渐演变成为全球性的环境问题。据1990年2月联合国环境规划署在内罗毕举行的荒漠化评估会议估计，全球荒漠化土地面积约为3600万km^2，占地球陆地总面积的24%，相当于俄罗斯、加拿大、中国和美国国土面积的总和。尽管各国人民都在同荒漠化进行着顽强的抗争，但荒漠化土地仍在以每年5万～7万km^2的速度扩展，全世界每年因土地荒漠化而蒙受的损失高达420多亿美元。20世纪末，受荒漠化影响的土地面积已扩大到占全球陆地总面积的35%，有100多个国家的12亿之众的人口深受其害。

荒漠掩埋了无数城郭，扼杀了诸多文明。世界的历史名城，有不少已葬身在沙漠之中，如古巴比伦城，我国的楼兰古城。地球四大农业诞生地之一的两河流域（今伊拉克境内），已变成盐碱沙荒，曾经供养罗马帝国的北非粮仓已不复存在，如今埃及有96%的国土被沙漠覆盖或遭受侵袭。目前因沙漠化侵占，全球每年损失土地600多万公顷。

沙漠化的直接后果是造成水土流失。据美国海洋研究所的调查，因地球植被遭到破坏，全球每年约有600亿吨泥沙流入大海，每10年土壤耕作层净减7%，平均每公顷土壤年流失量高达16.8吨，大大超过土壤的自然再造力。虽然通过人类的不懈努力，在荒漠化和水土流失的治理上取得了一定的进展，但往往是一家治理，多家破坏，一处治理，多处流失，所以总体恶化的趋势仍未得到有效控制。由于土壤的形成需要经过漫长的地质时期，所以一旦流失就很难恢复，有的根本不可能恢复，从而危及人类生存的自然基础。

中国是世界上沙漠面积较大、分布较广、危害严重的国家之一，目前全国四分之一的国土被荒漠化，每年因此而造成的直接经济损失达540亿元，间接损失难以估计。我国荒漠化潜在发生区域范围，即干旱、半干旱和亚湿润干旱地区范围总面积331.7万km^2，占国土面积34.6%。其中，荒漠化土地面积262万km^2，占国土总面积的27.3%，是全国耕地总面积的两倍多，且每年还在以2460km^2的速度扩展。沙漠除遍布东北、华北、西北12个省（区）的207个县（旗）市外，在其他地区还有零星分布，受其影响的人口近4亿。仅在西北、华北北部和东北西部地区，每年就有2亿多亩农田遭受风沙危害，粮食产量低而不稳；有 1 亿 ha 草场由于沙漠化造成牧草严重退化；数以千计的水库、灌渠等水利设施和河流经常遭受风沙侵袭和压埋。随着森林的破坏，生态环境脆弱的干旱、半干旱地区以及植被破坏比较严重的地区，土地沙漠化日趋加剧，出现"沙进人退，沙再进，人再退"的"沙挤人"现象。西北内陆河下游的绿洲区和贺兰山以东的农牧交错区荒漠化扩展速度惊人，内蒙古阿拉善地区、乌兰察布后山、锡林郭勒盟南部、河北坝上、新疆塔里木河下游、青海柴达木盆地东南、西藏那曲地区等荒漠化年均扩展速率在 4%以上，成为我国风沙的主要来源。[14]

形成荒漠化的原因，固然有自然因素，但人类活动中的某些失误（如过度农垦、过度放牧、过度樵采、破坏森林和频繁的战争等）则是造成近代土地沙化的主要原因。新中国成立后，我国新增的荒漠化面积中有 95%是人为活动引起的。在造成土地荒漠化的人为因素中，又以过度放牧的比重最大，占 34.5%；其次是破坏森林占 29.5%；第三是过度农垦占 28.1%，其他如工矿开发等引起的占 7.9%。黄河流域历史上曾是森林茂密、水草丰美的中华民族的摇篮，但经过几千年人为干预破坏后，森林渐渐消失，草原逐渐缩小，植被遭到严重破坏，以致演变成如今这样恶劣的沙荒环境。原有的沙荒没有治理好，黄河断流带来新的荒漠化威胁又接踵而至。

干旱地区和半干旱地区人口承载量过大又是导致荒漠化的根本原因。联合国 1997 年提出，干旱区和半干旱区人口密度不应超过每平方公里 7 人和 20 人，而我国同类地区的人口密度大大超标，少数半干旱地区每平方公里人口竟达 60 人以上。由于人口压力和经济利益的驱动，随之而来的便是过度开垦、放牧、采集野生中药材及乱砍滥伐、不合理用水等短视贪婪行为，使原本脆弱的生态不啻雪上加霜。如荒漠化地区的甘草、黄麻、发菜等易采集、价格高，驱使大批农牧民乱挖滥采。内蒙古 1993—1996 年因掘发菜破坏草原达 1200 万公顷，其中 400 万公顷严重沙化，失去了利用价值。

与荒漠化相伴而生的是人类"血液"涌流大海。1981 年，美国《公元 2000 年全球情况调查报告》的主编巴尔尼博士来华访问后，语重心长地说："黄河流的不是泥沙，而是中华民族的血液。平均每年流沙量高达 16 亿 t，这不再是微细血管破裂，而是主动脉出血。"他如此深刻而尖锐的告诫，不仅是对我们中华民族，而且也是对全人类敲响的一次有益的警钟。经多年测定，黄河年平均输沙量是 16 亿 t。其输沙量一直处于全球各大河流之首，比尼罗河高出 37 倍。由于泥沙淤积，下游河床现在仍以每年 10cm 的速度在抬升，设防水位新乡地区已高出地面30m，开封7m，济南6m，“悬河”越悬越高，一旦决口，后果将不堪设想。新中国成立后虽经30多年的治理，但至今仍好转不大。如今，长江又在步黄河的后尘。由于长江流域两岸特别是上游植被的严重破坏，水土流失面积已达3600万ha，泥沙流量不断增加。专家们预言：如果不注意防治长江流域的水土流失，长江迟早会变成第二条黄河！

据1992年水利部公布的中国遥感技术普查全国水土流失的数据表明，全国因水力侵蚀和风力侵蚀的面积为367万km^2，每年流失土壤达50多亿吨。受危害的耕地已超过全国耕地的1/3以上，相当于全国耕地刮走1cm厚以上的表土，带走的氮、磷、钾等养分相当于4000吨化肥，土壤流失的经济损失高达100多亿元。日益严重的荒漠化，不仅造成生态系统失衡，而且给工农业生产和人民生活带来严重影响，制约着我国中西部地区，特别是西北地区经济和社会的协调发展。

沙尘暴是威胁人类生命财产安全和困扰人类社会可持续发展的又一生态问题。沙尘暴不仅造成人员伤亡，而且带来巨大的经济损失，使我国原本有限的土地资源减少，质量下降。据估计，我国有五万多个村庄经常受到风沙危害，成千上万的农牧民成为“生态难民”。沙尘暴严重威胁城镇、交通运输和河流、水库的安全。北京北部的坝上地区，在近九年时间里，流沙面积增加了89.9%，直接威胁到北京的生态安全。中国的3千多公里铁路、3万公里公路和5万多公里渠道常年受到风沙危害。据有关部门提供的材料，20世纪60年代特大沙尘暴在我国发生过8次，70年代发生过13次，80年代发生过14次，而90年代至今已发生过20多次，沙尘暴愈演愈烈，造成的损失也越来越巨大。[15][16]

生物多样性包括生物物种的多样性、生态系统的多样性和生态过程的多样性，其中物种的多样性是核心。生物多样性是活的地球的基本特征，但是人类活动正在以惊人的速度减少生物多样性。地球上的物种估计有3000万种左右，已被认识的只有140万种，其中昆虫75万个，脊椎动物4.1万个，植物25万个，其他还有无脊椎动物、真菌和水藻等微生物。但是由于砍伐森林和植被破坏，许多野生动、植物种的栖息和生长环境遭到破坏，加之滥捕乱猎、滥采乱伐，大量物种濒临灭绝，生物多样性不断减少。目前有3956个物种濒危，3647个物种易危，7420个物种被认为是稀缺。据科学家估计，现在每天至少有3种植物从地球上消失，今后20～30年内，地球上全部生物的1/4濒临灭绝，5%～15%将绝迹，相当于每年丧失1.5万～5万个物种。物种之间存在着“营养链”或“食物链”，物种减少必然打破这种联系，从而使整个生态系统失去平衡。生物多样性的减少和物种的灭绝，瓦解了人类的生存基础，破坏了人类生存与发展所依赖的生命支持系统，直接危及人类未来的发展。

此外，生态退化，特别是植被的破坏，导致全球气候的变化，引发了大量自然灾害，水旱灾害频繁，气候变化剧烈，这直接或间接地影响到人们的生产与生活以及生命财产的安全。

1.5.3 生态退化的根源

造成生态退化的原因多种多样，既有自然的，也有人为的。自然因素包括突发的和慢性的自然灾害，如火山、地震、海啸、林火、台风、泥石流和水旱灾害等。这些自然灾害常在短期内使生态系统惨遭破坏或毁灭，所幸这些自然现象在时间和空间上均有其局限性，受其破坏的生态系统在一定时期内一般能够自然恢复或更新。人为因素包括人类有意识的“改造自然”的行动与无意识的对生态系统的破坏，如砍伐森林、疏干沼泽、围垦湖滨与海滨、某些大型工程设施以及环境污染等。随着人类活动强度和范围的扩展，人对生态系统的干预与破坏越来越严重，遍及各个角落。在全世界已查明的215个沙漠成因中，有87%是由于人类破坏植被等不合理行为造成的。因此有人说：“人类走过大地，足迹留下沙漠”。

总的来说，生态退化应归咎于人们不能充分有效地利用生物、土地、淡水等资源，且过度地向自然索取而不注意养护。回溯人与自然关系发展的历史过程，审视当代人所面临的严重的生态退化，实际上是一种人类自我中心主义和人类有限理性所导致的。由于人类在对待自然生态和自身的观念上持有双重标准，以及其相互之间的严重偏离，导致了人类对于自身得以从中演化、发生和发展而来的自然生态系统产生严重的忽视和排斥的倾向；人类在合理性地维系自身的生存和发展的同时，却又陷入了人类理性和意志的无限制扩展所铸就的“铁笼”之中；人类合乎理性的生存和发展导致了人类极为不合理性地对待自然、征服自然和控制自然，结果必然是导致人与自然关系的尖锐对立与冲突。

对于广大发展中国家来说，生态环境恶化的根源是贫困。发展中国家由于人口众多，人口增长过快，贫富悬殊，贫困人口多，对生态环境的压力巨大。为了满足人们的基本生存需要，摆脱贫困，这些国家不得不以牺牲环境为代价来发展经济，结果使生态进一步退化，形成恶性循环。倘若不能有序地推动经济的发展，也无法为解决生态危机提供必要的物质基础和技术、资金支持，以便最终打破贫困加剧和环境破坏的恶性循环。然而广大的发展中国家常常陷入进退两难境地，在发展乏力情况下，为解决生存问题，难免使生态环境的破坏成为演化过程中的必然。

传统的工农业发展，都是资源型生产。为了解决剧增人口的需要和人们与日俱增的消费需求，形成了“高投入、高消费、高污染”的生产和消费模式，从而造成资源的大量消耗与浪费，极大地破坏了生态环境。这也是加剧发展中国家生态环境恶化的主要根源。

发达国家在发展过程中已经消耗了地球上大量的资源，对全球环境变化的影响最大，并且至今仍然居于国际经济秩序中的有利地位，继续大量占有来自发展中国家的资源，并大量排放污染物，造成一系列的生态失衡和环境问题。因此，发达国家应对全球生态环境的退化负主要责任，应从技术和资金方面大力帮助发展中国家提高生态保护能力。此外，在资源利用方面，人们总认为资源无价或低价，没有形成合理的资源利用的市场机制，造成资源的巨大浪费和破坏，也是导致生态退化的重要原因。

1.6 贫困蔓延

1.6.1 绝对贫困与相对贫困

贫困是当今世界面临的又一难题。贫困是一个社会历史范畴，在不同的国家和/或不同的发展阶段，贫困的含义则不等同。在现实的社会生活中，贫困是用一系列的指标来加以衡量的，通常公认的衡量指标有两个：一是人均国民收入或人均 GDP 的水平；二是国民收入分配的不平等程度。

贫困问题既与经济发展水平密切相关，也与社会分配息息相关。在众多的发展中国家，由于人口数量规模较大，往往导致个人在生活资料和生产资源的获取与占有上出现短缺，从而导致严重的社会贫困问题。在这些发展中国家，由于经济发展落后，人均国民收入低下，粮食短缺，甚至连基本的温饱都不能满足，营养状况较差，乃至丧失了生存的欲望和泯灭了发展的动力，属于生存性的绝对贫困。同时，由于个人获取和占有社会经济资源的机会和能力的差别，加上其他因素的影响，在一种短缺经济的情况下，必然导致社会分配不均的问题；在绝对贫困状态下的不公平分配和交易，其影响程度和危害更大更严重。显然，一个国家或地区的贫困程度并不完全取决于经济增长的自然结果，而主要取决于这些国家或地区经济增长的性质，取决于所增加的国民收入如何在人口中公平分配的政策和制度。

与生存性贫困相伴的是发展中的相对贫困问题，这种现象主要存在于发达和较发达国家或地区，是人类社会进化的必然。例如，1998 年还有 12.7%的美国人人均收入低于4000 美元，即有 3450 万人“仍然生活在没有足够经济资源的情况下”。这是由于人们整体生活水平的提高而出现的少部分人群生活质量较差的相对贫困，其实质是发展中分配体制或政策等造成的不均和个人能力差所产生的贫困问题。

我国是一个发展中国家，由于庞大的人口基数、快速的人口增长、经济的区域差异很大，加之自然条件较差，且长期饱受战乱之苦和新中国成立后政策的失误，从而存在大量亟待解决温饱的贫困人口。这些贫困人口除了部分城市失业、残疾、老年人外，主要分布在边陲少数民族聚居或邻省边缘的偏僻山区及生态环境破坏严重的革命老区的广大农村。解决这些地区的贫困问题，对于发展经济、提高人民生活水平，以及保障边疆安全和国内稳定等都意义深远。但解决的难度极大，任务也更加艰巨。

改革开放以来，我国各地经济得到了飞速的发展，但是由于发展条件和基础不同，存在着东西部地区、城乡和贫富阶层之间经济发展和生活水平上的明显差异。随着改革力度的加大，城市中下岗工人的增多，贫困人口的数量难免会急剧增加。因此，在 21 世纪初，我国在解决了绝对（生存）贫困人口问题之后，同时又面临相对（发展）贫困问题的严峻挑战，一段时间甚至还会出现两种性质贫困共存的现象，从而增加了我国解决贫困问题的难度。

人类的追求是无止境的，在解决了温饱问题之后，对物质和精神、文化方面的追求必然会增强，且对环境提出了更高层次的需求。人们可能会把更多的钱、财、物和时间花费在追求更高的物质和精神享受与追求上，人们在寻求工作机会时，不只考虑薪金的高低，也开始追求舒适的工作环境和更好的升迁机会以及福利待遇等，如最近两年我国火爆的“假日经济”便是最好的佐证。我国正处在经济转型期，收入分配制度和社会福利制度的不健全，出现了少数人暴富，而一部分人口由于企业不景气等，收入下降，生活水平相对较低，产生了新的贫困阶层——相对贫困阶层。随着经济的发展与社会财富越来越集中到少数人手中，这种贫富差距的“马太效应”将会愈演愈烈，在解决了绝对贫困后，相对贫困人口的膨胀无疑成为中国可持续发展的关键桎梏。

1.6.2 贫困人口的现状和危害

发展是为了给人们创造更好的生存条件，让全体国民分享物质财富和社会进步所带来的好处。如果日益增加的物质财富被少数人、部分利益阶层和集团享用，大多数人所得极少，甚至成为经济增长的牺牲品而沦为贫困阶级或阶层，导致两极分化，只会加重本已严重的贫困问题。

贫困人口基数大和仍在增多，是当今世界面临的重大问题。据联合国统计资料表明，全世界有近 13 亿人口仍生活在赤贫状态；近 20 年间，发展中国家生活在贫困线以下的人口增加 40%；世界范围内贫富差别继续扩大，两极分化严重，20%的穷人仅享有世界经济收入的 1.5%，而 20%的富人却拥有全球 83%的财富。显然，世界物质财富的增加并不意味着社会问题的减少，生活在绝对贫困中的人口不能满足自己的最基本需求，因贫困亦削弱了人们以持续的方式利用资源的能力，从而易引起社会秩序的失衡和暴乱。穷人既是环境破坏的受害者，同时也是责任者，贫穷对环境、资源的压力和危害不可低估。

中国是一个人口大国，由于地域广阔、社会经济发展地区差异大，再加上历史原因，很多地区经济发展落后，贫困现象更为突出。在 20 世纪 80 年代以前，中国农村普遍处于贫困状态，1978 年年底贫困人口总数高达 2.5 亿人，少数民族大多居住在生活条件较差的贫困地区，其贫困人口约占贫困地区总人口的 1/5。通过有效贯彻、实施“八七扶贫计划”，贫困人口已减到 1999 年的 3400 万，但依然是一个颇具规模的压力和挑战。

1994 年国家统计局统计表明，全国约有占城镇居民总数 5%计 1250 万的城镇居民处于相对贫困状况，他们的收入低于全国城镇居民月收入 160 元的基本生活消费水平。这 1000 多万人尽管节衣缩食，仍然入不敷出，许多人甚至连新鲜蔬菜也不敢多买一点。城市贫困的主要原因是国有企业大规模、大面积亏损，城市就业问题越来越严重，隐性失业显性化。1993 年我国城镇失业率为 2.6%，1994 年上升到 3%，1998 年为 3.95%，再加上物价上涨、收入降低等影响，这些居民家庭的实际购买力和实际生活水平下降。随着退休人数的增多，今后我国退休费和社会保障金可能超过国防费用，其增长率将远远高于国民生产总值和职工工资总额的增长率。企业的大面积亏损、城市失业率的大幅度增加、城市老年化社会速率的加快，使劳资矛盾出现激化，各种社会矛盾日益凸现，导致社会不稳定性明显增加。如果不着力解决贫困问题，势必使社会发展重新陷入“贫困—人口增长—资源环境破坏—贫困加剧”的恶性循环。

1.6.3 贫困人口产生的根源与社会动荡

贫困是社会的“毒瘤”，医治不当或不好都会给社会和人类带来巨大的危害。导致贫困的原因多种多样，因而贫困的类型也多种多样。无论哪一类贫困地区，其共同特征是在人口—资源—经济—社会—环境大系统内部，存在一系列互为因果的不良循环圈：

第一个循环是经济系统内部的低水平循环，即供给不足—收入低下—需求不足，然后又反馈到起始点的经济社会再生产的低水平同态复制循环圈。

第二个循环是生态与经济系统之间的恶性循环。即经济贫困—生态恶化—低产多灾的生态系统与经济系统之间的恶性循环圈。

第三个循环是生态—经济—人口—文化互为因果的恶性循环圈。人口导致贫困，贫困产生人口；人口“吞食”增长，贫困引发文盲丛生……[17]

贫困的“马太效应”，加剧了国家与国家、地区与地区之间的矛盾和冲突。日益加剧的南北矛盾和发达国家与发展中国家之间，以及一个国家内部的矛盾都不断在激化，以至演化为武力冲突，如海湾战争，美国与欧盟之间的贸易战。在发达国家与欠发达国家之间，由于发展基础的显著不同和人口逆向发展的差距增大，加之全球范围内的能源等不可再生资源日益紧缺，因而国家利益的冲突、民族矛盾的不和，致使世界难有宁日。

在当代发展中国家内部，由于劳动力人口过多和资本有机构成的迅速提高，引发了大量的显性或隐性失业人口，同时也导致国家机关公务人员滥用权职、贪污腐化、行贿受贿之风盛行，以及人们道德观念堕落和社会风气日下，为一些不良社会行为提供了滋生的温床，引起贫穷人口的增加和贫富差距加大，从而使得社会动荡不安，民族矛盾激化。这不仅威胁到当代人的生存与发展，而且还直接影响到子孙后代的生存安全与生活幸福。特别是一些贫困落后的国家，人们劳动剩余的不公平分配和占有，最终将导致整个社会经济系统在严重不平衡状况下走向极度不稳定，如民族矛盾激化、社会犯罪率上升和严重的社会动荡等。

改革开放政策打破了我国原有分配格局中的均等化状态，取而代之的是非均等化分配机制。全国人民在物质、文化生活水平普遍提高的基础上，出现了明显的收入差距，并由此形成了不同收入层的分化，即层化现象。在个人收入、城乡居民收入、不同所有制企业收入差距越来越大的同时，地区、行业之间的收入差距亦在拉大，第二职业收入、灰色收入（收受贿赂、贪污腐化等）的增多，使其与仅靠工资收入者的生活差距悬殊。随着经济的发展，这种贫富差距仍会越来越大，亦易引起社会、经济、文化教育等领域的“马太效应”，这给国家和地区的社会稳定与经济发展都提出了严峻的挑战。

古语云：“人不患贫，而患不均”。绝对贫困固然会影响社会的发展，相对贫困更易导致严重的社会问题，影响人类社会的发展，甚至威胁到人民的生命财产安全。国与国之间相对贫困的加剧，不仅直接影响发展中国家的发展，而且也直接或间接地危及发达国家的发展。首先是处于相对贫困的发展中国家要想获得进一步发展，摆脱发达国家的制约，需要大量的资金、技术、人才来发展自己的民族经济。而发达国家为了自身获得高额的利润，更多地榨取发展中国家人民的财富，一方面他们对这些国家进行经济、技术封锁；另一方面他们又大量掠夺这些国家的资源，并向他们出口大量的产品，转嫁污染，从而导致严重的地区冲突。当今世界存在的严重的南北问题便是其明显的写真。南北问题的加剧不仅制约了广大发展中国家人民的生存与发展，而且也阻碍了发达国家的进一步发展和进步。其次是贫困和贫富差距的加剧，一方面导致发展中国家的资金、人才的流失；另一方面亦使发展中国家的难民通过正常或非正常渠道大量涌向发达国家，给发达国家的经济、社会、就业和环境等造成巨大的冲击和压力。

1.6.4 贫困的长期性与解困战略

贫困问题是一个世界性的社会问题，它不仅广泛存在于发展中国家，而且也存在于发达国家。它不是当今社会特有的现象，自古以来就一直伴随着人类。由于地理环境、资源占有和经济发展的差异，以及社会分配的不公和人口能力有别，贫困问题难以在短时间内根除，贫困人口将长期存在。

在大多发展中国家，由于教育事业普遍落后，人口素质明显低下。居高不下的文盲比例、疾病、高出生率、饥饿和自然灾害又始终与贫困为伍，频繁的内乱和根深蒂固的政治腐败又使贫困状况显得更加尖锐。这些因素汇集在一起，形成了可怕的恶性循环，致使一些国家长期被贫困困扰而无法自拔。现代科技的进步一方面促进了各国经济的发展，但同时也使富国和贫国之间的差距越来越大。发达国家的科学技术在日新月异地发展，给这些国家的人民带来了更好的生活条件；但同时穷国的众多人口却在饥饿中求生，对现代文明仅能可望而不可即。如果这种极不平衡的现状继续发展下去，世界性的贫困问题既更难解决，又将长期存在。

面对世界日益增长的贫困人口，联合国于1996 年专门设立了一座“贫困钟”以警世人。世界贫困者每增加 1 人，“贫困钟”即上跳一个数字。据“贫困钟”的显示，世界大约每分钟就要增加贫困人口 47 人。照此速度，世界上每天新增贫困人口 67600 人，每年新增 2470 万人。据联合国 1999 年公布的资料显示，按照国际购买力平价计算，平均每天生活费少于 2 美元的人口多达 30 亿，占全球总人口的近一半；少于 1 美元的人口为 13 亿，其他更为不幸的人口也绝对不在少数。

在过去的 10 多年里，全世界只有东亚地区（尤其是中国）在缓解贫困方面最为成功，贫困人口总数和贫困人口比例都在急剧减少，而拉美和非洲撒哈拉地区的贫困状况却没有好转的迹象。更为糟糕的是，在东欧和中亚国家，由于收入减少，贫困人口不仅没有下降，反而还在大幅度增加。为了帮助这些国家减轻贫困，一些发达国家和国际组织做出了一定的努力，通过很多途径来帮助一些发展中国家减轻债务负担和增加对发展中国家的援助。但从长远来看，减免债务和短期援助只是杯水车薪，不可能给这些穷国带来根本性的转变。从世界一些国家和地区的发展经验来看，解决贫困问题的根本途径，就是要开发自身发展的能力。只有由此引擎持续和快速的经济增长，才能对贫困问题起到釜底抽薪的作用。有道是：“授人以鱼，不如授人以渔。”国际机构和发达国家对穷国提供援助时，应着眼于帮助这些国家培养自我发展能力和增强“造血”功能，以促进其走上良性循环的持续发展之路。

一些国家长期处于贫困状况，虽然有其历史原因，但其根源还主要体现在自身条件和外部因素两个方面的滞障。从内部来看，国家的官僚体制一直是社会经济发展的主要障碍。在所有不发达的国家里，政治角斗、管理无效和社会失序都相当普遍。要通过经济的快速增长来解决贫困问题，首先必须有一个安定的发展环境，这就要求解决好发展战略所面临的内部政治障碍。从外部来看，不公正和不平等的国际贸易行为也是导致穷国愈来愈穷的重要原因。发达国家贸易保护主义和在技术转让方面的苛刻条件，使很多穷国处于十分不利的地位。

我们党和国家十分关心贫困人口问题的解决，从20世纪80年代中期开始，在全国范围内开展了有计划、有组织、大规模的扶贫开发工作，并且取得了显著的成效。1993年年底，全国虽有592个贫困县、8000万农民还没有解决温饱问题，但较1985年的1.25亿已下降了约40%。1994年，国务院制定并颁布了《国家八七扶贫攻坚计划》，要求集中人力、财力、物力，动员社会各界力量，力争用7年左右的时间，基本解决全国8000万贫困人口的温饱问题。1996年中央召开扶贫开发工作会议，会上曾明确指出："今后五年扶贫任务不管多么艰巨，时间多么紧迫，也要下决心打赢这场攻坚战，啃下这块硬骨头。到20世纪末基本解决贫困人口温饱问题的目标不能动摇。"这一庄严承诺表明了我国政府坚定的信心和决心。此后，每年大约有1000万农村人口走出贫困。

在国家财政紧张的情况下，国务院千方百计加大扶贫资金的投入，并安排沿海发达地区对口帮扶西部省区，开展扶贫协作。同时，国家积极动员社会各界扶贫济困、奉献爱心，先后推出了旨在帮助贫困儿童重返课堂的"希望工程"、利用世行贷款推出旨在帮助贫困地区母亲的"春蕾计划"，以及旨在救助贫困地区教师的"红烛工程"。此外，我国的扶贫工作已由最初的直接物质扶贫改为开发性扶贫，效果更为显著和持久，终于在新世纪之初基本解决了8000万农村贫困人口的温饱问题。但是我国的扶贫工作并没有就此结束，防止已经脱贫的部分地区出现反弹，巩固已取得的成果任重而道远。随着经济的发展，企业改革调整的深入，城市贫困人口有增加趋势。尽管摆脱了绝对贫困，相对贫困问题便突显出来，如何解决好相对贫困，任务更加艰巨。

1.7 精神危机

伴随经济的发展和物质生活的日益丰富，人们对精神生活的追求亦愈来愈强烈，因而精神文明势必愈益成为人类社会可持续发展的主导力量。

精神文明是指社会在意识形态方面的进步，它囊括人们的精神寄托、思想追求、信仰和思维方式，与社会的稳定和发展密切关联。它虽然与物质文明密切相关，但又超越之。如果人们对物质运动规律的认识和社会发展的把握不够，就会出现一些虚无缥缈的唯心史观和非理性意识及其邪恶行为，丧失对客观世界发展的正确认识和科学理念。更加危险的是，如果把宗教信仰或非理性的意识作用于政治，强加于他人，还会导致社会的不稳定，使区域社会震荡，乃至动乱。比如近年来国际上出现的邪教组织，国内出现的求神消灾、财运膜拜、“神功”治病等千奇百怪的伪科学意识、封建迷信和秘密结社等黑社会行为，乃至波及全国或境外的“法轮功”事件等。

因此，人类在大力发展经济的同时，千万不能忽视精神文明建设，要坚决抵制那些不良社会思潮的泛滥，在巩固人类创造的物质财富的同时，积极营造健康、文明的社会精神环境，以确保人类经济与社会的持续发展。

1.7.1 精神追求与伦理、道德沦丧

著名的心理学家马斯洛认为，人的需求是多方面、多层次的。人们不仅需要物质上的满足，而且需要精神上的追求。物质生活是精神生活的基础，在生存都成问题时，精神生活无从谈起。一旦物质生活得到满足，人们就迫切地寻求精神上的寄托。精神生活的空虚和堕落，则往往是导致规范性危机出现的价值观念层面上的根源。

物质生活与精神生活是人类生活的两个基本的延展维度，它们相互依存，缺一不可。尽管物质生活的富裕是人类追求的目标之一，但在物质生活提高的同时如果精神生活匮乏，则很有可能形成社会生活中的二元文化结构及其冲突。当今社会，随着物质文明的推进以及由此产生的文化价值的失落，加之以追求更高质量的物质生活为核心的竞争和冲突给人们带来的巨大压力，以及由于社会不公正所形成的压抑感又找不到适当的渠道来疏通，从而使得当今世界尤其是西方社会中弥漫着一种悲观和无所适从的情绪。在这种情况下，人们为了摆脱精神上的空虚、缓解心灵的痛苦以及减轻生活的压力，往往就会背离社会规范，一方面用各种失范行为和越轨行为来麻痹自己，逃避现实；而另一方面也通过这种行为来刺激自己，以使缺乏意义的生活获得暂时的满足和充实。吸毒、卖淫、不正当的性行为（非法同居、同性恋、婚外恋、强奸等），以及由此衍生出来的社会对抗行为，便是这种精神匮乏的现实映像。

在工业文明阶段，人们片面追求物质享受和金钱至上，导致了人们的道德沦丧，使社会风气日显污浊，缺乏责任和义务，人与人之间没有信任感。如，不赡养老人，虐待家庭成员，为了金钱而不惜出卖自己的肉体、人格；人们遇到危害或困难也不相助；腐败之风盛行，“黄、毒、赌”、诈骗、抢劫，虚假广告、假冒伪劣商品比比皆是。对于诸如此类现象，人民怨声载道，缺乏最基本

的安全感，进而危及社会的稳定和可持续发展。

道德属社会意识形态范畴，是社会存在的反映。随着资源供给的短缺、环境污染的加剧、生态调控功能的退化，人类的生存和发展遇到了前所未有的危机，于是道德问题颇受关注，环境伦理也引起了学术界热烈的探索。伦理、道德问题一改只研究人与人关系的传统，开始注重人与自然的关系，注意人与自然的协调、平等、尊重问题，并随之产生了一系列新的论题，诸如全球战略伙伴、新的国际关系、如何对待贫穷和污染等。

在一定意义上说，人与自然环境的矛盾和冲突是由人类发展的需要和失误造成的。因此，为了整个人类的生存和可持续发展，就不仅要注重人与人或个人与社会的利益关系，更要处理好人与自然的相依关系。要解决好这些关系必须调节人们的行为，这不仅需要法规，更重要的是利用社会道德的约束力，依靠信念和社会舆论的作用，运用道德原则和规范来调节人们的生产和生活消费行为，培养有生态道德的人，实现人与自然的共荣共存，达到人与自然的协调发展和共同进化。人们要有酷爱大自然的伦理情感，以便使人类能够服从自然的生态规律，怀着热爱和尊重的心情来保护性地利用自然。

自然是一个组成复杂、具有一定机能的有机整体，人类只是这个有机整体的一个平等的成员，没有高低贵贱之分。虽然人类具有道德意识，具有调控生态系统的能力，但这不能成为人类优越于其他物种的理由，更不能凌驾于自然之上，以征服者自居。因为历史教训告诉我们：征服者最终都将祸及自身。环境道德的建立，是人类第一次把善恶、正义、平等、责任、义务等传统的作用于人与人关系的道德观念扩大到人与自然的关系上，它不仅表现为人类行为中人与人之间的利益关系，认为破坏环境，从而侵犯他人利益的行为是不道德的；而且表现为人与自然的利益关系，认为破坏环境，危害其他物种的生存权利也是不道德的。

环境问题既然主要是人为问题，是人类为发展经济不合理地利用、改造自然生态环境的结果，那么为改善人与自然的关系，建立一个新的、更加美好的生活环境，要求我们人类须遵守共同的道德原则。这些原则应是全人类的，而不仅是指哪个民族、国家、阶级或个人。首先，在不危害彼此正常生存，不违反生态平衡的前提下，地球上所有的生物（包括人和动植物），都应遵循平等互爱的原则，享有环境不受污染和破坏，保证健康安全地生存和持续发展的权利。人与人之间，人对自然物之间都应充分尊重这种权利。其次，对于人类各地域、各民族和国家之间应遵循平等互利的原则。伦理道德强调的重点之一就是平等，道德要求人们摒弃专横和歧视，民族不分大小，国家不论强弱，富人还是穷人都有生存权和发展权，不应受到凌辱和歧视。为此，决不容许强国向弱国、发达国家对不发达国家以各种方式（包括所谓交换）掠夺财富，特别是掠夺资源。

历史上率先发达的国家为了自身的经济发展和本国的多元利益，一方面以民族压迫、称霸、强权残害被侵略的国家和民族，特别是二战之后两个超级大国之间的竞争和对世界所造成的不平等，以及当今世界的唯一霸主不断推行的强权政治和霸权主义，以求遏制发展中国家的强盛；另一方面为了侵占、肆意掠夺别国资源，当代的发达国家总是采取不平等的经贸和资本、技术输出举措，加剧着发展中国家的贫穷和落后；再者，发达的西方国家因工业化污染不仅严重危害了本国的环境，而且也转嫁污染影响、危害着他国的环境，进而威胁到全人类的可持续发展。

传统的伦理道德往往注重于研究现实社会中人与人之间的利益关系，但人类社会的可持续发展更应重视当代人与后代人、现实人与未来人的关系的道德伦理探索。近几个世纪以来，特别是近一个世纪以来人类为所欲为的行为使得“我们不是从祖先那里继承地球，而是从子孙后代那里借来地球”，不仅给当代人造成了生存危机，亦将会给后代人留下一个千疮百孔、贫瘠的地球，日趋枯竭的地球。过去人们认为，无垠的宇宙、广袤的时空会给人类以无穷的资源和财富，取之不尽、用之不竭的自然环境可为子孙后代造福，只要人类累积知识，拥有智慧和财富就会越来越美好，事实是今天比以往任何一个时代的穷人都多，饥饿、疾病、瘟疫，以及层出不穷的各种新的疾病都在不断地吞噬着无数人的生命。日益恶化的环境打碎了人们以往的美梦，如果当代人还不能尽快收敛自己对环境滥施淫威的行径，如果还对环境的“报复”熟视无睹，我们将无法让我们的子孙后代存活下去。

地球属于我们这一代，更属于我们的子孙后代，为了让他们有一个安全、清洁、富庶、美丽的环境，我们不仅要保护好现存的生态环境，而且应努力使地球恢复其自然再生和自调控的能力。地球是人类共同的，人们生存和发展的权利也是共同的，为了我们共同的利益，为了人类共同的未来，我们一定要坚持代际之间在环境问题上的平等权利，上一代对下一代都应负有不可逃避的责任。离开了这种责任感，人类共同的未来就无从谈起。我们这一代既然已经意识到了这一点，就要将它坚持下去，发扬光大，使世世代代的人类永续繁衍，幸福生存。

为了实现人类社会的可持续发展，既要把眼前的经济利益与长远的生态良性循环要求相结合，并以生态平衡的原则来制约和规定经济生活；又要在社会经济生活中，选择符合生态道德的人类发展途径，遵循经济和社会活动的生态化原则。人类要生存，自然需要开发利用资源，势必会影响环境。过去，在忽视生态伦理情况下，人们往往以为“人的行为凡是有利于社会进步和社会发展的就是道德的，反之就是不道德的”。显然，这是把人的需要，特别是人的物质需要作为尺度来衡量、规范人的行为。环境问题的出现，使人们意识到仅仅以此来规范人们的行为是不够的。人们的经济活动如果不考虑环境后果，不注意保护环境，就失去了发挥的可能性，因而必须使社会经济活动生态化。也就是说，人类活动不能违背生态规律，要遵循生态学原理合理安排社会生产和其他人类活动，使社会、经济活动既符合最大的社会-经济效益原则，又符合最好的生态效益要求。

总之，环境道德、生态伦理要求人们不仅承认全人类的道德原则，尊重全人类的共同利益，而且要求承认全球生态伦理原则，尊重自然，呵护生命，以此得到一个健全的地球，保障人与自然的协同发展和共同繁荣。

1.7.2 信仰泛化与邪教危害

信仰是人类永恒的本性。“即使是最荒谬的迷信，其根基也是反映人类本质的永恒本性。”作为人类本质的永恒本性，信仰乃是人类意识在其千万年漫长进化的历史过程中所形成的对人类之生命本质、生活条件和存在意义的意识和追求，是对人类之客观生存缺陷的主观弥补和超越，体现了人类对其自身存在和发展之意义和价值的终极关怀。作为人类的本质与其依附对象的统一，信仰为人们提供了必需的精神支柱和行动指南。信仰的缺失或偏离不仅会使人们对其自身生存意义茫然失措，而且也会导致人们在现实社会生活中的迷茫和无所适从。可以说，信仰构成了人类精神寻求逃避永恒和无限的压迫以及驱除人类自身在宇宙存在中的漂泊感和孤寂感的驿站和家园。正因为如此，任何社会和个人不可能没有自己的信仰。[18]

信仰在人类精神领域中的产生、发展和转变，乃是一个历史沉淀的产物，它使人类能够在现实生活中获得一种精神上的寄托和拯救。但是，当代社会，面对激烈的竞争和就业压力，人们精神上得不到发展，于是就产生了孤独、寂寞感，精神无所寄托。严重的信仰迷失和信仰偏执，不但导致了人类在迷茫和冲突中走向虚无和邪恶，而且也对人类社会所必需的秩序、原则、理想和希望构成了巨大的挑战。二战以后在西方社会中，人们普遍感到绝望和空虚，甚至精神颓废，行为越轨。譬如，比较典型的是美国历史上曾被誉为“垮掉的一代”的“嬉皮士”和“雅皮士”思潮的泛滥。

精神文明与人们健康的心理素质和文化行为息息相关。如果一个人的心理素质和文化水平较高，对社会的丑恶现象认识就比较清楚，对其污染的抵抗也就坚决；对不合理、不公平和危及自身利益的行为既敢于反抗，也会产生一定程度的理性容忍，从而有助于缓解社会矛盾和保障社会秩序的稳定。反之，若其心理素质较差和文化水平较低，除了对社会发展趋势和主流意识模糊不清，是非混淆，易于受邪恶观念诱惑外，对于可能遇到的不公平或挫折往往会产生过激行为，易于置法规和社会道德于不顾而聚众犯罪或参与动乱，导致社会的不稳定，使经济发展受到损害。

造成当今社会信仰泛化、精神危机的原因是多方面的。一是由于历史的原因和社会文明及透明度增强，昔日的道德偶像破灭，而现实生活中随处可见的非道德主义的心态，致使社会进入到一个没有权威、缺乏信仰的时代；加之个人理性精神的普遍缺乏，彷徨、无所适从的无规则状态自然而生，于是乎人们便跟着感觉走，走入了神灵的彼岸，一些男女青年视佩带佛像和十字架为潇洒。

二是社会分配不公和官场腐败之风造成一些人的迷茫和逆反心理；在新旧体制交替、处于胶着状态的情况下，社会失控现象日益严重，少数人趁着社会转型、体制不健全的空档而暴富，造成脑、体倒挂，“造原子弹的不如卖鸡蛋的”，产生了极坏的负面影响，动摇了人们靠诚实致富的信念；党内和官场上存在的腐败作风，不仅损害了党和政府在人民心目中的形象和威望，也丧失了人民对党和政府的信任，使得一些人感到心灰意冷，不愿同流合污而又无力抗衡，因而心想借助“神灵”，希望找到一片脱俗的“净土”，以求精神解脱和慰藉。

三是在经济建设中一味强调经济的发展和物质文明建设，忽视精神文明建设，而出现了信仰危机和信仰冲突，如拜金主义、个人主义、资产阶级的民主自由观、以权谋私和宗教迷信，乃至危害不可轻视的邪教。如今以计算机网络为重要特征的现代信息技术，虽然缩小了地球空间，缩短了人们之间交往的距离，然而亦加大了人们心灵和情感的距离，及至“鸡犬之声相闻，老死不相往来”。

1.7.3 世界霸权与多元化发展

和平与发展虽已成为当今世界的两大主流，但是在物质财富得到了飞速发展的同时，社会矛盾也在全面激化并演化为全球性问题。这种矛盾不仅表现在发达和发展中国家内部，亦体现在不同意识形态、不同经济发展水平国家之间；不仅存在于政治领域，而且延伸到经济、文化战线以及人们生活的各个角落。随着霸权和垄断的强化，这种矛盾、冲突越来越剧烈。

在新的形势下，旧的国际政治格局随着苏联的解体而被打破，新的国际政治经济秩序尚未建立起来，世界正在形成多元化格局。美国在苏联解体之后一直想独霸世界，形成单极化世界。所以，她一方面不顾世界各国的反对，大力加强自己的军事实力，一意孤行地搞国家战略导弹防御系统（NMD），在世界范围内掀起新一轮军备竞赛；另一方面加强对别国（甚至她的盟友）进行经济掠夺和文化渗透。欧洲的一些国家在战后结成联盟，同心协力发展地区经济，经过几十年的发展，整体综合盟力极大提高，形成世界重要的一极；战后的日本虽然曾一败涂地，但是经过几十年的发展已成为经济强国，跨入了世界一极；俄罗斯在苏联解体之后虽然一蹶不振，但是“瘦死的骆驮比马大”，其军事势力和综合国力也不能低估，并且经过近来多年的调整，经济也逐渐在复苏，依然是世界不可忽视的一极；自改革开放以来，中国经济取得了有目共睹的高速发展，综合国力得到了显著提升，其国际地位越来越高，因实施“和平崛起”无疑成为世界一支不可低估的重要力量；印度伴随经济改革和以软件研发为先导的高新技术迅速发展，亦令世界瞩目和使发展中国家为之效仿。

上述多元化格局，有助于世界稳定，但为了保证各国及各国人民的平等发展，只有反对世界霸权主义，反对地区冲突和强权政治，才能共同创建一个和平、安定的世界，从而促进世界经济的健康发展和人类社会的可持续发展。

发达国家与发展中国家之间在环境与发展问题上也是利害交错、矛盾尖锐。发达国家大多是世界上曾经强盛一时的殖民者，而发展中国家在历史上曾沦为殖民地或饱受战乱或压迫、奴役之苦，经济发展缓慢，成为发达国家原料供应和产品倾销地。目前世界环境问题与发展矛盾主要是由于发达国家的生产和消费方式以及不平等的国际贸易格局引起的，发达国家本应承担更多的责任，然而却并非如此。由于世界霸权主义的存在和不公正的国际政治经济秩序，发展中国家与发达国家之间围绕着国家主权、发展权、环境与贸易、资金与技术等问题的南北矛盾和冲突，在未来较长时期里依然是制约人类社会可持续发展的关键桎梏。

本章参考文献：

[1] 马克思恩格斯全集，第 42 卷，北京：人民出版社，1979

[2] 杜鹏．中国人口老龄化过程研究，北京：中国人民大学出版社，1994

[3] 构造健康老龄化的未来——中国老龄化形势与对策，《中国人口报》，2001-2-5

[4] 国家统计局公布的全国第五次人口普查资料

[5] A. 佩奇．王肖萍等译．世界的未来——关于未来问题，北京：中国对外翻译出版公司，1985

[6] D. L. 米都斯等．增长的极限，成都：四川人民出版社（李宝恒译），1984

[7] 李文华、杨修．环境与发展，北京：科技文献出版社，1994

[8] 井文涌、何强．当代世界环境，北京：中国环境科学出版社，1989

[9] 关伯仁主编．环境科学教程，北京：中国环境科学出版社，1995

[10] 郝永平，冯鹏志．地球告急，北京：当代世界出版社，1987

[11] 宋健主编．现代科学技术基础知识，北京：科学出版社、中央党校出版社出版，1994

[12] 刘天齐等．环境保护概论，高等教育出版社，1982

[13] 未来几年沙尘暴将更猛烈　北方存在四大沙尘暴源区，中国青年报，2001-4-6

[14] 近年中国出现的大风和沙尘暴灾，新浪网，2000-8-2

[15] 田雪原．大国之难——当代中国的人口问题，北京：今日中国出版社，1999

[16] 李卫武．中国：跋涉世纪的大峡谷——生存．发展．困境，武汉：湖北人民出版社，1997

[17] 何希吾、姚建华等．中国资源态势与开发战略，武汉：湖北科学技术出版社，1998

[18] 国家环保局．中国环境状况 2000，北京：中国环境科学出版社，2001

[19] 毛志锋．区域可持续发展的理论与对策，武汉：湖北科学技术出版社，2000

第 2 章　人类文明反思

2.1　引言

翻阅人类文明的史册，人与自然的对立统一就像一条红线贯穿始终。人类凭借自身的智慧和劳动既缔造了物质文明，又创造了灿烂的文化。而文化作为自然的“函数”，既依托于自然，又架起了人类物质生产、社会进步与自然资源开发利用和对生态环境保护成功与否的桥梁。在远古荒蛮时代，人类创造了听天由命的图腾文化。在漫长的农耕社会，人类缔造了具有田园意趣、以自然启示人格和艺术的人文文化。近一百多年的时间里，工业化和科学技术的飞速发展，在给人类社会带来丰硕物质财富的同时，也使人类饱尝着诸如环境污染、资源短缺、生态破坏、物种灭绝、地区冲突、贫困等灾难之苦。

人类社会已进入 21 世纪，工业文明给人类带来的负面影响阻碍着人类的生存和发展，迫使人类反思自身过去的行为，以图寻找新的发展道路和方向。本章正是从人与自然的关系出发，回顾了这对矛盾对立统一体的斗争发展历程，阐述了人与自然和谐发展的生态文化以及人类对一种新文明——环境文明[1]的追求。

2.2　文明的内涵

2.2.1　文化与文明

什么是文化？古今中外，仁智有别，莫衷一是。但有一点是公认的：所谓文化，是指人类精神活动发展的诸多表现形态，它不仅包括思想观念、道德风尚、宗教、文学艺术、科学教育等精神活动的直接表现形态，而且还囊括人类的远古遗迹，社会的经济、生活、政治及人类活动方式等外化形态。

文化伴随着人类的诞生而出现，文化发展的历史也是人类进步的历史。在人与自然、人与人、人与自身这三大文化主线中，人与自然之间的关系更多和更直接地影响着人类的生存与发展。所以，从人与自然关系的角度来说，文化是人类适应自然的生存方式，即是人类在自然界中生存、享受和发展的一种特殊方式。人以“文化”把自己同动物区分开来，既依赖、利用自然，又能动地改善自然和自觉地修正自身；而动物仅以本能的方式生存，直接地依赖和利用自然。当环境发生变化时，动物只能以自身的变化去适应环境；而人以文化的方式生存，在适应自然的同时，用劳动和智慧去改变环境，以使自然界满足自己的需要。

究竟什么是文明，它和文化又是什么关系？一般认为，文明就是文化，包括人类所创造的物质文化和精神文化。文明，是与“野蛮”“愚昧”“落后”相对应的，并与一定的社会经济形态相连，是人类社会发展过程中的一种进步表征。文明是人类社会处在不同发展阶段的一系列综合性进步、合理的状态，但只有在人类独立于一般物种、能够掌握自身命运后才出现。这意味着，自人类社会诞生后，由于人们的生存、发展需求和社会生产力的水平不同，而呈现出不同的文明形态。但其内涵则是，人类只有认识自然，适应自然，并按自然规律改造自然，且在协同与自然相依关系的过程中，进化自身，推动社会的进步，才称得上人类的文明。

文明和文化都是人类创造的，并随着人类社会的发展而发展，不是永远停留在一个水平上。文明和文化虽然密不可分，但二者不可等同。第一，人类文化发展的历史比文明进化史要早得多，而文明则是人类进化到高级阶段的产物。人类从低级阶段到高级阶段的进化发展，曾历经了蒙昧、野蛮、文明三个时期。在人类出现的 300 多万年里，蒙昧时期很长，野蛮时期仅占 3.5 万年，而当属文明时期迄今也只不过 6000 多年。原始社会由于还没有文字，也没有使用铁器，因而虽有文化，但还不属于文明时代。人类进入文明时代是从原始社会转变为奴隶社会开始的，但文明的孕育和萌芽早在原始社会的蒙昧时代和野蛮时期就已经发生。第二，文明和文化都是人类创造的成果，但文明的成果一般都是积极的和进步的；文化的成果除了积极的、进步的，还有落后的和消极的。第三，文化是人类最基本的生存方式，是人类取得文明成果、达到文明社会的手段，而文明则是一种社会形态，即可视为人类追求的目标，又可看作是人类社会进化目标与过程的有机统一。

2.2.2 人类文化发展

在人类进化史上，人类文化从一个发展阶段过渡到另一个新的发展阶段，本质上是一个不断发展和进步的过程。从人与自然关系角度理解的文化，是一种广义的文化，主要包括以下三个部分：一是物质文化。这是人类开发和利用自然价值所创造和拥有的物质财富，即物质文明；二是制度文化。因为人对自然的作用总是在一定的社会联系或社会关系条件下进行的，为了调节人的社会关系以及人与自然的关系，总是需要在一定的价值观的指导下形成一定的社会意识形态及相应的上层建筑，包括政治、经济和法律等制度；三是精神文化。人类的知识和智慧是人与自然相互作用的思想成果，包括哲学、宗教、艺术和道德，以及科学技术等精神财富。

纵观人类社会的发展，已历经了原始的渔猎文明、农业文明和工业文明三个时期，相对应的是人类文化走过了图腾文化、自然文化、人文文化三个阶段。目前，人类正在探寻文化发展的新阶段——环境文化。

简单地说，环境文化是从人统治自然或“反自然”的文化，过渡到人与自然和谐发展的文化，或者“尊重自然”的文化。也就是说，作为主体的人应当与客体——环境中的生命物质和非生命物质保持友好、和谐共存的关系。作为能动的人，为了满足自身的持续发展，就应当保护环境，而这些在理念、道德和行为上应当逐步成为一种尊重自然、协同环境的文化。这是人类为了实现可持续发展，而将产生的一次文化性质的革命，或曰“文化方向的转变”。她不仅是人类社会基本价值观的变革，而且也是按照新的价值观或以新的价值观为导向，使社会的政治、经济结构，以及科学技术、文学艺术、道德、宗教和生活方式等所有文化领域发生根本性变革。环境文化是保障人类实现可持续发展的必然选择，亦将推动着人类文化走向全面勃兴的新时代。[2]

2.2.3 文明与社会进步

文明与文化虽然不是孪生姐妹，但二者都伴随着人类社会的进步而不断发展。伴随人类社会的发展，人类文明已历经了渔猎文明、农业文明和工业文明诸物质文明阶段，在创造了巨大的社会财富的同时，也造成了不可持续发展的危机。改善生态环境，提高人们的生活质量，已成为人类社会追求的共同目标。因而倡导与环境文化相适应的环境文明，已是一种英明的抉择。

文明首先体现在文字的发明。正如美国社会学家摩尔根说："认真地说，没有文字记载，就没有历史，也就没有文明"。文字的发明及其应用于文献的记录，使人类的文化得以长远流传和被继承，人类社会的优秀成果得到发扬，从而推动了人类由荒蛮、愚昧、落后状态向文明的进化。

其次是铁的冶炼和铁器的使用。铁的冶炼和铁器的使用极大地提高了社会生产力，带来了生产剩余，分离出专门的脑力劳动者，从而又推动着文字、文化的发展。特别是近代的工业革命和现代的信息革命，既推动了生产力的极大发展，又促进了文化、信息的快速传播。人类不仅创造了丰富的物质文明，而且有了日益丰富的精神文明，抵御自然灾害的能力也得到了加强，从而推动了社会的全面进步。

2.3　原始文明与图腾崇拜

2.3.1　人类的诞生和原始社会

人类作为自然界中的一个物种，自从其他动物中分化出来，已有千万年以上的历史。在两亿年前，当生物进化到高级的哺乳动物时，作为人类祖先的类人猿，满身是毛，有须和尖耸的耳朵，成群地生活在树上，以虫豸、蒴果为生。

大约在 1000 万年前，由于地质和气候条件的变化，这些类人猿被迫离开森林，来到热带草原，在平地上行走，上肢得到了解放，手变得灵活自由，渐渐自立行走，完成了从猿到人的转变的具有决定意义的一步。为了生存，类人猿必须同地球上已有的几百万物种进行激烈竞争。为了获得食物和安全的住所，他们开始用手制造工具。同时，通过劳动不仅创造了维持自身生存和发展的物质财富，亦使人类相互交往更加频繁，为交流感情和对外界事物的看法而逐渐产生了语言。天长日久，猿脑逐渐变成人脑。这时，人类凭借自由的双手、交流的语言和发达的大脑，在地球的生物竞争中吃起动物来。动物的肉食进一步促进了人的体力和脑力的发展，人类的进化才呈现出加速的趋势。

据考古资料表明，大约在 200 多万年前，腊玛古猿就开始生活在非洲的森林、灌丛、草地与沼泽交织的环境中。直到150万年以前，才出现了南方古猿。与此同时，人类开始进化为能人（Homo habilis），并已经学会打制简单的石器。随后人类进化为直立人，于50万年前遍布非洲、欧洲和亚洲。他们不断改进已有的石器，制造出了如砍砸器、刮削器、切割器、钻孔器和杵等更为有效的生产工具。人类肉食习惯开始形成，从而引起了新的有决定意义的进步。

同时，直立人已学会了用火，这是人类文明史上的又一大进步。古希腊有普罗米修斯盗火撒人间的壮举，中国有燧人氏“钻木取火”的传说。虽说这些都是传说或神话，但却反映人与地球关系演变中的一个重要事实，即火的使用。人类由此成为唯一见火不逃避的动物。人们不仅开始用火烧烤食物、驱赶野兽，而且用来取暖，使之成为人类改造自然的强大工具。人类利用火，焚烧草原，使土地肥沃，开始种植农作物，从以往完全依赖打猎和采集野果为生的生活方式中解放出来，有了较为稳定的食物来源。到了20万年前，人类进一步进化为“早期智人”，也叫“古人”；到了5万年至1.5万年之间为“晚期智人”，又叫“新人”。至此，真正意义上的人类诞生了。人类由于制造了定型的工具、利用了火、进行集体狩猎，在劳动中产生了交流工具——语言。为了生存，原始人类以家庭或部落为单位进行劳动、生活，从而进入了人类社会的第一个阶段——原始社会。[3]

2.3.2 原始社会的生产与生产工具

在漫长的原始社会，由于生产力水平极其低下，人类仅依赖采集和渔猎的生产方式来维持生存的需要。原始社会早期即旧石器时代，人类只能利用现成的石块加工打制成砍砸器、刮削器、尖状器等简单粗糙的生产工具，直接从自然界采猎食物，因而所能获得的物质资源的种类和数量也极为有限。当时，人类以家庭、亲族为单位共同生产、生活，分工虽仅限于男性从事渔猎、女性从事采集的性别分工，但这种相互的合作代替了冲突和野蛮的竞争，足以确保人类的生存、繁衍。

到了新石器时代，由于生产工具的改进，出现了原始农业。人们运用长期在采猎中积累的一些动植物生长发育的知识，培育植物，驯养动物，在能够获得较稳定的食物来源的同时，也减少了对自然的依赖。嗣后，人们发现天然金属被融化，找到了冶炼金属的方法。从此，人类进入青铜器时代。

由于铜的自然含量极低，加之冶炼技术的落后，青铜器仅作为一种奢侈品，成为财富和地位的象征。从考古发现来看，青铜器主要作为祭祀（如鼎）和达官贵族们的生活用品（如酒器）及装饰品，很少用作生产工具，因而青铜器的出现对社会生产力的促进作用并不大。只是到了原始社会末期，冶铁技术的提高和铁器的大量使用，才使生产效率大大提高，人类不仅能维持自己的基本生存，而且有了积累、剩余，于是私有制开始产生，原始社会随之崩溃、瓦解。从原始社会的演变历程来看，无疑是先进的生产工具推动了生产方式的转变，进而促进了社会的发展。

2.3.3　原始社会的消费与分配

自人类诞生之后的漫长历史时期，由于生产力水平非常低下，原始人只能过着茹毛饮血的狩猎和采集生活。由于受自身生存能力的强力约束和自然的限制，人们所采集到的果实和捕获到的猎物数量极其有限，有时甚至一无所获，食物来源很不稳定，常常只得忍饥挨饿。为了生存、繁衍，人类不得不采取原始的公有制形式进行产品分配与消费，共同抗御自然。也即首先由氏族（或部落）的青壮年每天把捕获的猎物和采集到的果实收集到一起，归氏族成员共有，然后再由氏族（或部落）中有名望的人或头领进行统一分配，首先满足老人、儿童与妇女，过着原始共产主义的生活。

到了原始社会末期，一方面由于人类抵抗自然的能力逐渐增强和两次社会大分工的出现，人类生活习惯转向肉食而遇到了难以解决的困难。因为与植物不一样，动物有腿、脚或翅膀，可以任意奔跑或飞翔，尤其是在寒冷的冬天，他们会无影无踪，于是人类只能饱一顿，饥一顿，生活毫无保障。由动物的捕猎到驯养，不仅使氏族成员有了较为可靠的生活保障，亦使畜牧业从农业中分离出来而逐步得以发展。原始农业和畜牧业的出现，使氏族或部落所获得的食物不仅来源比较稳定，而且偶尔还有剩余，于是氏族或部落首领便开始凭借权势把公有的剩余产品据为己有。另一方面部落间常常为了争夺土地、资源等而发生战争，获胜者不仅占有失败方的土地、财产，而且强迫俘虏劳动，无偿地占有他们的劳动产品，使其沦为奴隶。氏族首领凭借特权获得更多的财产和奴隶，出现了剥削，产生了私有制和贫富分化，原始社会也就开始瓦解而被奴隶社会所代替。

不过，在原始农业社会，由于刀耕火种农业的土地生产力很低，因此技术结构决定了原始社会的人口密度也很低；加之营养不良而导致的低出生率，以及各种疾病、瘟疫、部族战争和自然灾害等导致的高死亡率的综合作用，使得原始农业社会的人口规模不大。极低的人均消费水平和不大的人口规模决定了原始农业社会的消费结构和对自然系统的压力不会超过自然系统的承载限度，消费需求和自然保障之间的关系称得上是一种原始性的和谐。诚然，这是以人口的低消费和低密度以及人对自然的屈服为基础的，是由社会生产技术和生产工具的极端落后造成的。

总之，在原始社会的漫长历史时期，落后的社会生产力促使社会成员共同占有生产资料，集体劳动，完全依赖自然，利用自然生成的资源维持极低的生活水平，基本没有生产剩余，也不存在严格意义上的剥削，大家平等地分配劳动产品，过着原始公有制下的集体生活。

2.3.4 原始社会的组织形式和精神统治

在原始的采猎社会里，人仅仅是自然生态系统中的一个普普通通的成员和食物链中的一个微不足道的环节，还没有今天意义上的价值观念、制度安排和组织管理形式，其行为还主要是生物个体和群体的本能，如争占领地、配偶等。不过，作为新的个体和群体的人，在组织上也有自己突出的特点。为了在掌握原始工具和技术的条件下，适应相对严酷的环境条件，采猎者们一般以家庭为基本单元形成亲族群体，而这种群体往往规模小且不断流动，因为每一个地方所能提供的食物是有限的。

在群体内部的一些必要的社会分工，也主要是从性别、年龄上考虑，如妇女、儿童主要从事采集活动，老人照看幼儿，男子负责打猎等。不过这种分工比较简单、原始，成员之间还是以合作为主，为了生存而共同与自然抗争。这种合作不仅表现在社会活动上，更重要的体现在经济活动中的一些简单的分工协作和对食物及其他物品的共享等。如在打猎中，原始人常常是齐心协力追赶野兽，合力围捕而共享收获。

在新石器时代早期出现了原始农业，人类开始利用农业技术开发农业资源，从食物的采猎者转为食物的生产者，获得了相对稳定的食物来源，因而使人们改变了作为食物采集者的生活方式，结束了游荡的生活，开始定居。农业的发展，食物种类和数量的增加以及生活的稳定，使得人口得到了发展，人与自然相互作用方式发生了变化，人类社会系统也随之发生了根本性变革。

农业社会最基本的组织是以父权家长制家庭为主体的农户，但原始农业的脆弱性又使他们无法完全独立而形成社会组织，因而氏族公社便是其重要的社会组织形式。每个氏族公社都有自己的领地，领地内不仅有人们居住和生活的村庄，还有可耕种的土地、放牧的草地和砍柴的林地。每个氏族成员甘愿随时用他们的鲜血和生命捍卫之，当然也伺机用武力去夺取他人的领地。

氏族内部实行原始共产主义生活方式，土地归全体氏族成员所有，每一个有劳动能力的人都要参加生产和渔猎活动，产品平均分配。氏族内部事务由氏族中有名望的人负责，无偿地掌管着氏族的日常事务，而遇重大事务（如迁移、战争等）则由氏族的全体成员共同决定。氏族首领实质上只是氏族内部事务的管理者和组织者，没有超越氏族成员的特权。氏族首领也不是世袭的，而是由全体氏族成员共同推举产生，如我国原始社会的“禅让制”。氏族内部没有等级、高低、贵贱之分，根本不存在阶级，氏族成员之间完全是平等的。氏族首领对氏族成员的统治与管理纯粹依靠公共舆论和道德来约束，完全是一种精神统治。

在原始农业社会里，氏族公社所有制实际上是一种集体所有制，对自然资源的管理方式类似于今天的所谓社区管理。正是这一系列生产、生活、组织的保障，才使得原始的采猎者们得以维持低水平的供需关系，并得以延续上百万年。从婚姻关系来说，原始社会早期，人类的生存繁衍纯粹是一种动物行为。到原始农业阶段，人类开始出现了婚姻关系。早期主要是氏族内部通婚；到后期，打破氏族、部落界限，不同部落之间进行通婚，从而提高了人类的繁衍能力，也改变了原始社会的社会生产关系。

2.3.5　图腾崇拜与原始人的自然观

著名历史学家汤因比认为，人类历史是由一系列文化与环境的挑战和应战组成的。[4]它历经两个重要过渡时期：一个是始于10万年前的人类从无意识到自我意识过渡的漫长历史时期。第二个同样重要的过渡时期即发生在现在，可持续的生存和发展要求人类向新的意识转变。这一时期不可能再延续几百年甚至上千年，只应在当代完成。

10万年前人类萌发了自我意识，这是一种历史性的进步。随着人类劳动的发展，以及劳动中交往的需要产生了语言，由此推动了人类思维的产生与发展，以及人类自我意识的形成。但是在早期的人类意识中，人与自然没有绝对的界限，混为一谈。由于自然力过于强大，人们对自然界崇拜至极，人、神、兽（动物）三位一体，其哲学表达式是：图腾崇拜。经过同自然界进行长期和艰苦卓绝的斗争，人类才逐渐地把自己和自然界分离出来，并且逐步地产生了以我为中心的自觉意识，这是人类进化中的一个质变。伴随原始人类自觉意识的形成，人类社会诞生了最早的文化形式：图腾文化。

据考古资料佐证，人类的图腾文化产生于旧石器时代中期，它是在采集和狩猎生产的基础上形成和发展起来的。图腾是一个氏族或部落与别的氏族或部落相区别的一种标志和象征，它以动物、植物或自然界的其他事物和现象来表示。例如，我国炎帝族以牛为图腾，黄帝族以熊等动物为图腾，商族以玄鸟为图腾，半坡母系氏族公社实行以鱼为象征的女性生殖器崇拜。虽然龙并不是实实在在的动物，但是我们的祖先却把它看成是特殊的动物神，因而中华民族自古就以龙作为华夏民族的象征，自称是龙的传人。此外，凤凰为传说中的神鸟，被我们的祖先尊为百鸟之王，认为它是给人类带来吉祥和幸福的神，历来作为女皇和皇后的象征。鹤是长寿的象征，“松鹤延年”至今仍表现为祝寿的主题。龙、凤、麒麟、龟尊为“四灵”，其中龟是真实的动物，因其长寿而被视为有神性，历来是许多人崇拜的对象。图腾崇拜至今仍在我国的少数民族中流行，如畲族的祭祖仪室和苗族的拜盘瓠庙等以狗为祭祀图腾，壮族以青蛙为图腾，彝族的葫芦崇拜、竹子崇拜和松树崇拜，苗族的“葫芦兄妹”信仰和鸟图崇拜，羌族的猴子崇拜和白马崇拜，高山族的鸟、蛇图腾崇拜，等等。[5]

总之，图腾崇拜是把崇拜的对象奉为人的祖先，使之同人具有某种亲缘关系，或者它对于人类生活具有重要意义。这是来自人的经验或直观感性而产生的一种价值观念（或前价值观念），因为它是从功利的视角，崇拜对自己有用的动植物或其他的自然现象。图腾禁忌是指禁打、禁杀和禁食某种图腾物，因而它不仅表现为一种信仰，而且也体现出人们对生活的态度，是一种价值观念的映示。

自然崇拜是古代人类的另一价值观念。据考证，自然崇拜始于新石器时代。当时人类开始从事农业和畜牧业生产，但是在异常强大的自然力面前，人类的力量非常弱小，生产受到各种自然因素的严格限制。面对强大的自然力，人们无法理解，从而产生尊天命、敬鬼神的自然崇拜观念，开始对自然界顶礼膜拜。自然崇拜的对象包括天、地、日、月、星辰、雷、风、雨、云、水、火、山、石等各种自然因素和自然现象，人们把它们奉若神明，并祈求这些自然之神赐予风调雨顺的气候，实现五谷丰登，六畜兴旺；祈求消灾禳祸，百姓健康长寿，生儿育女，合家幸福。这既显示了人类对自然的无知和无为，亦表现了人们对自然界价值的尊重，从而在客观上对自然起到了保护作用。

2.4 农业文明与“天人合一”

2.4.1 农耕文明的兴起与三次社会大分工

原始社会后期，随着人类与大自然的抗争，生产知识、经验的不断积累和生产工具的改进，以及人口数量增加引起的消费需求压力的促使，出现了人工栽培植物，从采集经济中产生了原始农业；人工驯养某些动物的出现，又使得从狩猎游牧经济中产生了原始的畜牧业和渔业，因而也就有了人类社会的第一次社会大分工。它在推进社会生产力发展的同时，亦促进了人口的繁衍和私有制的产生。

随着生产力的发展，金属工具，尤其是铁的冶炼和铁制工具的使用日益广泛，在促进种植业、畜牧业发展的同时，也使手工业从农业中分离出来，成为独立的社会生产部门，于是在原始社会的末期出现了第二次社会大分工。在原始社会解体、人类进入奴隶制时代之后，又出现了第三次社会大分工，即从事商品交换的一部分人力资源独立于商品生产者，因而作为社会经济不可缺少的商业部门也就出现了。

由于农业的发展，人类从游牧生活逐渐转向定居。在农业和畜牧业中，男女比重发生变化，随着男子经济地位的提高，母系氏族社会逐渐发展为父系氏族社会；同时，社会中心产业的变革使社会生产力提高，开始有了剩余产品，从而使原始氏族公社解体，逐渐被奴隶制社会代替。以奴隶主土地所有制为基础的农业替代原始公有制的农业是社会的一大历史进步。因为大规模的奴隶集聚性劳动，为兴修大型水利工程、开垦荒地等提供了有利条件，从而提高了农业生产水平，增加了更多的剩余农产品，这又为农业和手工业、脑力劳动和体力劳动的更大规模的分工合作提供了可能。

伴随着社会分工在广度和深度上的强化，生产力有了快速发展，出现了以农业的分散经营和自然经济为生产特征的封建社会。由于农民有了部分人身自由和自有经济的生产权利，劳动积极性显著提高，且通过采用先进的农业技术对土地进行精耕细作，大大地提高了农业的劳动生产率，促进了农业的发展。特别是到了以商品经济和机械化及先进科学技术引用为特征的资本主义农业阶段，社会劳动生产率有了质的飞跃和进步。因此，历史地看，生产工具的改进和生产方式的变更促进了社会物质资料的生产；农业剩余产品的出现和私有制的产生，推动了社会生产的分工与合作；而三次社会大分工的出现和强化，以及由此而引起的生产关系的变革和农业商品化、技术化生产的农业革命的勃兴，则是促进社会生产发展和形成农业文明以至当今社会文明的主要源泉。

人类社会历史上的农业文明，是以农业劳动生产率的提高、人们生活资料生产日益丰富为物质基础的社会文明。它不仅包括以自然力转化为特征的农业生产工具的发明和改进，以及土地耕作、作物栽培、畜禽繁育技术的创新和完善的物质生产文明；也包含着人口的繁衍，及其体力和智力进化的人类自身发展的文明；同时还包含着与生产力发展相适应的社会生产关系的进步、不同民族文化和科学技术的形成与发展的社会文明。

农业文明产生于人类生存和发展的社会实践，而推动农业文明的力量源泉则与人们对自然界的认识和科学解释密切相关。古代农牧业的生产活动需要观测天象，因而天文学首先发展起来。此后，数学、力学和建筑工程学也相继发展起来。哥白尼日心说的提出，麦哲伦等人的地理大发现，伽利略在力学和天文学上的巨大成就，以及牛顿经典力学体系的建立等，既打破了形而上学自然观的束缚，也为辩证唯物主义的自然哲学体系的形成和发展奠定了基础，从而对自然科学的观察发现和实验发明产生了强大的推动作用。

凡是农业文明兴起的地方，社会文明就在那儿扎下了根，不仅孕育了物质生产文明，也创造了灿烂的人类文化文明。从亚洲的中国和印度到欧洲的希腊和罗马，各民族文明虽然在内容和形式上有所不同，但都是以土地即农业生产为其经济、生活、文化、家庭结构和政治制度的基础。虽然历尽盛衰，此起彼落，连绵不断地相互冲突而又丰富多彩地彼此融合，从而塑造了农业的物质文明和社会文明。这既推动了社会生产力的快速发展，又为工业文明和当今的环境文明奠定了雄厚的物质、技术、文化基础。东西方古代文明都是以农业经济为特征，以农为本，耕织结合，自给自足，闭塞性和分散性十分突出。在人与自然的关系上，表现为人类活动受自然的严重制约，发展缓慢。在以农业为主的社会里，人们必须根据自然的法则来决定自己的行为，这是有别于工业或商业社会的显著特征。

2.4.2　农业文明的标志——生产工具和生产方式的改进

人类社会是不断发展的，其发展是以生产力的发展和社会关系的改变为特征的。社会生产力的进步又是以生产工具的不断改进为标志，先进的生产工具，促进了社会生产方式的转变，从而推动生产力的发展，促进了人类社会的进步和发展。

在原始社会，人类从利用大自然现成的棍棒、石头等工具逐渐发展到制造简单的石器，再发展到制造比较精细的石器和骨器，直至原始社会末期的开始注意到金属的价值而用于生产工具的打造。伴随着生产工具的改进，人类社会历经了渔猎时期、旧石器时期和新石器时期，生产方式也随之由最初的采猎发展到原始畜牧业和原始农业，人类也从游牧方式进而转为定居生活。人类对金属器具的利用是从最初的铜到青铜，最后发展到铁器的使用。金属工具的出现和使用，极大地促进了社会生产力的发展，使农业生产得以勃兴，也推动着人类社会日渐繁荣。

在农业社会里，人们除了使用人力和畜力之外，也借用风力、水力等动力，遂使生产工具不仅种类增多，而且越来越先进。同时，在长期的耕作实践中，人类形成了先进的耕作技术和耕作制度，使生产力不断得到提高，产品有了大量剩余，加速了脑力劳动和体力劳动的分离，从而促进了农耕文明的发展和社会的进化。

2.4.3　农业生产文明的弊端和隐患

人类早期的农业生产技术是相当落后的，“刀耕火种”就是典型的例子。为了发展农业和畜牧业，人们大肆砍伐和焚烧森林，不遗余力地开垦土地和草原。虽能把焚烧山林的草木灰作为土地的肥料，但是由于过分利用地力而不注重养护，耕种几年之后，天然肥力消耗殆尽，收成开始下降，继而被迫弃耕、荒芜。特别是在一些干旱和半干旱地区（古代农业文明又主要在这些地方兴起），由于过度樵采和垦殖导致土地破坏，出现严重的水土流失，使肥沃的土地变为不毛之地。虽然焚烧山林和烟气产生的大量浓烟污染了空气，但由于人口稀少，焚烧的林草面积有限，未能造成危害人们栖息的环境问题，但却因反复的刀耕火种导致了局域生态的退化。

由于社会生产有了剩余，便产生了剥削阶级，也就有了剥削制度和为统治阶级服务的上层建筑——奴隶社会和封建社会。在奴隶社会，奴隶主完全占有生产资料；奴隶失去人身自由，靠出卖劳动力为生；奴隶创造的劳动产品完全由奴隶主支配，奴隶主甚至控制着奴隶的生杀予夺大权。在封建社会，农民虽然有了部分人身自由，但由于没有自己的土地，还是要遭受地主阶级的剥削，自给自足的自然经济占统治地位。建立在落后生产方式基础之上的这种生产关系，在促进社会进步的同时，却因亵渎了人们的基本生存权和扼杀了人民的创造力，而使人类社会的发展只能在社会动荡、自然危机中曲折而缓慢地演绎。

在农业文明时期，人类凭借自己的聪明才智创造了灿烂的古代文明，例如举世闻名的两河流域的巴比伦文明，印度河流域的哈巴拉文明，中美洲的玛雅文明，黄河流域的中华文明以及古希腊文明。但是，它们都在兴盛繁荣和辉煌了十多个世纪之后毁灭了，或者埋藏在沙漠下，或者遗留在荒野中。历史学家在研究这些古代文明毁灭的原因时，虽然看到了它的复杂性，例如外族侵入引起的战争，社会占统治地位的阶级的腐败或无能，思想僵化和陈旧，已没有能力提供新的、强有力的社会发展思想，无力组织公众行为等；但是它的根本原因是，农业文明直接依赖自然资源和环境，因人口突增和技术落后、生产能力有限，而造成森林破坏、土地过分强化使用，使千里沃野变成穷山恶水的荒凉之地，乃至失去生命支持能力等恶果，即源于“生态灾害”。

纵观人类社会演化史，农业文明的兴亡大都遵循这样一种模式：在文明发展的土地上，人类生产出足够多的剩余产品，促进人口繁衍、增长，文明得以发展与延续，兴旺与繁荣；然后由于人类对自然的无度开发和对土地的过度开垦，造成生态环境的破坏、恶化，结果使得原有土地的地力和生产剩余产品的能力下降，甚至人类无法养活自身；于是便开始征服和掠夺临近地区的土地和自然资源，用掠夺来的土地和资源维系着已有的文明，直至耗尽人类赖以生存和发展的资源与环境，导致文明的衰落，甚至毁灭。此后，又可能有新的文明诞生，周而复始。农业文明时代曾繁荣、强盛的巴比伦文明、哈巴拉文明、玛雅文明以及古希腊文明的盛衰和我国湮没在大漠之中的楼兰古城，无不遵循这一模式，唯有中华文明至今还得以光大。

2.4.4 “重农主义”与“天人合一”的认识观

17世纪末至18世纪中叶，处于封建社会向资本主义过渡、转变时期的法国实行了以牺牲农业扶植工商业的“重商主义”政策，从而使农业遭到极大破坏，国家财政、经济面临困境。于是，以魁奈为代表的重农学派在法国就应运而生。该学派以农业创造“纯产品”的“自然秩序论”为基础，将农业视作唯一能创造财富的生产部门，认为只有农业才创造“纯产品”（即农业总产量扣除生产费用后的剩余，亦即农业生产的剩余价值）；农业劳动是唯一的生产劳动，而工商业并不创造价值，只对剩余价值进行转移。这种“重农主义”虽然重视农作物的生长繁殖作用，但却忽视了人的能动作用与价值，认为人口既不是财富的创造者，也不是国力的象征，从而割裂了人与自然之间的关系。[6]

然而在遥远的东方国度——中国，在农耕时代，人们一直都十分重视人与自然的关系。世界上大多数古代农业文明古国或地区先后都衰落或毁灭了，唯有中华文明延绵 5000 多年，至今仍在不断发扬光大，这与中华民族历来崇尚“天地人和”“阴阳调和”“天人合一”的思想是分不开的。

“天人合一”是中华民族传统的思维模式、价值走向和最高的人生境界。自春秋战国以来，“天人合一”作为一种传统文化在华夏大地传播，其根源在于这一哲学理念是建立在人与自然统一的基础上。“天人合一”思想主要包括：人是自然界的一部分；自然界有普遍的规律，人类必须服从这个规律；人性即天道，道德原则与自然规律是一致的；人生的理想是天人的协调与和谐。[7]

“天人合一”是一种朴素的辩证自然观，是一个将本体论、价值论和实践论融为一体的较为完整的思想体系。但是，这种思想也存在一定的历史局限性和认识上的片面性。“天人合一”过分强调自然，忽视了人的能动作用和创造价值，把人等同于自然，从而淡化了对人类社会规律的探索；它过分强调人与自然和谐、统一的一面，忽视或淡化了人与自然对立、矛盾的一面，客观上制约了社会生产力的发展和人类自身的进步。

总之，不论是西方的“重农主义”，还是东方的“天人合一”思想，都强调了自然作用，忽视了人的主观能动性。因而，在促进了社会生产力发展的同时，也因不能很好地认识自然、认识人类自身和协同人与自然的相依关系，而未能有效的改善自然、保护环境，乃至延缓了人类社会的进化与文明的发展。

2.5　工业文明与“以人为中心”

2.5.1　工业文明的兴起与技术革命和资本原始积累

1784 年瓦特发明了蒸汽机，迎来了英国产业革命，以机器为主的工厂制度代替了传统的作坊式手工劳动，使人类进入“蒸汽机时代”。这是继铁器使用之后的人类史上第一次技术革命，因此而引发的工业革命浪潮席卷了欧洲大陆，法国、德国乃至后来居上的美国相继完成工业革命，并伴随着殖民主义的疯狂扩张，英国率先成为世界上最先进的资本主义发达国家——“日不落帝国”。

继蒸汽作为动力源之后，人类在电磁理论的指导下，又发明了电动机，使人类进入以电力为主的电气时代。这是人类史上的第二次科技革命。电力的广泛应用，尤其是在通讯、照明等方面的实际使用，为人类带来了比蒸汽力更为巨大的动力，对人类的生产、生活及思维方式产生了全面而深刻的影响，进而导致了钢铁、煤炭、机器制造、化学、电力、运输等行业的蓬勃发展。尤其是电力技术的革命，促进了一系列诸如电报、电话、电灯、无线电等的发明，形成了现代通信业。19 世纪末，内燃机，特别是汽油机、柴油机的出现，导致了汽车、轮船、内燃机车等制造业的兴起，使生产经营规模越来越大，显著地推动了社会经济的全面发展。

随着机器大生产的发展，不仅加快了人类改造自然的速度，亦使人类的生产方式和生活方式发生了重大改变。人们的生产活动不再仅局限于自给自足，而更多的是为了出售剩余产品，从中获取尽可能多的利润。同时，社会生产和人口的不断集聚，出现了城市化。人类的大部分工作不再是在耕地上进行，而是在拥有建筑物的工厂内完成的。尤其是有线电话、无线电通信为人类提供了传递信息的手段，在促使人们的生活方式和思维方式随之改变的同时，亦使地球变小了，世界各种政治、经济、文化消息可以迅速传遍全球，从而显著推动了人类的工业文明。

现代物理学的建立和核能、计算机及空间技术的兴起，使人类进入了电子时代，出现了人类历史上的第三次技术革命。1942 年人类建立了世界上第一座核反应堆，使核能的开发和利用成为可能。1946 年研制成功了第一台电子计算机，在很短的时间内就被应用到工业、农业、军事、商业、家庭等其他部门。1957 年人类第一颗人造地球卫星的成功发射，标志着空间技术的诞生。诸如此类现代技术的迅猛成长，不仅带动了一批新兴产业的发展，亦使人们对大自然的认识日益深化，视野更加开阔。

20 世纪 70 年代以来，现代科学技术大力发展，以微电子技术为基础，成功地研制了大规模乃至超大规模的集成电路，使电子计算机朝巨型化、微型化，乃至智能化方向发展；以分子生物学为基础的生物工程也取得突破性进展，特别是基因工程的发展（2000 年美中日等国科学家联合绘制出了人类基因结构图），为人类根据自己的需要定向培养新产品开辟了广阔的前景（制药业、遗传病的防治、高产食品的培养等）；新材料、新能源等新兴技术也取得了重大突破，从而使得信息科学、生物科学、材料学成为当代的三大前沿科学。它们在全面推动技术革命、产业革命和社会变革的同时，亦为人类社会的可持续发展奠定了良好的基础。

工业社会的形成和拓展与传统农业社会的衰落是伴随着资本主义的扩张而同步展开的，但是社会的进步并不是自发实现的。生产力的发展需要与之相适应的社会生产关系的保证，否则，新的生产力迟早会夭折。

蒸汽机的发明和大量使用，要求改变原有的以土地为基本生产资料的分散经营、自给自足型农业生产为专业化、商品化、社会化的工业化生产，并且需要大量的资金的支持，而原有的奴隶制和封建制生产关系不可能提供这一切。于是就出现了由资产阶级领导的资产阶级政治大革命，摧毁了旧的社会制度和生产方式，完成了资本主义的原始积累，而圈地运动则构成了资本原始积累的基础。这主要是由于：其一，圈地运动，把共有地和开放地变成了“私有财产”，为工业的发展提供了立足之地；其二、被剥夺了土地的农民除了人身自由以外一无所有，只有靠出卖劳动力为生，从而为工业的发展提供了廉价的劳动力；第三、产生了新的剥削阶级——资产阶级，它既是资本的占有者，又成为榨取更多剩余价值的生产经营者和推动工业发展的先驱者。与此同时，殖民主义的全球扩张，通过战争和商品、资本的输出把“圈地”运动扩大到世界各地。殖民者掠夺殖民地的资源和廉价劳动力，使之纳入世界资本主义市场，为其资本的原始积累和扩张服务。

由三次科技浪潮引发的资本主义政治、技术和产业革命，使封建社会瓦解和农业文明衰落，取而代之的是快速发展的资本主义社会和工业文明的日渐勃兴，从而促进了人类社会的发展与进步。

2.5.2 工业文明的本质特征与动力源泉

18 世纪蒸汽机的发明和科学技术突飞猛进的发展，宣告了农业文明的结束和工业文明的诞生。人类进入工业社会，人类摆脱了以植物体为燃料的单一能源结构，代之以煤、石油和天然气等化石燃料为主要动力源，从而促使生产工具的改进，先后出现了以蒸汽、电力等为动力的先进生产器具。生产工具的改进，不仅极大地提高了社会生产力的水平，而且促进了人类自身的发展，成为人类社会经济制度变革和文化勃兴的强大驱动力。

同农业文明相比，工业文明呈现出以下显著特征：

第一，在工业社会里，人类主要以化石能源为动力，矿产资源为主要原材料，借助机器、电力和信息管理进行专业化、商品化大生产，形成了以工业为主的产业结构。随着工业化强度的加深和科学技术的突飞猛进，资本有机构成显著提高，从而促进了科学、教育等文化事业的发展和社会的全面进步，推动了社会、经济结构转变的现代化进程。

第二，工业文明时期，人类改变了农业文明时代分散经营、自给自足的经济模式，代之以资金、技术、人力和生产资料高度集聚的大规模商品化生产。随着社会分工的精细化、专业化，社会生产逐渐形成了农业、工业和以商贸、服务为主导的三大产业，及其产业、行业、产品结构升级换代和与人力、自然资源合理分配的运行机制。同时，随着社会、经济的发展，人类的政治、经济和文化活动突破了地域和制度的束缚，日渐全球化、一体化，不仅增进了各国之间的政治、经济、文化交流，而且也促进了生产和社会分工的全球化与资源配置和利用的全球化。

第三，工业文明时代，人们在充分享受物质文明成果时，也改变了生育观念，使人类自身的生产发生了很大的转变，从而有效地遏制了人口数量的膨胀，促进了人口素质的全面提高。同时，工业革命还促进了城市化和家庭社会化的发展，以及人们消费观念的转变。

反过来看，人类生产、生活方式的转变，以及技术的进步和资本的集约化，又成为推动工业文明的动力源泉。

2.5.3 工业文明的危害与悲哀

如果说古代几大区域文明的消失仅是地球生态系统局部受到冲击的结果，那么产业革命则是对整个生态系统的严重威胁。工业文明在促进社会进步的同时，也造成了许多滞障局域人们生活质量的改善，乃至威胁整个人类未来生存与发展的全球性问题。

工业的发展加快了人类改造自然的步伐，使人类的生产和生活方式发生了很大的改变。特别是第二次世界大战之后，世界各国纷纷将绝大部分精力投入经济建设，出现了一股前所未有的“经济增长热”。长期以来，片面追求提高产值的畸形发展既过度消耗了大量的自然资源，又向环境倾注了成千上万种有毒有害的污染物，严重地干扰了地球——生态系统在漫长地质年代所建立的物质平衡与循环；加之对自然资源掠夺式的开发和规模庞大的“征服自然”活动，使人类社会面临不可持续发展的危机。

自 18 世纪产业革命以来，随着工业化进程的发展，社会物质财富迅速地增加。同时，由于现代科技和现代工业的发展，农业技术和农业生产方式在一些发达国家（如美国、日本等）和局部地区（如城郊）发生了很大转变，农业的机械化和现代化程度迅猛提高，科技含量剧增，有的国家甚至依据自然条件出现了专门化的农业带（如美国）。人类有条件、有能力养活更多的人，因而人口的出生率也大幅度提高；同时，医疗技术的显著改善，使人口的死亡率下降，寿命延长，人口的净增长率居高不下（尤其是发展中国家）。目前，世界人口正在以每秒 3 人的速度增长，每天大约要出生 25 万人。人口的迅速膨胀，给全球社会、经济、资源和环境等方方面面带来了巨大的压力。

尽管伴随世界人口的增长，世界粮食也在连连增收，但是后者的平均增幅超过前者的幅度越来越小：1946—1950 年差幅为 2.5%，1950—1960 年为 1.3%，1960—1970 年为 0.8%，1970—1980 年为 0.5%。因此，使得世界人均粮食拥有量的增幅呈递减趋势：1950—1960 年从 251 千克增加到 285 千克，10 年增加了 34 千克；1960—1970 年 10 年间只增加了 24 千克，而 1970—1980 年仅为 15 千克。

显然，世界粮食的增长日益远远无法满足新增人口和消费需求增加的需要。其中，发展中国家粮食形势更为严峻，许多地区由于自然灾害而使得粮食减产。更为严重的是，战后各国的工业、交通运输业等迅速发展，挤占了大量农业耕地，使人均耕地面积急剧下降。同时，人类大量毁林开荒、围湖造田、过度放牧、毁坏草原，致使生态环境遭到破坏，土地沙化、盐碱化、荒漠化等愈益严重。虽说有些国家的粮食年年增产，但它是在传统农业和“石油农业”理论的指导下，无度地消耗地力，一味地依靠增加化肥、农药、劳动力等生产资料和精耕细作来获得的，对土壤肥力、结构和生态环境的破坏是十分严重的。加之人类的经济活动对地球下垫面的改变，引起局地或全球气候变异，使自然灾害频繁发生，粮食生产不稳定，出现了严重的“粮食危机”和“生存危机”。

人类是在对自然资源不断利用的过程中向前发展的，自然界为人类的劳动提供了劳动对象，人类凭借自身的智慧和劳动将其加工成社会财富。随着人类改造自然能力的不断提高，人们不仅利用自然界现成的资源，还加工合成许多重要的新材料。尤其是从 18 世纪的工业化开始，人类对自然资源的开发和利用呈加速趋势，极大地拓展了资源利用的广度和深度，不仅消耗量猛增，而且开发利用结构也发生了较大的变化，致使能源（特别是石油、煤炭等化石燃料）、矿藏等可耗竭性资源日益成为影响人口和生态环境以及社会经济发展的制约因素。

第二次世界大战后，全球殖民体系纷纷瓦解，广大发展中国家饱尝殖民统治之苦和“落后就要挨打”的教训，在摆脱了殖民主义的奴役后，便积极发展民族经济。原先的殖民主义国家为了保持其世界地位，也十分重视经济的发展。因此，战后的世界人口空前增长，地球上的资源被大量消耗，土地资源质量下降，淡水资源缺乏和被污染，森林资源大面积减少，致使生态环境的再生和调控能力退化。对可耗竭性资源来说更是毁灭性的掠夺和消耗，致使其储量和可开发潜力显著萎缩。例如，1900 年世界人均消耗的标准煤燃料为 0.46 吨，1960 年增至 1.66 吨，2000 年猛增至 3.4～4 吨。铁矿石以现在的开采速度，用不了 200 年就将开采殆尽。科学家们以目前的开采技术和消费水平，预测了重要矿物未来还可开采的时限，见表 2-1。

表 2-1　世界主要矿产的储量与预期使用年限

	1976 年储量	预计需求增长率（%）	按预计需求增长率计算的使用年限
银（百万短吨）	166	3.05	19
硫（百万长吨）	17	3.16	23
铅（百万短吨）	136	3.14	25
钨（百万磅）	4200	3.26	31
锡（千公吨）	10000	2.05	31
锰（百万短吨）	1800	3.36	56
铬（百万短吨）	829	3.27	80

随着工业化进程的加快、人口的迅速膨胀和资源的大量消耗，使得城市的规模越来越大，新兴工业部门应运而生，新的应用技术不断涌现，对环境的破坏和污染也日趋严重。工业排放的大量废水、废气和废渣以及生活“三废”所造成的大气、水体和放射性污染，不仅严重威胁到人们的健康，也使一些生物面临灭顶之灾。同时，随着世界经济的全球化，以创造大量物质财富为特征的

工业文明所造成的生态破坏和环境污染，不再仅限于局部地域，而是跨越国家和地区界限，日益成为人类共同关心的全球性问题。

工业文明的弊端根植于工业化的经济基础和与之相适应的上层建筑，而作为“双刃剑”的科学技术也在发挥着推波助澜的负面影响。造成诸多弊端的直接原因，则源于：无限制地追求经济的高速增长，无节制地浪费资源和能源，商品拜物教和国民生产总值拜物教盛行，贪图高消费、高浪费的生活方式和永无止境的物质享受。

工业文明的发展是依靠经济的增长和科技进步来推动的。蒸汽机的发明导致了工业革命的爆发，使西方国家的经济发生了急剧的变化，并开始了工业化进程。以工业革命的诞生地欧洲为例，工业革命前，欧洲经济增长率还不到 0.1%，按照这种增长速度，要使它的物质财富增长一倍，则需要大约 700 年的时间。但在工业革命后的 100 年间，欧洲的经济增长突飞猛进，年平均增长率远远超过 1%，这样欧洲只需 70 年或不到 70 年的时间，便可以使自己的财富加倍增长。据统计，在 1850 年至 1950 年这一百年间，欧洲的人均收入增长了 7 倍。

二战之后，西方国家渡过了 20 年经济繁荣的黄金期，进入到资本主义社会的发展阶段。高速的经济增长使得西方各国不仅成为世界富国，也成了世界政治和经济格局的主导力量；国民财富的迅速倍增使其生活方式也发生了巨大的变化，进入了高消费社会。西方自工业革命以来的巨变，靠的正是无限制地追求经济的高速增长和对财富的贪婪、掠夺和积累。在自由竞争和市场经济模式下，最大限度地追求经济增长和经济利益，以获得最大的利润，成为西方工业文明的基本原则。由此而引起的东西方对抗、贫富差距加剧和环境问题，则成为工业文明的全球性悲哀。

在工业文明时期，物质财富的多寡成为衡量社会是否进步的唯一标准；物质消费水平的高低，则是决定个人、家庭社会地位的重要条件。因此，西方工业文明的发展过程，从本征上说，就是无限制地追求物欲，且把物质富裕置于至高无上的地位的过程。

为了满足经济高速增长的需要和人们无限制的物欲追求，西方国家一方面大肆掠夺他国自然资源，特别是对能源等重要资源进行掠夺性的开采、利用；另一方面则无节制地浪费资源和能源，从而造成了当代能源供给危机和部分稀缺资源耗竭的全球性悲哀。西方工业发达国家的人口仅占世界的 1/4 左右，而其所消耗的能源却远远超出占世界人口 3/4 的其他国家能源消耗的总和。例如，早在1985年，美国人均能源消费量就已经是埃塞俄比亚或尼泊尔的360倍，是中国的14倍。

伴随高能耗和高资源消费生产的是普遍追求高消费、高浪费的生活方式。工业化与高消费的生活方式是紧密相随的，因为如果没有大量消耗资源和能源的工业化，就不可能有包括汽车在内的物质产品和商品的大量生产来为高消费的生活奠定物质基础。在发达资本主义社会滋长泛滥的“消费越多越体面”的商品拜物教思想的影响下，不但鼓励人们以贪得无厌的态度去消耗资源、能源和商品，而且刺激人们尽可能地扩大消费，用以促进GDP的增长速度。

因此可以说，工业文明缔造了一代又一代的消费者和浪费者。他们不但追求更多、更高档、更新奇的物质产品的消费，而且追求光怪陆离的服务性消费以及人造环境的舒适与便利；不但习惯于不必要的、闲置式的、装点门面的浪费，而且习惯于用即弃、迎合时尚、满足推销需要和对物品毫不怜惜的浪费。因此，在西方发达国家，人们消费得多，浪费的也多。这不仅加剧了资源供给危机，也造成了环境污染的悲哀。

现代西方工业文明是以科学为中心的文明，科学通过其物化——技术作用于工业文明，进而推动工业文明的发展。因而从技术角度来探讨工业文明的弊端，实质上是从科学技术与社会相互关系的角度来审视科学技术所引发的不良社会后果。科学技术是把双刃剑，其弊端并不在科学技术本身，而在于它的创造者和使用者——人。西方工业文明在科技方面的弊端，主要是人们滥用科学技术、缺乏对技术发明和利用的合理规划与有效控制，以及人的异化所造成的。科学技术，特别是先进的科学技术一般来说首先应用于军事上，成为人类和平与安全的威慑力和破坏力。两次世界大战，许多著名的科学家被政府组织起来直接从事武器的研究。在第二次世界大战中，美国在日本的广岛和长崎投下的原子弹所造成的恶果就是这方面最典型、最突出的例子。

科学技术被滥用于战争和军事目的，不但使人类走向自我毁灭的深渊，而且对人类未来的发展造成严重的威胁。核军备、核扩散和核威慑，自广岛、长崎灾难之后就像幽灵般一直伴随着人类，常规武器、激光武器、生化武器、宇宙武器等无一不与科技滥用联系在一起。

科学技术不仅促使工业的诞生，而且成为推动工业文明发展的动力，因而在现代工业文明中占有不可替代的作用，甚至被奉为神圣，无与伦比。技术统治论的思想经久不衰地盛行，并经常占据思想领域的主导地位。在人们心目中，只要有技术，人类就有了一切，经济就能无限制地增长，自然就可以被征服，世界就可以被再创造。对技术的盲目崇拜，加上为了军事和经济利益，往往置技术的负面影响于不顾。由于片面地夸大了技术的万能作用，结果因追求高产出、高消费而造成的资源短缺和环境污染问题，将直接威胁到人类社会的可持续发展。

技术是人发明并用来为人的目的服务的，因此人应当是技术的主人、支配者和统治者。然而，在西方工业文明过程中，由于技术发展的失控和技术决策的失误，技术日益脱离人的控制，甚至变成束缚人的框架。人不再是技术的主人和控制者，人已异化为人力物质，地球及其环境则成了原料，人类的生存条件也因此而遭到了破坏。

从价值观方面来说，西方社会根深蒂固的信念在于“知识就是力量”。它曾促使人们学习知识、崇尚科学、追求真理，与以往社会统治者愚弄民众、限制科学文化的发展、禁锢人们头脑的愚民政策比较起来有着极大的进步。但这种信念也带来了不良的副作用，它过分强调了人的力量，具有强烈的侵略、征服意味。它在鼓励人们追求知识、追求科技发明创新的同时，也蛊惑了人们的主宰欲和侵占欲，即侵略他人和主宰自然以显示自身力量的欲望。从而导致人们产生了从传统的依附于自然发展到成为自然的主人的“以人为中心”的征服思想，从根本上扭曲了人与自然的关系。

因而，在对待未来发展的态度上，人们目光短浅，只顾短期的、眼前的和局部的利益，忽视长远的、未来的和整体的利益，呈现出极大的利己思想，以与其私有制的社会制度相适应；更多地考虑当代人的需要而忽视后代人的需求，乃至于不惜以牺牲后代人的生存来换得当代人的利益。这种自私性也体现在对待本国和非西方发达国家的同代人的态度上，即为了自身的利益，不惜牺牲他国或非西方发达国家的同代人的利益。主要表现在：通过资本、商品和技术的输出，以及原材料进口的价格差等，乃至于诉诸武力，对发展中国家或落后地区进行经济剥削和资源掠夺。其结果是，使全球贫富分化不断加剧，造成贫国越来越贫、富国越来越富的“马太效应”；在国家内部，鼓励个人竞争、多劳多得，迁就个人主义。由于实行市场经济和产权保障的累积机制，造成国内的贫富差距日益严重，成为工业文明的一大“顽疾”。

因此，人类应该清醒地认识到：工业文明在给人类创造了巨大物质财富的同时，也给人类自身的生存环境和未来发展带来了不可持续隐患；科学技术并非万能，成不了救世主。众所周知，虽然当今科技比较发达，但是艾滋病、癌症等疾病至今还是困扰人类的重大医学难题，科学技术具有明显的滞后性。

2.6 沉沦中的“香丘”

2.6.1 人类物质文明史的贡献与悲哀

历史唯物主义认为，生产力和生产关系的矛盾统一是人类社会发展的根本动力，其中生产力是社会发展的最终决定力量。生产力是指人们在利用与改造自然的过程中所形成和具有的能力，而生产关系则是人们在社会生产实践中结成的人与人之间的相依关系。自人类在地球上诞生以来，为了满足自身生存和发展的需要，人类总是在同大自然的斗争中不断得到进步和发展。因此，人类社会的发展史首先是以人的生存和发展需要为目的和内在动因，以生物和非生物资源及其环境场而演绎的自然史，其次才是由于人类社会内部的生产活动、利益分配、文化交流、道德修养、精神文明等所繁衍的社会进步史。

人类的生存与发展须臾离不开物质的生产与供给，因而人与自然的关系始终是人类进化、社会发展的关键所在。物质资料生产成为人类最基本的实践活动，既是连接人与自然演化的中枢，也是人类通过直接或间接劳动来转化自然力的运动过程。它既受自然界的资源供给和环境消纳功能所限制，又为一定社会生产方式下生产力和生产关系的矛盾运动所控制。因此，物质文明是人类社会进化的主导，它滋生了农业文明，营造了工业文明，现正孕育着环境文明。

农业文明是以自然力的初级生产为基础，通过人类的直接作用和简单生产，将动植物转化为人们基本生存所需要的物质和能量，因而是一种生存文明。其过程和内涵则是通过生产工具的不断改良、生产对象和方式的逐步转换，以及有限物质分配和社会生产关系的调整，满足人口的基本生存需要；同时，以其日益增多的农业劳动剩余支持了社会的分工和手工业、商贸业的发展，以及文化事业的勃兴，为人类社会的进步奠定了重要的基础。然而，因生产工具落后、认知和抵御自然灾害能力有限，加之人口持续增加和社会文明程度低下，导致了局域生态危机，致使诸多地域之文明古国被黄沙掩没，或因生态恶化而销声匿迹。

工业文明着重以不可再生资源的开发利用为基础，依靠先进的科学技术、管理手段和日臻完善的市场机制，通过推动各类产业的发展，大幅度和高速地转化自然力为社会财富，满足了人口膨胀和日益增长的物质消费需求。同时，亦显著地促进了社会变革、文化教育等事业的全面发展。显然，工业文明是一种发展文明，旨在不断丰富人们的物质和文化生活。然而，因过度消耗能源和其他资源，以及社会分配不公、贫富差异加剧和就业压力，既造成严重的环境污染、资源短缺，也使全球南北方经济发展对抗、东西方意识形态冲突、局域战争和动乱不止，为人类社会的可持续发展滋生和潜藏了许多悲哀与危机。

2.6.2　可持续发展理念的提出与人类共识

2.6.2.1　可持续发展理念的提出

工业文明曾一度使人类骄傲地认为：人类已经摆脱了大自然的束缚，不再是自然界的奴隶，人类征服了自然，成了主宰自然的主人。但是随着工业化进程的推进，工业文明的弊端和危害越来越严重地显现出来。特别是 20 世纪中叶以来，有增无减的人口浪潮和日益增长的消费压力，使日趋减少、被污染、退化的有限耕地的负载不断加重。自然资源的过度开发，尤其是能源、化工等工业快速发展所造成的黑色污染，不仅使水土流失、土壤退化加重、生物资源减少、生态破坏，而且导致了全球性的环境问题，如大气臭氧层破缺、“温室效应”以及酸雨等，不断威胁到人类的生命安全和健康发展。

20 世纪人类不仅经历了两次世界大战，而且饱尝了因自身过度干预自然而遭受自然报复之苦。在其中叶突发并持续至今的环境污染，尤以震惊世界的八大公害而使人类心有余悸。20 世纪 70 年代爆发的世界范围内的能源和粮食危机，80 年代发生在非洲的触目惊心的大饥荒和不断加重的全球水土流失，90 年代日益凸现的全球环境变化，以及占有世界 1/5 的人口仍然处于绝对贫困状态，皆令世人痛心疾首。

虽然和平与发展已成为当今世界的两大主题，但 20 世纪中叶以来，人类社会却面临全方位的不可持续的发展危机。人口爆炸、粮食短缺、能源紧缺、资源耗竭、环境污染、生态失衡、精神贫困、民族冲突以及科技发展的盲目竞争和利益失控等无时无刻在困扰着人类。发展中国家在工业化进程中正面临发达的西方国家曾经出现的问题，严重的“工业病”使其不愿重蹈覆辙，极力想寻求一种全新的发展道路；发达国家率先实现了工业化，社会经济得到了极大的发展，但是它们也饱受了工业文明所带来的严重危害，人与自然、人与人之间的矛盾变得异常尖锐，阻碍了其进一步发展，因而也在努力探寻新的发展道路。

“问苍茫，何处有香丘?”面对当前全球所面临的发展危机，迫使人们不得不对自己所走过的发展历程进行全面而深刻的反思，急切需要修正自身的自然观、价值观和文化观，以确立新的发展观和奋斗目标。于是可持续发展便应运而生。同人类社会已经历的生存与发展阶段相比，可持续发展既是人类社会进化的一个新的历史时期，又是一个漫长而无止境的人类社会演化的最高阶段。

虽然可持续发展理念的形成源于对当代不可持续发展状态的反思，对其全面研究起步于20世纪80年代，但实际上其思想的孕育、提出和运用则源远流长。古希腊时代就有柏拉图“理想国”的设想，我国春秋战国时期（公元前6世纪至公元前3世纪）就有重视动植物资源和生态环境保护以“永续利用”的法令。西方的一些经济学家如马尔萨斯（Malthus，1820年）有关人口的“两个公理”和“两个级数”理论的提出，大卫·李嘉图（Ricardo，1817年）和穆勒（Mill，1900年）等在他们的著作中也较早地论述到人类活动对自然资源与环境的影响，以及这些影响对人类发展的制约。

“悲剧是人类最好的学校”。现代可持续发展思想的提出源于人们对环境问题的逐步认识和热切关注。在20世纪中叶，全球爆发的八大公害引发了各国、不同学科的科学家对人类生存环境和人与自然之间关系的古老话题的探讨与研究。20世纪60年代初，美国生物学家R. Carson《寂静的春天》犹如一声春雷，震醒了自称“天之骄子”“大自然的主人”的人类；70年代初罗马俱乐部的《增长的极限》更是石破天惊；80年代中期，挪威首相布伦特兰夫人倡导的《我们共同的未来》的全球性呼唤，表明了世界各国对可持续理论研究的不断深入。“可持续发展”不仅成为当今世界众所周知的一个理念，也是各国政府和大众媒体使用频率最高的词汇之一。

2.6.2.2 人类的共识——可持续发展

“可持续发展”从字面上理解，是指促进发展并保证其可持续性和连续性而其内涵在于从观念上彻底改变人类传统的两个片面的做法：一是只注重经济的增长，而忽视了社会、人类自身等的全面发展；二是只顾眼前利益和局部利益，忽视了长远利益和全球利益，或者只考虑当代人的利益而忽视、甚至损害后代子孙的生存与发展，从而导致人类社会发展的不可持续性。

持续（sustain）一词意指“维持下去”或“保持继续提高”。针对资源与环境，则应该理解为保持或延长资源的生产使用性和环境支持的长久性；意味着使自然资源和环境基质能够永续地为人类所利用，不至于因其耗竭或破缺而影响后代人的生产与生活。一个可持续的过程，是指在一个无限期或较长的时期内，对象系统的基本条件虽有变化，但其再生能力或内在质量并没有衰减，结构相对稳定，且通过与外部交换物质能量，系统依然能够有序演化。

传统的狭义的发展（development），指的只是纯经济领域的活动，其目标是产值和利润的增长以及物质财富的增加。当然，经济基础与上层建筑是矛盾的统一体。一定的经济基础必定有与之相适应的上层建筑，上层建筑反过来又影响着经济的进一步发展。只有二者相适应才能推动经济的发展，否则，就会阻碍经济的发展。为了实现经济增长，必须进行一定的社会经济改革，因此联合国“第一个发展十年（1960—1970）”开始时，时任联合国秘书长的吴丹曾概括出这样一个公式：发展＝经济增长＋社会变革。这一公式是战后人们对发展的理解与认识的形象概括。[8]

在这种发展观的支配下，为了追求最大的经济效益，人们尚未认识因而也不承认环境本身也具有价值，却采取了以损害环境为代价来换取经济增长的发展模式，其后果是全球范围内的环境恶化。随着认识水平的提高，人们意识到发展并非只是纯经济性的，它是一个外延广泛、内涵深刻的概念。它不仅表现在经济的增长、国民生产总值的提高、人民生活水平的改善，还体现在文学、艺术、科学的繁荣昌盛，道德水准的提高，社会秩序的和谐，以及国民素质的改善等。就是说，既要“经济繁荣”，也要“社会进步”；不仅要把生产搞上去，更要使社会状况明显好转、政治行政体制进步；不仅有量的增长，而且有质的提高。当然，我们也不能忽视经济的增长，因为经济增长是社会发展的必要条件和基础。特别对于低收入国家来说，只有确保经济发展，才能解决人们的基本生存问题，亦才能保障社会稳定，且使生态环境和人们的生活质量得到改善。

不论是经济的发展，还是社会的进步以及人的全面发展，都不能无限制地发展，要受到经济、社会和生态因素的制约，其中生态因素的限制是最基本的。发展必须以自然为基础，并且在不损害自然系统的结构、功能和多样性的前提下，充分考虑环境的承载力，综合、合理和节约地利用资源，且应加强生态的保护和环境质量的改善，以便能够持续地满足我们当代人和后代人的需求。

可持续发展的概念最初应用于林业和渔业，指的是对于资源的一种管理战略。即如何将全部资源中的一部分加以合理收获，使得资源不受破坏，而新长成的资源数量足以弥补所收获的数量。通过对一定区域内的渔业资源的可持续生产的研究，经济学家提出了“可持续产量”的概念。

随着工业的高速发展，环境问题日渐尖锐、突出，公害事件不断在美、日、欧等发达国家和地区出现。为此，美国生物学家 R. Carson《寂静的春天》的出版和罗马俱乐部《增长的极限》的问世，在唤起世人惊醒的同时，促进了世界各国对自身发展的反思与发展道路的探索。人们为寻求一种建立在环境和自然资源可承受基础上的长期发展模式，进行了不懈的努力和探寻，先后提出过“有机增长”“全面发展”“同步发展”和“协调发展”等构想，但这些构想都不够全面、准确，因而也就未能得到世界公认。

可持续发展的思想逐步形成于 20 世纪 80 年代。“可持续发展”一词在国际文件中最早出现于 1980 年由国际自然保护同盟（IUCN）在世界野生生物基金（WWF）的支持下制订发布的《世界自然保护大纲》。1983 年 11 月，联合国成立世界环境与发展委员会（WECD），挪威首相布伦特兰夫人（G. H. Brundland）任主席。应联合国的要求，该组织经过长达 4 年的研究和充分论证，于 1987 年提交了题为《我们共同的未来》的报告，正式提出了可持续发展的模式，并把可持续发展定义为“既满足当代人的需要，又不对后代人满足其需要的能力构成威胁的发展”。此后，随着可持续发展研究的不断深入，可持续发展战略逐渐被世界大多数国家和地区所普遍接受，成为人类的共识。

到了 20 世纪 90 年代，可持续发展概念不断得以深化和完善，并逐渐由理论研究付诸实践探索。1992 年 6 月，联合国环境与发展大会（UNCED）在巴西的里约热内卢召开。全世界 183 个国家——联合国有史以来第一次这样多的国家坐在一起，本着合作的精神和共同的责任感，探讨解决全球环境与发展问题的对策。大会通过的《21 世纪议程》，更是高度凝聚了当代人对可持续发展理论认识深化的结晶，反映了关于环境与发展领域合作的全球共识和最高级别的政治承诺。“可持续发展”不再仅局限于当代人与后代需求的诠释，更包含了国家主权、国际公平、自然资源、生态承受力、环境和发展相结合等重要内容。它不仅反映了人类对以往走过的发展道路的深刻反思和扬弃，也反映了人们对今后所选择的发展道路和发展目标的憧憬和向往。它使人们逐步认识到，只有走可持续发展道路，才是人类社会有序演化的唯一选择，这也正是可持续发展的思想得以在全世界不同经济发展水平、不同文化背景、不同意识形态和不同制度的国家能够得到共识和普遍认同的根本原因。

可持续发展首先是从环境保护的角度来倡导保持人类社会的进步与发展，它号召人们在发展经济的同时，必须注意生态环境的保护与改善。为此，人类必须变革传统的生产和生活方式，特别应从全球的角度调整现行的国际经济、政治关系和政策，加强国家、政府和非政府间的国际、区域合作。巴西会议之后，世界各国对可持续发展的研究与实践异常活跃，特别是人类迈进新世纪，为了争取一个更安全、更为繁荣的未来，在联合国和其他国际组织以及各国政府的积极努力下，坚定地走可持续道路已成为全球的最大共识和矢志不移的战略方针。

中国是世界上最大的发展中国家，目前又正处在经济转型和社会变革的过渡时期，我们必须摒弃长期以来盛行的片面追求经济增长的发展模式，以便确保经济、环境、社会的协调发展。我国是一个人口大国，人均资源极少，生态环境十分脆弱，贫困人口众多，发展的要求急迫，因而资源环境承受的压力巨大，人口、经济、资源、环境间的矛盾尖锐。

走可持续发展之路，是中国彻底摆脱贫穷和人口、资源、环境困境的唯一正确选择。我国政府十分重视可持续发展的研究与实施，把可持续发展既看作挑战，又视为机遇，且列为国家未来发展的两大基本战略之一。巴西会议之后，我国积极履行大会提出的任务，在世界银行和联合国开发署（UNDP）、环境署（UNEP）的支持下，先后完成了《中国环境与发展十大对策》，《中国环境保护战略》《中国逐步淘汰破坏臭氧层物质的国家方案》《中国21世纪议程》等十多项重大研究和方案，且将其纳入国民经济发展的“九五”和“十五”规划，逐步实施。此外，积极开展了“可持续发展试验区”、全国生态省市县建设和区（流）域生态环境规划等实践探索和可持续发展方面的全民教育活动，以便在促进现代化建设的同时，永葆中华民族“万古长青”。

在新世纪之初，尽管“可持续发展”日益成为“地球村”居民的广泛共识，并逐渐渗透到人类社会的各个领域，但有关它的理论研究和实践探索仅仅处于初级阶段，亟待解脱的困境依然严峻，实现我国乃至全球的可持续发展决非一路畅通。只有贯彻落实“全面、协调、可持续发展”的科学发展观，建树和遵循可持续发展的理念与行为准则，在提升物质生产和消费文明状态的同时，坚持生育和环境文明，才能缔造可持续发展要求下的人类文明。

本章参考文献：

[1] 毛志锋．区域可持续发展的理论与对策，武汉：湖北科学技术出版社，2000

[2] 余谋昌．生态文化的理论阐释，哈尔滨：东北林业大学出版社，1996

[3] [英] 安德鲁、古迪等．人类影响——在环境中人的作用，北京：中国环境科学出版社，1989

[4] 汤因比．历史研究，上海：上海人民出版社，1966

[5] 秦麟征．现代文明的阴影，哈尔滨：东北林业大学出版社，1996

[6] 北京农业大学等编．经济大辞典．农业经济卷，上海：辞书出版社等出版，1985

[7] 林娅．未来与选择——关于可持续发展的哲学思考，北京：中国环境科学出版社，1998

[8] 肖枫．“发展学”与“可持续发展”，光明日报，1996-6-15（5）

[9] 王鼎成等．人与自然关系导论，武汉：湖北科学技术出版社，1997

[10] 余谋昌．创造美好的生态环境，北京：中国社会科学出版社，1997

[11] 张坤民等．可持续发展论，北京：中国环境科学出版社，1999

[12] 宋健主编．现代科学技术基础知识，北京：科学出版社、中央党校出版社出版，1994

[13] 丁大月．发展新思路，北京：中国国际广播出版社，2000

[14] 周毅．对人类文明的起诉——人口膨胀与资源短缺，呼和浩特：内蒙古人民出版社，2000

[15] 郝永平、冯鹏志．地球告急，北京：当代世界出版社，1997

[16] 中国21世纪议程．北京：中国环境科学出版社，1994

第3章　人类社会进化

3.1　引言

可持续发展是当今国际社会面临上述危机而蓬勃探索的主题。她超越了现实中的国界、民族、文化、价值观和意识形态等的束缚，使人类在关注自身命运的旗帜下达到空前的统一。然而，可持续发展究竟是人类社会一种理想的过渡状态与发展模式，抑或是人类社会演化的最高阶段，却存在着认知上的模糊、偏颇和实践上的混乱。满足当代和未来人口的幸福生存与健康发展作为可持续发展概念的内涵似乎已成为共识，但是她的外延却因社会经济发展状态、地理环境条件、资源保障程度，以及文化价值观念和社会分配公平与否等的不同，而迥然相异甚或背道而驰。这种现象迫使我们需要重新审视人类社会发展的目的和演化的规律与机制。

大自然的伟大在于创造了万物，并以其自有规律演绎着生命的进化和环境的变迁。人的伟大则是在认识自然、利用自然的过程中，寻求自己能够持续生存和发展的适宜模式与策略。人虽然是“自然之子”，但自形成“类”后便以人类社会自有的发展规律既独立于自然，又相依于自然。于是，在地球上便产生了人类社会与自然生物群落两大生命力系统。两者既对立又统一，既相矛盾又须和谐共生，既要有序依存又混沌交织，构成了一个日趋复杂的双螺旋形进化的耗散结构。

生存与发展始终是高悬之剑，迫使人类在利用自然养育自己的过程中，也能够认识自身，保护自然，以求与自然和谐共存。然而人类与自然生命力系统的演化，既非时空上的同步，也非性质上的等同。人类的生存与发展常常面临程度不同、状态各异的自然和社会危机，于是就有了能否持续发展的忧患和安身立命、开创似锦前程的动力。

在20世纪中后叶以前的历史长河中，尽管人类曾经历过若干次不同程度的政治、经济和自然灾害危机，但由于当时的相对生存空间较大，自然资源供给较充欲，环境消纳废弃物的功能也较强，因而能否持续发展的问题始终未正式列入人类社会的议事日程。在自然界物竞天择的非平衡相变中，人类社会仍以物质追求为目标在曲折中加速发展。只是到了当代，人类社会的发展面临全球性的不可持续发展总危机之时，可持续发展问题才成为全球关注的焦点。

由此可见，可持续发展问题不应该仅仅限于理想模式的追求，而应当是人类社会发展最高历史阶段进程中人与自然协同演化规律及其状态和谐实践的探索。这样，才有助于我们从时空整合上认识、评判、协同不同发达程度和相异资源环境条件下国家地域的发展策略，乃至同一国家而不同级次区域发展的递阶控制。本章正是立足于此，在总结人类社会发展过程，探讨其演化规律的同时，从理论上阐释可持续发展的内涵和准则。[1]

3.2 双螺旋进化

如果说生命物质起源于“原始汤”中无机物的有机化，那么从单细胞到多细胞的遗传变异和自然选择则标志着生物群落系统步入螺旋形进化的征程。人脱胎于高级形态的生物变异，但一旦形成“类”后便在生存与发展的螺旋形演绎中与生物进化分道扬镳，同自然环境悲欢离合，从而谱写着人类社会文明的历史序曲。

从简单到复杂，从无序到有序，从低级到高级，是一切生命力系统进化的共同特征，而其进化轨迹则是沿着多序度稳态的“时间之箭”而螺旋形演变。远离原始平衡态是生物物种诞生和进化的基础，在内部变异和外部涨落机制的非平衡相变下，产生新的不同序度的稳定态则往往成为生命力系统能级转化的目标追求。因为这种稳定态不是无序的平衡态，而是物种之间及其与环境达到充分相互适应、内在循环协同有序与互利共生之后，使系统内熏熵的产生率最低，具有耗能少、抗干扰能力较强的内稳定态。

任何生命力系统的开放性决定了自身在同外部环境交换物质能量过程中，必然受其强力干扰而波动。同时，物种的遗传变异和自催化代谢又会引起内在结构和能量供需的失衡。由上述波动和失衡叠加形成的涨落足于超越系统自组织调节能力时，便将系统推向混沌的边缘，于是，物种分异，关系重组，结构相变和功能转折，经过优胜劣汰后一个新的更为复杂、更强功能和更高序度稳定态系统的形成又成为进化的必然。生命力系统的进化是在内在结构日趋复杂、自组织功能不断增强中逐步向高层次推移的，然而由于系统内外失衡、涨落机制，致使其进化只能沿着稳定态的目标轴在曲折中从不稳定到稳定，从低序稳定到高序稳定而螺旋形演化。在自然界中，从遗传物质 DNA 分子结构的双股螺旋变异到生物物种或非生物矿石等的螺旋线方式生成，既表明其曲折的进化历程，又揭示了具有螺旋状结构物体在物质、能量消耗上的经济性和进化的稳定性。[2]

人类社会和自然界中的生物群落虽具有不同的结构和功能，但却拥有上述生命力系统进化的共同特征。两者既相统一于生物圈，在环境自然力的沐浴中自我进化，又因各自的发展不适度而危害着环境的消纳，遂使他们只能在曲折中进化。同时，两者又因人类的生存、发展需要和能动作用，在物质生产的联结中彼此制约，进化涨落，从而形成相互作用的双螺旋形进化结构。

进化意味着自我复制、分化和扩展壮大。尽管遗传、变异是生物系统“物竞”进化的内在根据或动力，但离不开无机的自然环境的物质能量供给与信息调节。于是，“天择”作为外部条件也就制约着生物的进化是在同环境和人类社会的对立统一中螺旋形演化的。生物种群的“提纯复壮”，生物群落的“随遇而安”，其演化在机制则是物质能量的供需均衡，以及围绕物质供需和能量转化而进行的食与被食的有序竞争。而其内机理就在于适应环境而生存，适应异养种群而发展，且能够在人类的驯育下有序有效地进化。

生存和发展作为人类进化的内在动力，既离不开无机的环境资源和有机的生物资源，也离不开人类自身的社会经济资源和能动调节作用。于是，“人择”即人类对自然和社会发展规律的逐步认识与调控能力的日益增强作为行动的准则，从而也决定了人类社会的发展是在同环境和生物系统的对立统一中螺旋形进化的。人类物质生活水平的提高和环境享受条件的改善，以及人类精神文明的进步，都离不开自然资源的供给和环境的保障。但与生物种群、群落进化机理所不同的是人类不仅能够适应自然规律，而且通过自身的能动作用在于利用自然规律促进生物进化和环境改善，同时亦能有序地调节和促使人与自然关系的和谐。

环境既以自有的物质能量促进着人类与生物的演化，亦作为一种信息感应的“氢键”或“媒场”胁迫、耦合着生物与人类的共生、协同。于是，人类与生物在环境场中构成了相互作用的双螺旋进化结构体。就是说，人类与生物既相统一于生物圈，在环境自然力的沐浴、选择中自我进化，又因各自的发展不适度而滞胀着环境的调节、消纳，遂使它们只能在曲折中进化；同时，两者又因人类的生存、发展需要和能动作用，在物质生产的联结中既需和谐依存、能量互补，又因供需失衡而彼此制约、进化涨落。

人类的生存与发展须臾离不开物质的生产和供给，因而也就有了与自然界的矛盾冲突。由于不同时空域资源的有效供给和环境的可能承载有限，因而人类社会内部从未间断过为争取生存和发展的公平引发的对立对抗。由此看来，人与自然的关系始终是人类进化、社会发展的关键问题。只有首先处理好人与自然的关系，生物进化与人类发展的双螺旋结构在环境场的外部约束和自组织机制中才能有序演化，而能动的人类是使这种演化有序的主元，其生存与发展的内在需求既支配着人类社会的发展历程，也左右着生物的进化和环境的变迁。

3.3 “三阶段”论说

人类社会的进化，主要表现为生命体人口数量的繁衍、扩张和生命力以智力为主体的人口素质的不断提高。这两者的发展都离不开物质资料的生产和资源环境承载的调节，以及人类对自然演绎规律和社会生产方式变革的认识与利用。物质资料生产是连接人与自然演化的中枢，是人类通过直接或间接劳动来转化自然力的运动过程。它既受制于一定社会生产方式下生产力和生产关系的矛盾运动，亦被外在自然演化过程中的环境生产即资源供给和环境消纳功能所界定。

当社会生产力水平低下，人的劳动效率不足于创造出较多的剩余产品时，人类必然依靠多生产劳动力人口去战天斗地，以维持自身和再生产人口的基本生存需要。当社会物质生产的增长速度超越人口的自然增长率，而带来较多的劳动剩余时，以提高人口物质、文化生活水平和改善人口素质，利用自然、改造和征服自然为特征的发展则成为主旋律。当人口的物质生活需求和环境负载超越资源的持续利用保障和环境消纳的良性循环时，资源供给危机、环境保障危机、人口失业和相对贫困危机、民族冲突和社会秩序紊乱等现象就接踵而来。这时，以人与自然和谐为核心，以当代与未来人口利益公平为追求的可持续发展就成为全人类共同进步的合力点。

由此可见，生存、发展和可持续发展组成了人类社会三个特征各异的演化阶段，这三个演化阶段分别对应着农业文明、工业文明和环境文明的孕育与实现时代。[3]

3.3.1　生存阶段与农业文明

人类的社会生存，是指维持生命体扩大再生产和生命力简单再生产状态下的人类活动的社会形态。生存是人口生命延续的本能，为此必然需要从事物质资料生产和与之相关的一切社会活动。当社会生产以采集、捕猎和简单的农牧业生产活动为主时，人类的劳动仅能维持人口自身生命和繁衍后代的基本需求。这时，社会形态是以原始工具、手工劳动和简单分工合作为特征的社会生产方式和单一初级产业形态的生产力，以及以部落、家庭或社区交往为表征的简单的生产关系。在新石器时代之前，部落、家庭式的生产单元，只能从事分散的游牧活动以及小农生产经营。人类的社会生存完全依赖自然力的初级转化，因而人口生命体生产呈现出高出生、高死亡、低增长的原始型人口增长静止态和缓慢的生命力进化。

随着人类智力的进化和生产工具的改进，以手工业为基础的第二产业和以产品交换为先导的商贸、第三产业雏形开始发展，人类劳动逐渐有了较多的剩余，伴随而来的则是人口生命体再生产演化到高出生、低死亡、高增长的传统型膨胀阶段。于是，相对有限的劳动剩余除用于满足新增人口的生存需要外，已无多少投入来改善人口生命力再生产和社会生产力的发展。因此，在从人类社会的诞生到工业革命前夜的漫长历史过程中，人类社会的进化主要以满足人口的基本物质生存为基本动力，而以物质资料分配和占有形式为主要内容的社会生产变革，使社会制度历经了原始社会、奴隶社会和封建社会几个主要阶段。这一漫长的历史阶段，虽然营造了农业文明和古代灿烂的文化，推动了科学技术的进步，促进了社会生产力的发展，但从总体上来说，人类基本上是为了生存而与天斗，以图摆脱饥饿的困扰；与人斗，以便得到物质资料的公平分配与占有。因此，历史上的农业文明本质上是生存文明，古代文化则是反映人类依附自然而生存的文化，社会生产关系的变革和生产方式的改进同样首先是为了人类的生存需要。

在这一历史阶段中，人类的生产活动以生存为主要目标，加之人类对自然规律的认知局限和对自然力利用上的盲目性，因而向自然界无度索取成为历史的必然。所幸的是，由于绝对生存空间广博，原始的自然资源较丰富，生态环境自调节功能亦较强，人类的生产活动虽在局部地域造成部分生物物种蜕化，资源存量枯竭，自然循环失衡，但总体上并未构成生态环境危机。人类在学习、适应自然的过程中与自然处于混沌中的和谐与共生。

3.3.2 发展阶段与工业文明

工业革命的勃兴，使人类从利用自然、改造自然异化为对抗自然、征服自然的力量。以人口生命体和生命力双重扩大再生产为本征的社会、经济、科技、文化的高速发展，成为人类社会演化的主旋律。这种发展的内在动因，已从人口的基本生存需求转变为人类生存条件的不断改善和物质生活水平的持续提高。因此，从工业革命兴起到20世纪中后叶，以人口身体素质的增强、智能资本的积累和生产资本的功能拓展为标志，历经外延型经济的大幅度发展和工业化过程的突飞猛进，显著地提高了人类的物质生活水平，拓展了人类对自然资源的利用，增强了人类对自然灾害和社会风险的抵御能力，充分发掘了人力资本的内在潜能和社会、生产资本的潜在效力，改善了人口的素质。然而，在全面推动社会生产力快速发展的同时，也造成了人类社会不可持续发展的危机。这一阶段的具体演化特征如下。

(1) 人口生产

人口生命体的再生产，由传统型逐步转入低出生、低死亡、人口自然增长率渐趋递减的发展型。就是说，由于社会生产力的较快发展，显著地促进了科学技术的进步和医疗卫生、文化教育事业的长足发展，于是因资本有机构成的提高导致了人力资源过剩；因生活消费需求的增加，致使可开发利用的自然资源和物质生产可能提供的生活资料相对供应不足。因此，社会生产和家庭生计不再以人口繁衍、劳动力数量的增加为财富积累的源泉，加之社会保障下的人口死亡率降低，于是人口生命体的再生产在人口自然增长率达到高峰后逐步演变为低出生态势。与此相适应的人口年龄结构，呈现出劳动年龄人口比重大、幼年和老年被抚养人口比重较小的成年型。人口在地理空间上的分布，也由分散的农村群居逐步转向城镇化格局。

(2) 物质资料生产

物质资料生产，由以农业为主体的产业结构形态逐步转为以工业为主导的多部门经济生产。由于生产的机器化、电气化和分工愈益精细的专业化，因而社会劳动生产率显著提高，经济发展迅速，物质财富日趋充裕。在这一历史阶段，人力资源的产业配置结构演变趋势大体上是：第二产业居主导地位逐步上升；第一产业在工业装备的不断反哺下劳动生产率得以提高，于是其投劳比重低于第二产业且继续下降；第三产业在服务于第一、二产业发展需要的过程中，其投劳比重呈显著递增趋势。为了实现工业化和使GNP快速增长，发展中国家亦往往步发达国家的后尘集聚人财物于产值高的工业部门，特别是被誉为“工业之母”的重工业。于是，以能源等非生物资源消耗为主体的工业化生产结构成为经济增长和社会发展的主导。

产业结构的上述变化趋势推动了经济快速增长，进而对劳动力的数量需求较多，质量要求愈来愈高。于是，在促进科技教育文化等社会事业迅速发展和一定程度刺激人口生育的同时，随着生产资本和社会资本有机构成的提高，以及以物质利益竞争为中心的商品经济和市场机制的强化，劳动失业人口增多和物质消费超度则愈益造成社会的沉重背负和压力，导致了人口与经济发展的不协同。此外，反映人与人之间关系的国家、地区利益冲突，物质财富占有和分配的社会矛盾，以及相随而来的文化、意识形态对立则愈益凸现。

(3) 环境生产

在消费人口增多和物质生活水平显著提高压力的驱动下，特别是在追求最大利润目标的刺激下，人类社会大规模的物质生产活动导致了对自然资源，尤其是以化石能源为主体的非生物资源的无度开发利用。人类日趋借重于科学技术，不仅使资源的开发强度急速增加，而且导致资源种类开发利用上的多样化。全球范围内不可再生资源的存量日益减少，部分稀缺资源已枯竭；可再生的部分生物资源因再生功能蜕化而供不应求，有些物种已灭绝或濒危；可开垦的耕地资源现十分有限；淡水资源的可利用总量和质量亦难以满足生产和生活拓展的需要。

在这一历史阶段，虽然科学技术在使人类扩大资源开发利用规模与强度的同时，通过良种繁育、人工培植、太阳能和核能的开发，以及资源替代和稀缺资源的节约、保护等措施，增加了资源的供给或延缓着资源的耗竭，但是在追求经济增长和资源开发利用的高产量、高性能、高附加值发展策略诱导下，科技的创新和应用亦不可避免地强化着“大量生产、大量消耗、大量废弃”的错误模式，这在某种程度上更加速了资源供给的衰减或枯竭。同时，不可再生资源，特别是化石能源的过度开发利用导致了严重的环境污染。土地、森林和淡水等可再生或非枯竭类资源的不适度利用，已引起水土流失、土壤沙化、尘暴等自然灾害频繁及环境净化和自调节功能退化。生产和生活消费垃圾的日益剧增，也使环境消纳背负沉重。

总之，自工业革命以来，与自然资源的开发利用趋势相仿，环境污染亦呈现出逻辑斯蒂函数演绎态势，且环境整体质量在逐步退化，已危及人类的幸福生存与健康发展。

(4) 文化建设

在这一历史阶段，与上述三种生产[4]的变化特征相适应的是人类的文化观、价值观和消费观也烙印着以物质追求为目标的发展理念。文化产生于人猿揖别之时，伴随着人类社会的兴衰而发展。

广义而言，文化包括物质、精神和制度三个层面。物质文化是人作用于自然界形成的，是人类智慧在生产要素、过程和产品中的体现。它是文化的基础，是制度文化和精神文化的前提条件；制度文化是在人与人相互作用的过程中形成的，是生产关系及其规范和准则的映像。它是文化的关键，只有通过合理的制度文化，才能保证物质文化和精神文化的协调发展；精神文化是人的意识、观念、心理、智慧生成与表现的集合。它是文化的主导，保障和决定着物质文化与制度文化发展的方向。由此可见，文化作为人类的创造和使用，其演化状态不仅镌刻着人类的智慧，也映射着人类的生存与发展方式。

在工业革命之前，人类文化虽然分别凸现于图腾、宗教和伦理之中，但总体上是自然文化，即依赖、听命于自然而生存的理念和价值观的表现。工业革命之后，人类为了满足自身发展的需要，一方面借助科学技术和社会分工去改造、征服自然；另一方面又以国家、民族、阶层、社团、家庭为网结，通过多元文化形态的矛盾和冲突改造社会，进化人类自身。因而，这一阶段的文化更多地呈现为社会文化。在此文化氛围的熏陶下，人们的消费观凸现为对物质生活的无限强烈追求，价值观则着重于人对自然的征服和对家庭或某一群体占有物质利益的贪婪。

概而言之，自工业革命以来，体现人与自然关系的人口生产、物质生产、环境生产，以及在其基础上的科学技术和文化建设等发生了翻天覆地的变化，创造了前所未有的物质文明和灿烂的现代科技与文化，显著地推动了社会民主和人类自身的全面发展。然而，工业文明在造福于人类物质享受和推动社会快速发展的同时，也把人类社会引向了不可持续发展的歧途。因此，呼唤一个新的发展时代或使人类社会进入最高发展阶段已成为历史的必然。

3.3.3 可持续发展阶段与环境文明

如果说，生存是人类对摆脱自然束缚的渴求，那么发展便是人类征服自然欲望的探索。历史上，“发展”曾被视为一种神话：“社会进入工业化后便可实现福利最大化，缩小极端的不平等，并给予个人尽量多的幸福”；又被简单化为“经济增长是推动社会、精神、道德等诸方面发展所必要和足够的动力。”[5]然而，当代全球所面临的发展危机则使这些发展观成为一种悖论，是导致人类社会不可持续发展的罪魁。亦迫使人类对发展的历程进行反思，从而确立了新的发展观和奋斗目标——可持续发展。目标通常具有阶段性和地域之别，作为人类社会的可持续发展则是时空目标协同而又无界的集合。因此，同人类社会已经历的生存与发展阶段相比，可持续发展既是人类社会进化的一个新的历史时期，又是一个漫长而无止境的人类社会演化的最高阶段。

可持续发展概念的形成源于对当代不可持续发展状态的忧患和反思，忧患是人们对客观现实的判断，故存在一个衡量标准；反思是对产生忧患问题的深层次思索，旨在制定出未来追求的目标和途径。显然，可持续发展既是一个衡量人类社会能否有序演化的客观标准，又是一个追求人与自然和谐、人与人公平，以保障人们生活质量不断提高的目标。评判标准与追求的目标之间没有本质上的差异，但由于前者是对现状感知感觉的评判，后者是着眼于未来发展欲望的追求，故量度和作用有所不同。

值得强调的是，评判标准与追求的目标随时空演化状态过程而不同，是一组动态变化的向量。其外部约束受控于环境生产力，即取决于全球生物圈保护和健康演化下的不同地域自然资源的生产能力和存量的多寡，以及环境的质量和消纳废弃物功能的强弱；而其内在评判准则和动力则是当代和未来人口对物质、精神消费与环境优美享受的需求。因此，可持续发展既是一种评判标准或追求的目标，又是一个动态演化的过程，是标准、目标和过程的有机统一。

因此，就外部约束和内在动力而言，当代人类所面临的环境生产危机，迫使人类必须作出明智的抉择——走可持续发展之路，用于修正自身的自然观、价值观和文化观，规范自身的生产和生活行为准则，以便逐步实现与自然的和谐共存。从人类社会发展的现实来看，不同国家、地域的环境条件和发展水平不尽相同，然而可持续发展却是全人类的共同事业。发达国家借助先发优势占有更多的自然资源和人类财富，同时也造成了对环境更多的危害和对他人较多的盘剥，无疑应承担更多的责任和义务，需要肩负调控自身的发展和支援发展中国家可持续发展的双重职责。而发展中国家既承受着全球发展危机的威胁，又面临自身需要发展的压力和动力，但决不能再沿袭发达国家的发展模式，而应实行符合可持续发展要求下的发展，即以实现人口、经济、资源、环境的物质、能量供需均衡和社会发展协同为目标要求的发展。

人类社会的可持续发展，具有空间上的全球性和时间上的无限性。这意味着，她既不是各个国家、地区或每一行业、部门可持续性发展的简单相加，也不是几代人持续努力的线性组合。全球人类社会的可持续发展需要以每个国家、地区或行业、部门在不同时段的有序发展或可持续性发展为基础，其间包含着人与自然、人与人在内容、方式、空间和时间上的统筹兼顾和综合协同。每一个国家或地区的可持续发展，同样需要内部行业、部门或不同区域在不同时段的和谐发展。

作为人类社会进化的最高历史阶段，可持续发展必须按自然和人类社会的双螺旋演化规律，在继承人类文化遗产和物质财富的基础上，通过调控科技进步的方向，促使人与自然、人与人之间和谐相依；通过倡导和发展环境文明，使自然资源得以永续利用，环境消纳、调节功能不断增强。[6]其具体演化特征和行为准则应是：

(1) 就人口生产而言，可持续发展应表现为人口生命体的低速或零增长和生命力的持续增强。这是人类自为的明智之举，只有控制好人口数量的适度低速增长和人口素质的稳步快速提高，才能从长远和全球角度保障人类社会的可持续发展[7]。伴随环境生产的压力和社会的进步，人口生命体生产无疑会呈现出低出生、低死亡、低增长乃至静止型趋势。相应地，人口的年龄结构也逐渐演变为老年型，虽然会因此而影响社会经济发展的活力，但人口素质的显著提高和科技进步的辅佐，能够弥补因老龄化带来的社会经济负效应。

(2) 在物质生产方面，经济的发展将不再只注重于GNP或GDP的增长，而是着力于自然资源利用效益和社会、经济资本优化组合下生产效率的提高。与之相适应的产业结构则是以第三产业的发展为主导，即通过发展文教卫事业，大力改善人口素质；用现代知识和科技装备产业生产；倚仗金融、交通、信息等优质服务机制调节资源组合、财富分配和社会关系。第二产业的发展应是轻重工业和产品结构合理配置、低污染、高效益要求下的科技集约和清洁型生产，以及废弃物回收利用业的培育。第一产业无疑应侧重于优质高效农业的发展、太阳能资源的生物充分转化利用和生物多样性资源的综合开发与保护。

(3) 在环境生产领域，伴随化石能源和矿物资源存量的减少，大力开发利用太阳能、核能、生物能源和海洋资源，以及最大可能地节约、回收和提高资源利用效益成为历史的必然。与此同时，保护和建设全球生物圈，促进生物多样性发展和生态平衡，消除污染和提高环境的生产力，将是和谐人与自然的关系，保障人类社会可持续发展的根本需要。

(4) 对于国际社会来说，可持续发展事业的全球化，信息革命导引下的世界经济一体化，必然迫使人类社会须打破国家、民族、政治、文化和价值观等界域、差异束缚，携手建设人类利益共同体，统筹解决人与自然、人与人之间的矛盾冲突。这不仅需要强化联合国和国际、区域性政治、经济、教科文组织的统筹、协调功能，亦更需要各国政府、企业和民众的持续努力，在共建一个“地球村”的目标要求下稳步地推进各国和区域的可持续发展。

(5) 从消费和社会运行机制方面看，尽管提高人类的物质生活水平仍是可持续发展阶段的重要目标，但精神、文化生活需求和良好生态环境享受将日益成为人口生命力发展的主导。这不仅需要调整消费观念和生活方式，同时需要改变社会调节机制。在此阶段，商品经济和市场机制仍是调动人的内在活力，优化资源、资本配置，促进社会生产力发展的一种有效手段。然而，资源的无端浪费和加速枯竭，生态环境的破缺和污染的加剧，贫富差距的日趋增大和全球范围的社会动荡，已表明唯市场机制论的危害和“跛脚”。因此，社会法制、公众舆论及社团的民主监督，不同层次政府和组织的职能干预与协调，以及市场调节诸三位一体的联动机制，则是保障人类社会可持续发展的中枢。

如果说，农业文明标志着人类生存阶段社会发展的辉煌，工业文明则是人类社会全面增长了的发展，那么高擎环境文明的旗帜，将使人类社会得以可持续性发展。

3.4 人与自然和谐的系统解析

人与自然的对立统一是人类社会永恒探索的主题。自人类社会诞生以来，在地球上便产生了人与自然生命力系统相伴的双螺旋形演化结构，也就客观地存在着两者既对立又统一，既相矛盾又须和谐共生，既要有序依存又混沌交织的复杂机制和均衡与非均衡的相变过程。

“皮之不存，毛将焉附。”没有自然，就没有人类；没有人与自然的和谐，就不可能从根本上保障和实现人类代际与代内的公平生存与发展。因此，追求人类社会的可持续发展旨在谐和人与自然的关系，这不仅需要能动的人类不断探索自然演化和社会进化的规律，亦需要规范人类自身的生产与消费行为，以及调节物质利益的分配机制。认识自然和探索人类自身的进化规律，不仅仅是为了适应自然而生存，利用自然而发展；还需要改善自然，约束自身，改造社会，通过协调人与自然之间的物质能量供需均衡来保障自然的有序演化和人类社会的持续发展。

和谐人与自然的相依关系，必然需要确立和遵循相应的理论与实践准则。基于此，本节借助耗散结构理论和其他学说进行量化模型和准则及相应策略的探索。

3.4.1 地球系统应沿着非平衡定态演变

地球是一个依附于太阳系的星球，但它同时又是一个在不断完善而自主的世界。它从依附中汲取自主，又在生命与非生命系统的相互作用中得以日臻完善。如果我们把组成地球系统的大气圈、水圈、岩石圈和其他星球、天体视作生物圈的环境，那么统属于生物圈的人类社会和生物系统则是在环境场作用下相互机制与依存的。

自人类社会独立于自然物以来，地球系统便处于远离自然平衡态的稳定与不稳定乃至急剧涨落的演变过程中。为了保障人类社会的可持续发展，则需要谐和人与自然的相依关系，使地球系统能够沿着非平衡定态有序演替，然后在此总准则要求下，通过适宜策略以促进人类社会、生物和环境系统协同有序地演化。

辩证唯物主义认为，世界是物质的世界，运动是物质的运动，物质和运动不可分离，而能量则是物质运动的表现和量度。在物质运动过程中，失去一种质的运动的一定量，必定产生另一种质的运动的相当的量。这就是著名的能量守恒定律。显然，能量守恒是指开放系统中能量以物质为载体输入输出的守恒。在开放系统中，能量流依靠信息认知导向，在不可逆过程和自组织机制的双重作用下，使系统可以逐步地建立起远离平衡的稳定的物质结构状态。[8]

开放系统中的能量不可逆过程不仅标志着物质形态的变换，也总发生着由一种利用效率较高的能量转变为效率较低的能量的能量耗散。这意味着系统的内禀熵增大，即系统的无序度增加，对生命系统来说就是组织结构破缺，状态失衡，生命力退化。为了重现系统演变的有序化，必须不断从外部摄取负熵流，即与外界交换物质、能量和信息，并通过建立起的认知、适应、调节的自组织机制加强系统内部结构和关系的重组，提高物质、能量的转化效率和抗干扰能力，以促进系统沿着非平衡定态有序演化。既然人类社会的可持续发展需要生物系统和人类社会系统均应沿着多序度稳定态演化，那么由他们和环境组成的地球生态系统也应沿着非平衡定态有序演化，其演化过程是由第 3 章所述的双螺旋以不同的振幅和频率叠加形成，且应逐步趋于相对稳定的非线性演化。因此，地球生态系统的非平衡稳定态演化既是人类社会可持续发展的根本保障，也是衡量人与自然和谐的总准则。

人与自然的和谐即标志着地球生态系统的相对稳定有序，而其度量的广延参量则是熵。由热力学第二定律知，系统的总熵 dS 变化由 deS 和 diS 两部分组成，前者为系统与外界交换物质、能量和反馈调控而引起的熵流，若其大于零则表示熵增，反之则称为负熵流；后者是系统本身由不可逆过程引起的熵产生项，因而总是熵增，即 $diS \geqslant 0$。借此原理，我们分别给出生物系统、人类社会系统和环境系统的熵变化公式如下：

$$\begin{aligned} dS_1 &= deS_{-13} + deS_{+13} + deS_{-12} + deS_{+12} + deS_{-11} + \sum_{j=1}^{n} diS_{1j} \\ &= \sum_{i=1}^{3} deS_{-1i} + \sum_{i=1}^{3} deS_{+1i} + \sum_{j=1}^{n} diS_{1j} \end{aligned} \tag{3-1}$$

式中：dS_1 是指生物系统的总熵，deS_{m13}（m=－，＋）分别为来自环境能量供给所产生的负熵流和因其灾变干扰而产生的熵增，deS_{m12}（m=－，＋）分别为来自人类补偿、调控产生的负熵流和因其过度索取及不适当生产行为所引起的熵增，deS_{-11}是指食物链能级转换和生物自适应机制过程中所产生的负熵流，diS_{1j}则是不同生物种群通过蒸腾、呼吸、排泄或残骸等能量耗散引起的熵增。

$$\begin{aligned} dS_2 &= deS_{-23} + deS_{+23} + deS_{-21} + deS_{+21} + deS_{-22} + \sum_{j=1}^{n} diS_{2j} \\ &= \sum_{i=1}^{3} deS_{-2i} + deS_{+2i} + deS_{+23} + \sum_{j=1}^{n} diS_{2j} \end{aligned} \tag{3-2}$$

式中：dS_2 系指人类社会系统的总熵，deS_{m23}（m=－，＋）分别为环境能量供给所产生的负熵流和其物理灾变所致的熵增，deS_{m21}（m=－，＋）分别是来自生物系统能量供给的负熵流和生物灾变的熵增，deS_{-22}是指人类自组织机制引起的负熵流，diS_{2j}是指生产消耗和社会变革以及生活消费和社会消费过程中所产生的熵增。

$$dS_3 = deS_{-33} + deS_{-32} + \sum_{j=1}^{n} diS_{3j} \tag{3-3}$$

式中：dS_3 是指环境系统的总熵，deS_{-33}系环境自净能力引起的负熵流，deS_{-32}为人工改善环境引起的负熵流。

就公式（3-1）而言，由于后两项非负，当且仅当 $dS_1 < 0$，即

$\left|\sum_{i=1}^{3} deS_{-1i}\right| > \sum_{j=1}^{n} diS_{1j} + \sum_{i=2}^{3} diS_{+1i}$ 时，表明生物系统从自然环境、人工补偿和自身能级转化中获得的负熵流，抵消了自身遗传变异和代谢过程中因能量耗散、无序组合而产生的熵，以及来自环境和人为干扰引起的熵增。于是，在其系统总熵可逐步减少中趋于稳定有序进化。由于这种进化具有动态性，且生物系统的熵变与生物种群的生长发育有关，因而由熵的广延性可知

$$\frac{dS_1}{dt} = \sum_{i=1}^{3} \frac{deS_{-1i}}{dt} + \sum_{i=2}^{3} \frac{deS_{+1i}}{dt} + \sum_{j=1}^{n} \frac{diS_{1j}}{dt} \tag{3-4}$$

当$\frac{dS_1}{dt} < 0$ 时，即有 $\left|\sum_{i=1}^{3} \frac{deS_{-1i}}{dt}\right| > \sum_{i=2}^{3} \frac{deS_{+1i}}{dt} + \sum_{j=1}^{n} \frac{diS_{1j}}{dt}$，则意味着生物系统处于成长发育阶段。

当$\frac{dS_1}{dt} = 0$，且 $\left|\sum_{i=1}^{3} \frac{deS_{-1i}}{dt}\right| = \sum_{i=2}^{3} \frac{deS_{+1i}}{dt} + \sum_{j=1}^{n} \frac{diS_{1j}}{dt} \neq 0$ 时，生物系统则处于稳定成熟阶段。

若 $\frac{dS_1}{dt} > 0$，则 $\left|\sum_{i=1}^{3} \frac{deS_{-1i}}{dt}\right| < \sum_{i=2}^{3} \frac{deS_{+1i}}{dt} + \sum_{j=1}^{n} \frac{diS_{1j}}{dt}$ 有，显然，生物系统进入衰老退化时期。

特别地，当 $\frac{dS_1}{dt} = 0$，且 $\left|\sum_{i=1}^{3} \frac{deS_{-1i}}{dt}\right| = \sum_{i=2}^{3} \frac{deS_{+1i}}{dt} = \sum_{j=1}^{n} \frac{diS_{1j}}{dt} \equiv 0$ 时，表明生物系统已处于死亡解体阶段。同样道理，我们也可以对人类社会和环境系统的变化状态进行上述类似的分析与评判，此处不再赘述。

对于地球系统来说，其总熵为

$$\begin{aligned} dS &= dS_1 + dS_2 + dS_3 \\ &= \sum_{i=1}^{3} deS_{-1i} + \sum_{i=2}^{3} deS_{+1i} + \sum_{j=1}^{n} diS_{1j} + \sum_{i=1}^{3} deS_{-2i} \\ &\quad + deS_{+21} + deS_{+23} + \sum_{j=1}^{n} diS_{2j} + \sum_{i=2}^{3} deS_{-3i} + \sum_{j=1}^{n} diS_{3j} \end{aligned} \tag{3-5}$$

当且仅当 $\left|\sum_{i=1}^{3} deS_{-1i} + \sum_{i=1}^{3} deS_{-2i} + \sum_{i=2}^{3} deS_{-3i}\right| > \sum_{i=2}^{3} deS_{+1i} + \sum_{j=1}^{n} diS_{1j} + deS_{+21} + deS_{+23} + \sum_{j=1}^{n} diS_{2j} + \sum_{j=1}^{n} diS_{3j}$，即由上述三个子系统在物质、能量转化过程所产生的负熵流的绝对值大于每个子系统因外部干扰而产生的熵增和自身熵产生之和时，则地球系统因总熵减少而趋于稳定。显而易见，上式左端第一项要求人类应充分运用生物技术、工程措施和社会机制等有效地加速自然力的

转化；第二项则提示我们不仅要充分开发、利用环境能量和生物资源，而且要加强人类社会自身的反馈调节功能；第三项意味着需要通过保护生物和环境系统，提高其分解、降解、消纳污染物的能力，同时利用人工力量来治理、改善环境，促进自然界有序地演化。而右端则需要人类在充分认识自然规律的基础上，能够有序地调整生物种群、群落结构，产业和产品结构，生活消费结构，以及控制人口和物质生产的适度增长，和谐人类社会内部的相依关系与利益冲突，旨在提高资源利用率和物质生活水平的同时减少环境污染，增强防灾抗灾能力，从而不断协调人类社会、生物系统和环境系统三者之间的物质能量供需及演化关系。三个子系统的稳定演化是地球系统有序演变的基础，而人类社会的有序发展则是地球和生物、环境系统稳态演化的动力源泉。[9]

值得指出的是，地球系统的稳态演化需要人类、生物和环境三个子系统的各自相对稳定和协同演变，而这一切又表现为在国家或较低层次地理空间上的综合协同，以及自下而上的递阶调控。因此，上述概念开发同样适于国家、地区或较低一级区域人与自然和谐准则与策略的探讨。另则，用熵参量来研究系统稳定发展的基础是能量的有序转化。因此，我们总可以借助能量（能值）这一综合指标及相关的动力学模型来分析研究实际系统的发展问题。

3.4.2　三种生产须协调发展

追求人与自然的和谐，需要协调不同时空域人口、经济和环境三种生产之间物质、能量的有效转化和供需均衡。也就是说，不同时空域的物质生活消费的需求与物质资料生产的供给和自然资源的保障，以及人类对环境享受的需求和环境质量的供给之间应保持一种相对均衡态，以便在促使地球系统稳态有序演化的基础上，既能满足当代人的发展需要，又能保障未来人口的幸福生存。

3.4.2.1　物质资料供需均衡

特定时空域物质资料的供需均衡是指在围绕最佳均衡点的某一邻域里的供需等价，即有生活消费需求 $D(P, C, \sigma, t) \cup$ 物质资料生产 $S(L, K, R_1, R_2, t) \cup$ 自然资源保障 $R_s(R_1, R_2, \omega, \lambda, t) \in [M, N]$，或 $M \leqslant D \cup S \cup R_s \leqslant N$，使 $D \subseteqq S \subseteqq R_s$。在这一状态范围内物质资料的总供需之间虽有一定差异，但不破坏供给“源”和需求“宿”及其在供需过程中系统的协调与自组织机制。同时，由于均衡域存在的适度势差，往往会使物质供需在其运行过程中得以有序调整和有机协同。

假定我们令生活消费剩余为零，即 $S-D=S-\sigma S-CP=(1-\sigma)S-CP=0$，于是，$S=CP/(1-\sigma)$。式中，$P$ 代表对象系统 t 时刻的人口总量，C 代表人均物质消费水平，σ 为积累系数。另则，若令物质资料生产与自然资源保障供需均衡，即 $S-R_s=S-\omega S-\lambda R=(1-\omega)S-\lambda R=0$，于是，$S=\lambda R/(1-\omega)$。式中，$\omega$ 代表物质资料生产的废品率，R 代表自然资源的可利用总量，λ 是自然资源的生产转化率。故有 $\frac{CP}{(1-\sigma)}=\frac{\lambda R}{(1-\omega)}$，进而得到人口与自然资源之间的关系式为 $P=\frac{(1-\sigma)\lambda}{(1-\omega)C}R$。该式表明，在人们物质生活水平不降低和适度积累前提下，要协同人口与自然资源之间的物质供需均衡，一方面需要控制人口的自然增长和开发、节约、保护自然资源，另一方面则需要积极借助科技进步和社会经济机制，通过调整产业、产品结构，以及技术创新和资产重组，充分提高自然资源的转换效率和效益。

3.4.2.2 人口、经济和资源的耦合协同

实现物质资料的供需均衡，则需要协调人口、经济和资源三者之间的相依关系。人口的生存和物质消费水平的提高依赖于经济的发展，而经济的发展又以自然资源的开发利用为基础，特别是以能源、土地和水为支柱的自然资源既是现代经济发展的命脉，也是制约未来人口幸福生存的瓶颈。因此，从人类社会的可持续发展需要出发，必须立足于自然资源的可持续利用类型和供给程度来确立经济的发展和控制人口的增长。正是基于此认知，我们推导出人口、经济和资源耦合协同的一组关联模型如下。

人口规模控制模型：

$$P(t)=P(t-1)+\delta P(t-1)\left(1-\frac{P(t)}{S(t)/C(t)}\right) \tag{3-6}$$

式中：δ 为人口自然增长率，$C(t)$ 为人均消费水平。由于人均消费水平总是伴随人类社会的发展而递增，故有 $C(t)=C(t-1)(1+r)^t$。

物质资料生产模型：

$$S(t)=A_0e^{-\varepsilon t}L^{\alpha 1}K^{\alpha 2}R_1{}^{\alpha 3}R_2{}^{\alpha 4} \tag{3-7}$$

式中：K、L、R_1、R_2 分别代表资本、劳力、可再生资源和不可再生资源存量。

可再生资源利用模型：

$$R_1(t)=\eta_1\times\eta_2\times S_e\times L_d \tag{3-8}$$

式中：η_1、η_2 分别代表单位面积太阳能的生物转化率和人类利用率，S_e 为单位面积年度可辐射的太阳能量，L_d 代表土地面积。由于这类资源以生物资源为主，故与太阳能和土地面积密切关联。

不可再生资源利用模型：

$$R_2(t) = (1-a)(1+b)R_2(t-1) \tag{3-9}$$

式中：a、b 分别代表不可再生资源的消耗系数和新增系数。需要指出的是，不可再生资源的新增系数既包括新开采的矿物、化石资源，也涵盖其一些替代资源和回收利用的资源。其推导过程如下：令基期不可再生资源量值为 $R_2(t-1)$，预期 t 年的实际不可再生资源存量为 $R_2^{\tau}(t)$，且有

$R_2^{\tau}(t-1) = R_2(t-1) - aR_2(t-1) = (1-a)R_2(t-1)$；又设

$R_2(t) = R_2^{\tau} \times (1+b)$，于是，

$R_2(t) = (1-a)(1+b)R_2(t-1)$。

对于区域可持续发展的设计来说，借助上述模型关联模拟，我们总可以得到不同阶段人口、经济和资源协调发展的决策方案。然后，将其决策方案同现实状态相比较，从中寻找、抉择相应较佳的发展模式、路径和实施措施，以保障区域社会经济系统有序发展。

3.4.2.3　环境改善和质量提高

危及全球和我国未来可持续发展的关键桎梏除了资源供给日益短缺外，环境问题也将变得愈来愈突出。其根源在于，一是伴随人类物质生活水平的不断提高，清洁、优美环境的享受日益成为人们的消费追求；二则因人口和物质消费膨胀压力，以及局域利益和短期效应追求，且在全面工业化浪潮、市场机制和科学技术的有偏诱导、激励、强化下，“三废”污染日趋加剧，环境自调机能不断退化，水患、沙化、尘暴、震灾和干旱等自然危机，不仅威胁到当代人的幸福生存与发展，亦严重地滞胀着未来社会的有序发展。因此，改善环境恶化状态，提高环境内在质量，既是和谐人与自然关系的基础，又是区域、国家乃至地球系统有序演化的保障。

改善环境恶化状态，提高环境内在质量，旨在通过减少污染排放和提高净化能力，使环境污染浓度的变化率接近零度增长。即有

$$\frac{dE}{dt} = \upsilon_1(1-E) - \upsilon_2 W(t) \tag{3-10}$$

其中，由于 $W(t) = \mu_1 CP(t) + \mu_2 K(t) + \mu_3 S(t) - \mu_4 W(t)$，则

$$W(t) = \frac{1}{(1+\mu_4)} \times [\mu_1 CP(t) + \mu_2 K(t) + \mu_3 S(t)] \tag{3-11}$$

式中：E 为环境质量，此处定义为无污染的环境浓度；$W(t)$ 为排放到环境中的废物总量，分别来自人口总量 $P(t)$ 和人均消费水平 C 的乘积 $CP(t)$，资本 $K(t)$ 的折旧与社会总产品 $S(t)$ 的生产损耗（包括生产过程中的资源废弃和废品物）；μ_1、μ_2、μ_3 分别为上述三部分废物排放系数，而 μ_4 则为废物回收利用系数；υ_1、υ_2 分别为环境消纳的自净系数和废物污染浓度系数。

令环境质量的变化率为零，即 $\frac{dE}{dt}=0$，则有 $\upsilon_1(1-E)=\upsilon_2 W(t)$。这表明，要保障环境无污染则必须使环境消纳、分解、降解、自净的能力大于或至少等于废物排放的污染浓度。尽管无人类涉足、干扰的自然生态系统和完全无污染的区域环境已日趋不复存在，但只要通过综合调控使环境质量的变化率介于某一合理范围，即 $\frac{dE}{dt} \in [\zeta_1, \zeta_2]$，则可在保障人们物质消费水平和环境享受效用不减情况下，使人类社会得以可持续发展。

对上式积分，且令废物的排放量为常数（$W=W_0$），故有 $E=E(0)e^{-\upsilon_1 t}+(1-\frac{\upsilon_2}{\upsilon_1}W_0)(1-e^{-\upsilon_1 t})$。由式中不难发现，虽然环境离开无污染的原始态后质量呈递减趋势，但只要排污量不再增加和/或自净能力大于污染系数，那么在一个较长时期内环境质量可逼近于一个稳定态 $\left[1-\frac{\upsilon_2}{\upsilon_1}W_0\right]$。当 $W=0$ 时，则该稳定态便以无污染浓度 1 为环境质量的上限。环境质量稳定即环境系统稳定，它既需要以生物系统和人类社会系统的双重稳定为条件，又可以其良性循环的稳定态支撑这两个系统协调、有序地演化[10]。

改善环境恶化状态，提高环境内在质量，一方面需要减少废弃物的排放，即通过调整产业、产品结构，研制和运用先进的科学技术，降低物耗和提高资源利用效率，以及通过调控人口的增长、分布和消费方式，减少对自然的超度索取和对环境的肆意破坏、污染；另一方面则需要增强环境的消纳、自净能力，即通过完善法律法规与市场机制来保护生态环境，利用生物遗传工程和先进的种植养殖技术，在保障物种多样性的基础上促进生物能量的有效蓄积、转化和生物群落的稳定发展，依靠治水、治沙、治碱、植树造林、退耕还林还牧还湖等水利水土保持工程措施，以及合理轮作、适度捕猎、生物防治、投资税收政策等经济措施和合理城乡人口格局类社会措施，来保障生态环境的自调机制和促进其良性循环。

3.4.3 福利效用累加持续递增

和谐人与自然关系的实质，是为了不断满足当代和未来人口日益增长的物质、服务、文化和环境享受的需要。于是，不同时空域人口福利效用水平的持续提高，无疑成为人与自然和谐的基本准则之一。但在自然资源存量、社会生产力水平和环境消纳能力有限情况下，只有遵循综合效益原则，才能保障代际、代内人口福利效用的增长和对社会经济财富、资源环境的公平占有与分享。

在人类摆脱饥饿的困扰之后，伴随物质生活水平的日益提高，人们对服务、文化消费和环境享受的要求愈益增强。这不仅由于全球性的工业化、现代化为人类提供了极大的物质财富，也因为未来财富的创造对人口的身体和文化技术素质提出了更高的要求。同时，在当代全球性的环境日趋恶化情况下，人们对环境清洁和回归自然的欲望也更加强烈。于是，以物质、服务、文化和环境消费需求为变元的福利效用累加递增成为一种社会总体偏好和人类文明的标志。

由于物质、服务和文化消费与人均社会总产品直接关联，故有人均社会产品和环境质量消费的二次连续可微的瞬时效用函数为 $U(F)=U(S/P, E)$。从人类社会的可持续发展需要出发，该效用函数须遵循以下两个基本准则：

准则Ⅰ：人均生活水平边际递增，即有

$$\frac{\partial U(F)}{\partial F}=\left[\frac{\partial U}{\partial(S/P)},\frac{\partial U}{\partial E}\right]^{\tau}>0 \tag{3-12}$$

这表明，人们对物质、服务、文化和环境的消费需求是日益递增的。特别是当物质生活达到一定水平之后，人们对服务、文化消费和环境享受的需求则显著增加。

准则Ⅱ：消费有够和适度，即有

$$\frac{\partial^2 U(F)}{\partial F^2}=\begin{bmatrix}\dfrac{\partial^2 U}{\partial(S/P)^2} & \dfrac{\partial^2 U}{\partial(S/P)\partial E}\\ \dfrac{\partial^2 U}{\partial E\partial(S/P)} & \dfrac{\partial^2 U}{\partial E^2}\end{bmatrix}<0 \tag{3-13}$$

该准则表明，人均消费瞬时效用函数又是一个凹函数，其二阶导数矩阵必然是一个负定对称矩阵。其根源在于：一则人们在基本生活条件得到足够保障之后，对物质的消费需求呈递减趋势，故而追求消费的多元化；二则资源的供给、社会经济的支撑和环境的承载能力在不同时空域均是有限的，且生产力水平达到一定程度后其增长速度必然趋缓，均迫使人均生活水平应适度增长，于是对服务、文化和环境的消费需求在达到一定程度后则也呈递减态势；其三，当代人必须为后代人口留下较充裕的生存空间、可供利用的自然资源和社会财富，以及适宜的生态环境，因此也需要降低消费效用的递增速度，减少资源的消耗和环境的污染。[11]

基于上述认知，为了保障不同代际人口的生活水平和对自然、社会财富的公平分享，我们选取人均福利效用累加递增或至少不减为基本准则，即有

$$W(t)=\int_0^T U(S/P,E)e^{-rt}dt \geqslant U_0 \tag{3-14}$$

式中，$U(S/P,\ E)$ 如上准则Ⅰ所述是一个增函数，但给予贴现后必然会降低其递增的幅度。尽管在某一时段里，人均消费效用可能递增缓慢甚或递减，但在一个相当长的时期里不同代际的累加福利效用仍呈递增趋势。

由此可见，人们生活水平的提高不能仅限于对物质享受的贪婪，而需要在其基本满足后及时转向对服务、文化和环境消费的需求，这样既能充分发挥人力资本的丰富潜能，推动科学技术和文教卫事业的发展，吸纳剩余劳动力就业，满足人们的精神需要；同时又能缓解自然资源的供给压力，减少废弃物的排放，且在需求压力下使环境质量得以逐步改善。此外，在福利累加效用不减原则下，通过调整贴现率可保障代际的利益均衡和享用公平，从而有助于人与自然关系的持续和谐。这里值得指出的是，就某一区域系统人与自然关系的和谐而言，通过确立相应的福利函数模型，然后与 3.4.2.2 和 3.4.2.3 两节中的方程进行组合模拟，从中可得到对象系统相应的可持续发展方案与实施策略。

和谐人与自然之间的相依关系是可持续发展的基础，为此需要研究、制定相应的准则以便于指导社会实践和用于客观评判。本节利用现代系统科学理论和借助模型推导，从地球系统演化、三种生产协同和福利效用递增方面进行了开创性研究，提出了系列新概念和量化的理论准则，以及区域可持续发展的评判、对策模拟模型，很值得有兴趣的学仁研究参考和深入探索。

3.5 人与人公平

实现人类社会的可持续发展，不仅需要和谐人与自然的相依关系，而且需要协同人与人之间的利益机制。前者旨在通过社会生产力的有效发展和生态环

境的积极保护，以保障当代和未来人口幸福生存与有序发展所需的物质能量的持续供给和环境质量的不断改善；后者则需要遵循公平的行为准则和改善调控策略，来协同代际与代内人口对有限资源和社会财富的合理分享，对环境保护和社会文明所应肩负的共同职责与义务。因此，和谐人与自然的关系是人类社会可持续发展的基础，而坚持公平的社会行为准则则是协调人与自然和人与人关系，及至保障人类社会可持续发展的根本手段。

3.5.1　公平的伦理原则

行为伦理学认为，每个人的行为唯有为己利他与损人利己才可能是恒久的，才可能超过其他全部行为之一半，而其余一半都只能是偶尔发生的。且认为道德的目的是他律的而不是自律的，不是为了道德和品德自身，而是为了道德和品德之外的功利、幸福；[12]为了保障社会的存在、发展，以满足每个人的需要。就是说，人的行为是否增进功利而不是道义，是否有利于社会的存在、发展和每个人非道德需要的满足而非行为者的品德完善，便是评价人的一切行为是否道德的最终标准。也即增加还是减少全社会或每个人的利益总量，是评判人的一切行为是否道德的终极准则。

由此看来，衡量人的行为的道德原则就是功利原则。然而，在资源和社会财富有限，人们的利益发生冲突情况下，无论增加还是减少“全社会或每个人利益的总量”均不可能。于是，这时的道德标准便具体化为“增加利益总量”原则或“最大多数人最大利益”原则，即为了多数人的较大利益而牺牲少数人的较小利益，以及为了他人的最大利益而牺牲自我的较小利益。唯此才能接近符合道德的最终标准，也才能在法规之外实现社会利益分享的公平。

社会既是具有不同个性人的行为的关系集合，也是人们对相互利益合作与分享的功利场。协调人与人之间的关系除了上述个人道德原则之外，需要公平地分享既得利益和潜在利益。既得利益的分享，需要遵循特定时空域的社会公则，如按劳分配，按需供给等。而对潜在利益的现实转换和保护则需要各施其责，分工合作，以创造更多的物质、精神财富和推动社会的发展。利益的分享意味着一种对社会财富占有的权利，而这种权利的获得是与义务奉献和潜在的职责紧密相连的。因为社会财富是通过人们的劳动换来的，没有义务奉献也就无权获得相应的利益分享。尽管自然资源是“天赐”之物，但需要人类的劳动转化或通过积极的措施予以保护。值得注意的是，在社会场中，义务奉献与利益分享并非发生在同一时空间或完全等价，因而潜在的职责和基本受益的权利需要得以保护。

在伦理学看来，权利是必须从社会中得到的利益，是义务主体必须付给权利主体的利益；而责任则是必须付出的利益，是责任主体必须付给权利主体的利益。义务包含着责任，是必须且应该付给权利主体的利益。在这里，责任强调“必须”，强调法规性，具有明显的奖罚手段，因而多与人们的具体职务、地位有关，是人人有别的；而义务则侧重于“应该”，强调道德性，不具有明确的制裁特性，是人人一样的。生活在社会中的人享有什么权利，履行何种义务或职责均是由社会的法规和道德规定、赋予的。一个人没有权利，也就不应该有义务；没有义务，也就不应该有权利。显然，权利与义务相等便是公平，即与义务相等的权利是公平的权利，与权利相等的义务是公平的义务。反之，权利与义务不相等便是不公平。由此看来，“公平”是社会场中权利与义务的平等交换，是激励人们依靠奉献换取收益的手段，同时也是协同人与人关系均衡发展的一种评判的标度。于是，权利与义务的等价便是社会公平的根本原则。

社会公平是指社会对于每个人的权利与义务的等价分配，也即按照每个人给予社会和他人的利益（贡献）来分配其应享有的利益权利，按照社会和他人必须施于一个人的基本利益来匹配其应尽的义务或职责。换言之，按贡献分配权利，按权利匹配义务或职责是奠定社会公平的根本原则，也成为可持续发展实践的基本准则之一。作为社会的一员，只有履行与自己权利相等的义务，争取与自己义务等价的权利，便是个人公平的基本原则。否则，若以较少的奉献索取较大的权利，或借用不平等的竞争手段贪图更多的利益享受，则是个人道德行为的扭曲和不公平，进而影响到社会的不公平分配。

综上所述，在资源和财富有限情况下，个人或群体的贡献、权利和交换等价是组成“社会公平”的三个基本要素。贡献是人为谋求生存和发展的权利所施的行为在创造物质、精神财富过程中的回报。一个人的贡献取决于他的才能和品德，才能愈大和品德愈高，则贡献愈大，反之亦然。所以，按贡献分配权利就是按才能和品德分配权利，不过才能和品德是分配权利的潜在标准，而贡献是其实在的标准。权利是利益的获取、贡献的回报，是人们生存和发展的保障。而等价交换则是一种社会运作的规则，是维系社会均衡发展，且被实践证明是必要而充分的机制手段。

由于社会是个人的集合，没有独立个人的聚集就不存在社会，不存在等价交换的场所。此外，每个人对自然物的分享是平等的，加之才能的实现存在时空差，因此无论个人贡献如何都应完全享有基本物质消费和其他利益要求的生存权。这意味着社会存在无先决条件下的绝对公平原则，即要求有劳动能力的人有义务抚养老幼和失去创造社会财富的人，要求强者或富裕的社会集团、阶层必须给弱者或贫困人口以补偿，以便保障人类的延续和社会的可持续发展。

由于人们才能、智慧和需求上的差异，由于社会条件和文化氛围及其赋予个人奉献机会的异同，由于自然禀赋和环境保障的不同，也由于社会道德、法规准则和交换形式、等价标准的千姿百态或难于以数量衡量，因此又客观地存在着社会的相对公平原则。即承认社会差异，允诺权利与义务的分离和交换的不等价。在保障人们基本权利的基础上，鼓励能者多劳，强者多有，奉献多于权利，义务超越利益，掌握机会同样可以获益，这既是社会的客观存在，又是推动社会发展的动力源泉。就是说，没有差异就没有发展，没有相对公平原则的存在和推波助澜，就不可能有更多的物质和精神财富来保障绝对公平的实现。相对公平是围绕等价交换原则的弹性背离，这表明社会既存在着权利与义务的非等同差异，又需要借助社会机制使强者给予弱者一定的补偿，使权利和义务背离控制在某一可接受的范围，才能保障社会的稳定发展。

3.5.2　公平的实践原则

和谐人与人之间的相依关系依靠社会公平原则来保障，依赖相应的机制措施予以促进，这需要人类社会在可持续发展实践过程中正确处理贫困与失业、贫富差异与社会稳定、区域均衡与发展协同和代际公平与人类有序进化诸矛盾的对立统一关系。

自工业革命以来，人类的物质生产有了长足的发展，全球绝大多数人口已经摆脱了生存的危机。然而由于人口规模的加速膨胀和资源短缺、生态失衡及自然灾害和战乱的频频侵袭，在发展中国家依然有大量的人口处在绝对贫困的饥饿线上。与此同时，发展过程中的相对贫困人口伴随人口浪潮、失业危机和贫富差距加大而增多。随之而起的不仅是贫困、失业的交互恶化效应，而且导致社会的动荡、失衡和引发生态退化问题。因此，消除贫困、最大可能地保障就业，既是社会绝对公平原则的体现，又是可持续发展实践必须解决的棘手问题之一。

由于人们潜在才能和智慧、社会机遇和才能实现时空的不同，因而由贡献和等价交换标准的相异获取的权利、利益的不同而引发的贫富差异，既推动社会生产力的发展，又带来社会的不稳定，特别在社会财富还不足够充裕情况下，利益分配差异的超度更易引起社会的失衡。因此，运用社会的相对公平原则有效地解决贫富差异和社会稳定问题，是可持续发展实践欲待深入探索的命题。

社会生产力的发展除了自然禀赋之外，人的才能和贡献则是核心要素。由于自然力的转化和社会财富的创造、积累依仗于人们的劳动，特别是具有创新智慧、技能和奉献精神的高素质人口的劳动，而其才能的生成除了社会支出外需要个人和家庭的投资且蒙受机会成本的损失，因此按价值交换原则自然需要得到较多的利益回报。只有遵循以等价交换为核心的社会相对公平原则，才能依靠人力资本的培育和奉献创造更多的物质财富；也只有承认人的能力差异和机会的非均等，才能利用利益分配上的一定势差促进社会生产力的较快发展。值得注意的是，贫富差异过大易引发社会动乱，往往又阻碍着社会生产力的发展。解决这种二律背反的困惑，需要依赖于利益机制、政策调控和社会保障体系的完善，亦应遵循下列原则：一是必须保障人们生活的基本需求和发展权益的基本满足；二是必须通过发展和有利于发展的措施来创造更多的物质和精神财富，以提高绝大多数人口的生活质量；三是在资源日渐短缺和社会财富有限约束下，需要借助各种调控措施适度缩小利益分配差异，使社会能够在稳定中有序发展。

为此，对于一个具有综合调控功能的区域社会经济系统而言，须满足下列定义与实践准则，才能在相对公平原则要求下保障其可持续发展。

3.5.2.1 自然资源的可持续开发利用

对于可再生资源，定义其某一时期或 t 代人可利用的资源存量为 $R_s = R_s(r_1, r_2, ... r_n)$，相应的自然增长率为$\frac{\frac{dR_S}{dt}}{R_s}$；且定义同期资源利用量为 $U = U(u_1, u_2, ... u_n)$，其增长率为 $dU/dt/U$。故有可再生自然资源的利用准则为

$$\frac{\frac{du}{dt}}{u} \leqslant \frac{\frac{dR_s}{dt}}{R_s} \tag{3-15}$$

即当可再生资源的利用增长率不大于其再生增长率时，才能保障不同代际人对自然资源分享的公平。

对于稀缺的不可再生资源 $R_i(i = 1, 2... n)$，则应使其减少率小于可替代

资源 $R_j(j=1, 2...n)$ 的增长率，即

$$\left|\frac{\frac{dR_i}{dt}}{R_i} \leqslant \frac{\frac{dR_j}{dt}}{R_j}\right| \tag{3-16}$$

3.5.2.2 生活质量不断提高

伴随社会经济的发展，人们的物质生活水平（bm）不仅日益提高，而且对服务（sv）、文化教育（ce）和环境享受（ev）也有了日趋强烈的追求。[13] 然而只有遵循下列准则，才能保障当代和未来人口生存与发展的公平。

（1）对于区域经济的发展和社会财富的分配，应首先保障人们的基本物质生活水平得以满足，即有

$$C(bm, sv, ce, ev) \geqslant C(bm) \tag{3-17}$$

（2）没有经济的持续增长，就不可能有效地改善人口素质、控制人口增长、解决就业矛盾和社会发展过程中消费追求与供给不足等影响社会稳定发展诸问题，也不能保障环境问题的根本解决。因此有

$$\frac{d\left(\frac{GDP}{P}\right)}{dt}\Bigg/\frac{GDP}{P} = \frac{d\left(1n\frac{GDP}{P}\right)}{dt} = \frac{d(1nGDP - 1nP)}{dt}$$

$$= \frac{1}{GDP}\frac{dGDP}{dt} - \frac{1}{P}\frac{dp}{dt} = \frac{GDP'}{GDP} - \frac{P'}{P} > 0 \tag{3-18}$$

即 $\frac{GDP'}{GDP} > \frac{P'}{P}$。就是说，人均 GDP 的增长速度必须大于零，或当经济增长的速度大于人口（P）增长的速度时，才能不断地提高当代人们的生活水平，满足后代人对服务、文化教育和环境享受诸生活质量持续改善的追求。

（3）区域环境质量的变化与地域面积（L）的大小、人口密度$\left(\frac{P}{L}\right)$、人均经济增长$\frac{GDP}{P}$和单位 GDP 的污染程度$\left(\frac{E}{GDP}\right)$具有下列函数关系，即

$$\frac{E}{L} = \varphi\left(\frac{P}{L}, \frac{GDP}{P}, \frac{E}{GDP}\right) = \frac{P}{L} \times \frac{GDP}{P} \times \frac{E}{GDP} \tag{3-19}$$

对上式两边取对数求导，且将（3-18）式代入，则有

$$\frac{\left(\frac{E}{L}\right)'}{\frac{E}{L}} = \frac{\left(\frac{P}{L}\right)'}{\frac{P}{L}} + \frac{\left(\frac{GDP}{P}\right)'}{\frac{GDP}{P}} + \frac{\left(\frac{E}{GDP}\right)'}{\frac{E}{GDP}}$$

$$=\frac{\left(\frac{P}{L}\right)'}{\frac{P}{L}}+\frac{GDP'}{P}-\frac{P'}{P}+\frac{\left(\frac{E}{GDP}\right)'}{\frac{E}{GDP}} \tag{3-20}$$

显然，区域空间环境的污染变化率与人口密度增加、经济增长速度、单位国内生产总值的污染变化率成正比，与人口增长率成反比。假定人口增长率为常数，或递减至零增长态，相应的人口密度亦呈同态变化，那么要使环境污染变化率呈良性演化，则需要在经济保持适度增长的情况下，借助科学技术、社会利益机制和增强环境消纳能力，使单位产值的污染变化率递减为负值，足以克服因经济增长而产生的生产、生活污染。

3.5.2.3　社会物质利益分配相对公平

为了反映社会收入分配的公平程度，通常采用洛伦茨曲线和基尼系数进行直观揭示，如下图。洛伦茨曲线原理认为，若收入分配是绝对均等或绝对平均的，则洛伦茨曲线为直线 OB，即该线任一点的坐标所对应的收入百分比与人口百分比相等。如中点 D 正好对应收入的 50% 和人口的 50%。洛伦茨曲线与完全均等直线相距愈远，表示不平等程度愈大。基尼则用可计算的指数进而描述这种曲线图所反映的不公平程度，即 $G=\frac{Of_iB\text{ 面积}}{\triangle \mathrm{ABC}}$。

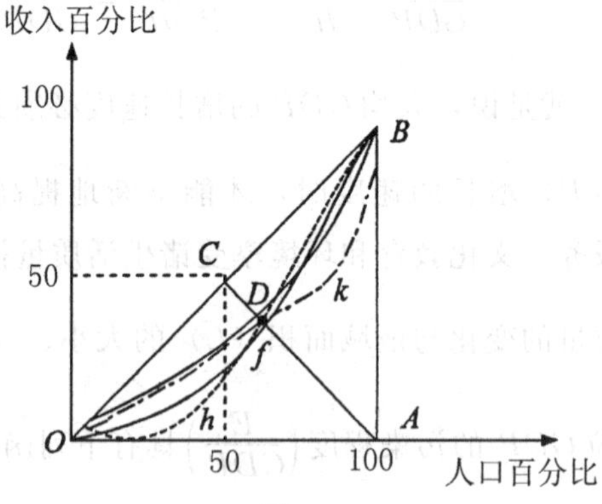

图 **3-1**

需要深入探讨的是，在图 3-1 中，尽管洛伦茨曲线依据不同时空域的收入分配可以形成多条，但可归结为 f_i、h_i 和 k_i 三种类型曲线。其中 f_i 类曲线为旋链线，呈同密度正态分布，即不公平程度分布比较均匀，可用旋链线方程 $y=\frac{a}{2}(e^{\frac{x}{a}}+e^{-\frac{x}{a}})$ 经坐标变换后表示，并通过积分求出 Of_iB 的面积，然后再除以△OAB 的面积，便可得到基尼系数。而对于 $hi_{和}$ k_i 类曲线，假定与 OB 所围成的面积和 Of_iB 相等，则 h_i 曲线表明穷者更穷，富者更富；k_i 曲线意味着收入分配在高低收入群体之间更趋合理些。上述两种曲线可用幂函数、指数函数或二次曲线函数拟合逼近。

社会收入分配的绝对公平是不存在的，社会财富按人口比例平均占有也不是公平原则的最佳体现。由于社会财富是劳动创造的，按劳分配应是公平的，但同样的劳动由于市场供需效应等影响往往又不能获得等价的财富。此外，消费人口既是劳动大军的储备，又是实现劳动价值的载体。因此，综合地按人口比例占有社会财富，客观上存在一个较佳的比例。达到这一比例，社会财富的分配无疑是相对公平的，既可被大多数人口普遍接受，又能促进社会经济的有效发展。

社会财富按人口比例平均分配，这是一种不公平的公平伦理判据，而相对公平的较佳比例应当接近这一判据。在上述平面图中，△OAB 是一个等腰三角形，其重心应在从顶点 A 引向斜边 OB 的 1/3 的 D 点处。由三角形定律知，由 ODB 组成的三角形面积恰好是△OAB 的 1/3，相应地由 f_1 曲线与 OB 直线围成的 Of_iB 面积占△OAB 面积也近似于 1/3。

重心意味着稳定，稳定亦预示了公平。就是说，当基尼系数为 1/3 时，社会收入分配可以说是相对公平的，这不仅有利于社会的稳定，也更能促进社会生产力的协调发展。而偏离于这个稳定值，即基尼系数愈大收入分配愈不平等，基尼系数愈小愈趋平均分配，两者所反映的社会收入分配状态均是不公平的，无疑会影响劳动者的积极性，制约着生产力的快速发展。根据有关资料，[14] 20 世纪 70 年代世界上人均国民收入低于 300 美元的欠发达国家，其中绝大多数国家的基尼系数均大于 0.5，如巴西 0.61，厄瓜多尔 0.66，加蓬 0.65，秘鲁 0.57。相反，人均国民收入高于 1000 美元的发达国家，基尼系数大多小于 0.4，如美国 0.31，英国 0.32，日本 0.31，加拿大 0.32。

显然，愈是贫穷的国家，收入分配愈不公平；愈是富裕的国家，收入分配却愈近公平。诚然，这里排除了社会制度的不同所施加的调控作用的相异。如奉行计划经济的社会主义国家，常采取行政手段克服收入分配中的不公平程度。尽管其经济不发达，但基尼系数有可能低于 0.5 而近于相对公平水平。这样，虽然有助于社会稳定，但却抑制着生产力要素的优化组合和潜能的充分发挥，进而难以满足人们对生活质量提高的追求。

3.5.3 区域公平与代际公平

人类社会的可持续发展既因时代不同而存在质的差异，又因空间分割具有鲜明的地域特征，因而社会公平可划分为代际公平和区域公平。就区域公平而言，由于自然资源和生态环境不同，经济基础和民族、文化、生活习俗及社会制度迥异，因而经济发展的水平、社会文明的程度，以及权利与贡献交换的等价标准也截然不同。然而，无论是一个国家或世界均是一个相对完整的社会经济系统，空间发展的均衡与协同是保障系统可持续发展的基础，于是区域间的物质、能量和人力资本的交换自然需要遵循一定的公平原则。

区域公平除了市场机制下的商品等价交换原则外，依靠资源和区位优势，以及先发展的有利条件和非公平的经济、技术、人才竞争与垄断而发达的国家或地区，有义务和责任扶持贫困落后地区的发展与社会进步，这不仅是人类道义上的公平，也是社会功利上的公平。因为发达国家或地区的发展除了利用自己辖域的资源和人力资本外，往往依靠资本输出、资源输入和不等价交换手段更多地占有了落后地区的资源财富和发展的机遇，以及直接或间接地损害了这些地区的自然环境和公平的竞争基础。此外，没有落后地区的资源支持、市场支撑和其他方面的利益互补及社会的稳定，发达地区的持续高速、高效和稳定发展也将难以为继。因此，发达国家或地区通过物质、人才、技术和资金的支援、利益转让与补偿，以及取弃某些封锁、垄断行为和主动承担责任与义务，协助和促进落后地区的发展与进步，既有益于他人又利于自己，从而在区域的协同发展中有助保障人类社会的可持续发展。[15]

代际公平是指社会公平原则在时间上的体现。作为一个家庭，父母除了依靠自身的劳动维持和保障自己生命力的健康发展外，还需要创造更多的物质财富为后代的繁育营造一个舒适的生存与发展的环境，这既是一种道义和不可推卸的职责与义务，又是一种养老和精神幸福的权利交换。作为一个社会，当代人除了满足自身幸福生存与发展之外，同样有义务和责任为后代人积累更多的财富，以利种的繁衍和社会的延续。

一个家庭的生存和发展可以不顾及当地自然资源存量的多寡和未来环境质量的优劣，父母可以不生育子女，不积累财富，或无须计较与子女在权利和义务方面的等价交换，因为通过异地迁徙和社会保障可以较好地生存与发展。然而，对于一个地区、国家乃至全球的人类社会来说，当代人在满足自身需要的同时必须考虑后代人生存与发展所需的资源存储、环境保障和财富的积累，特别在自然资源日趋紧缺、生态环境加剧恶化和人们生活水平逐步提高情况下，代际公平问题显得愈益重要。

解决区域公平和代际公平问题自然是当代人的责任。只有在公平的伦理原则指导下，按上述实践准则，即从资源可持续利用、生活质量不断改善和社会收入分配相对公平三个方面，有序地调控社会的运行机制，协同人与自然、人与人之间的友好发展，才能最终实现人类社会的可持续发展。[16]

本节首先运用伦理学原理探讨了人与人公平的内涵，以及个人公平和社会公平的基本原则，且提出和论述了绝对公平与相对公平的基本概念及原则。然后从实践角度，提出了可持续发展要求下的人与人公平的基本数量准则。特别是利用洛伦兹曲线和基尼系数原理，以及三角形重心定律，推导出了社会收益分配相对公平的最佳系数；且利用发展中国家和发达国家的基尼系数论证了这一最佳系数的合理存在和相对公平的判别准则，从而拓展了洛伦兹曲线和基尼系数原理，且为衡量可持续发展要求下的人与人公平提供了新的社会财富分配计算公式和分析思路。

3.6 小结

本章在剖析人类与自然生命力系统的双螺旋形进化过程及其相关主形态演化趋势的基础上，提出了人类社会由生存、发展到可持续发展的“三阶段”演化学说。嗣后，依据“三种生产论”分析和评价了生存与发展阶段的特征和规律，探讨了可持续发展的内涵及其演化阶段的基本特征与行为准则。

本章参考文献：

[1] 卫恒永．人类向自然界学到了什么．图形科普．1997（3）

[2] 叶文虎，毛志锋．三阶段论——人类社会演化规律初探，中国人口、资源与环境．1999（2）

[3] 毛志锋．区域可持续发展的理论与对策，武汉：湖北科技出版社，2000

[4] 埃德加·莫林等著．马胜利译．地球、祖国，北京：生活·读书·新知三联书店，1997

[5] 毛志锋，叶文虎．论“天人合一”与可持续发展．人口与经济．1998（5）．1—6

[6] 毛志锋．论环境文明与可持续发展．中国经济问题．1998（1）．48—55

[7] 毛志锋，叶文虎．论适度人口与可持续发展．中国人口科学．1998 (2)．
[8] 李如生．非平衡态热力学和耗散结构．北京：清华大学出版社，1986
[9] 毛志锋．论人与自然的和谐．地域研究与开发，2000 (2)，1—6
[10] Karl-Goran Maler: Environmental Economics-A Theoretical Inquiry, Resources for Future, U. S. A., 1974
[11] 张金水．确定性动态系统经济控制论。北京：清华大学出版社，1989
[12] 王海明，孙英．寻求新道德，北京：华夏出版社，1994
[13] 毛志锋，叶文虎．论可持续发展要求下的人类文明，人口与经济，1999 (5)，1—6
[14] 李卫武．跋涉世纪的大峡谷，武汉：湖北人民出版社，1997
[15] 毛志锋．区域可持续发展的机理探析，人口与经济，1997 (6)
[16] 毛志锋．论可持续发展要求下的人与人公平，人口与经济，2000 (3)，1—7
[17] 牛文元，毛志锋．可持续发展理论的系统解析，武汉：湖北科技出版社，1998
[18] [荷] 盖叶尔·佐文．社会控制论，北京：华夏出版社，1989
[19] 马世骏．现代生态学透视，北京：科技出版社，1990
[20] [美] B. B. 曼德布罗特 著，陈守吉，凌复华译．大自然的分形几何学，上海：上海远东出版社，1998
[21] Coveney P. Highfield R. The Aroow of Time: Avoyage through science to solve time's greatest mystery. London: Great Britain, 1990
[22] Mesarovic M, Pestel E. Mankind at the Turning Point. New York: Dutton, 1974
[23] Cole S. Thinking About the Future: A Critique of "The Limits to Growth". London: Susses University, 1973

第 4 章　物质文明与资源利用

4.1　引言

可持续发展既然是人类社会进化的最高历史阶段，从而决定了人类为了自身的利益，不仅需要修补、和谐人与自然之间的相依关系，而且需要妥善地处理人与人之间错综复杂的内在利益矛盾和文化、意识形态方面的激烈冲突；不仅需要在理论上进行理想性发展蓝图或模式的研究，更需要面对社会实践进行可行性的理论和方略探索。

人类从一出现在地球上，便是在利用自然资源的过程中发展的。人类的物资生产首先是依靠自然界提供的资源，然后经过劳动将自然力转化为物质产品和社会财富，在不断地满足人类物质所需的过程中，推动着人类社会的可持续发展。

然而，由生命有机体和非生命无机体组成的自然生态系统，其物质、能量在一定时空域内的有效供给却总是有限的。这不仅指以矿藏为主体的不可再生资源的供给是有限的，且以生物为主体的再生资源同样在转化无穷无尽的太阳能过程中，所能提供人类享用的盈余物质、能量也客观地存在一个阈值。人类生产活动的索取若超越这些有限界定，则必然破坏自然生态系统中物质的有机转化和能量流动的内在均衡，以及固有的自组织调节功能。为了满足人类社会经济系统的持续发展，若欲望将自然生态系统的物质、能量的有限界定推向无限持续供给，则需要在积极保护生态环境、补偿和调节其生产功能的同时，更需要借助先进的科学技术和社会经济机制，调整产业、产品结构和人类的物质生活消费方式，从而最大限度地节约和有效地利用自然资源。也就是说，作为能动的人类，需要建树新的物质文明观，通过改进生产和生活方式，以便能为子孙后代的幸福生存留下较充裕的自然资源和可拓展的环境空间。

4.2 生产剩余与消费剩余

作为自然界的一员，人类只有充分认识生物链营养级物质能量的转化和剩余规律，才能有效地把握自身的生存需求和维持生态平衡；作为人工生态系统中的能动主体，只有充分认识生物的生长特性和演化规律，才能有效地培育和保护生物以加速自然能量的转化。同时，人类也只有充分地认识自身适应和合理利用自然而发展的规律，才能保障人类社会的可持续发展。

4.2.1 人与自然和谐的生态结构与能量转化

自人类诞生之后，历经数十亿年沧桑变化的地球自然生态系统迄今已基本不复存在，于是人类社会与自然环境的对立统一便成为地球人工生态系统演化的中枢。人类不仅以其对自然规律的认识和适应而生存，也按其需要通过不断地改造自然环境来丰富自身的发展。人虽源于自然，人的生物属性无法摆脱自然环境的决定性制约，但人依靠社会属性成为自觉主体后已不甘于自然本能对自己活动的主宰，而是依赖自身的能动作用对外在的自然环境进行征服以满足日益增长的需要。于是，人与自然的矛盾对立便成为地球人工生态系统功能退化、结构涨落的“祸根”，既使自然生态循环失衡、失序，反过来又使人类社会陷入生存和发展的危机。诚然，导致两败具损的根源是人自身生产的无节制、物质生产对自然力利用的超度和凌驾于自然之上的人类中心主义的征服观的作祟。因此，探讨人与自然协同进化的规律，重建与自然的和谐关系和共生互利机制，则是实现人类社会可持续发展的核心议题[1]。

建立在自然生态基础上的人类社会是一个高级的复杂系统，她的发展不仅不能违背生态系统的自然法则，而且借助人的能动作用在认识自然规律、利用自然力的基础上，通过和谐人与自然的相依关系，以保障人工生态系统的稳定演化。这是人类的基本职责，也是以人为本谋福利于当代和未来人口所需的根本利益所在。和谐人与自然的关系需要协同两者内在能量的供需，于是需要解析人工生态系统内在的结构和协同机理。

按传统的生态学观点，自然生态系统是由以太阳能为能量来源的植物生产者，以食植和食肉为生存的动物消费者和依靠动植物残体谋生的微生物分解者，以及非生物的自然环境组成。尽管各具不同形态和能级的自然生态系统，具有相异的生产者、消费者和分解还原者，但却按营养链形成了不同性质和规模的物质、能量与信息传导的组织结构、功能系统。广义而言，组成生物系统的植物、动物和微生物不仅是生产者，而且也是消费者。作为初级生产者的植物，以消费环境中的光、热、水、温和土壤矿物等无机质而生长发育，既生产出有机质和释放大量的氧气供动物和人类享用，又通过自身的群落组织功能涵养水源和调节着环境的质量。食植食草动物在消费植物、异类低级动物，以保障自身生存和繁衍后代的同时，也生产出可供高级动物和人类享用的肉皮毛类产品。以动植物残体为消费对象的微生物，不仅生产、繁衍出自身和族类，提供人类所需的菌类物种、物质，而且将有机物还原为无机物复归于环境，从而保障了自然生态的循环。

作为社会经济系统中的人，既是生产者、消费者，又是分解者。能动的人类不仅依靠自身的体力和智能不断地转换自然的物质能量来保障自己的生存和发展，而且通过培育动植物提高对太阳能量和环境无机物的利用，以便生产出更多的有机物质在满足自身需要的同时，促进生物物种和群落的繁衍；通过培育更多的微生物，研制与开发有效的“三废”降解、治理技术和采用社会经济措施，以保障环境质量和促进生态系统的良性循环。值得注意的是，对于动植物的残体和人类社会生产抛弃、生活排泄的“三废”等物的分解还原，不仅需要微生物和人工技术措施，而且还依赖于自然的风化、热解、水稀及其他自然力过程。因此，我们可以分别将微生物、其他自然过程，以及人类的还原技术与社会措施视为相对独立的分解者来参与人工生态系统的循环。这样，便可得到下列人工生态系统的结构图，旨在有助于解析人与自然和谐的关系，探讨其间有序运行的机理。

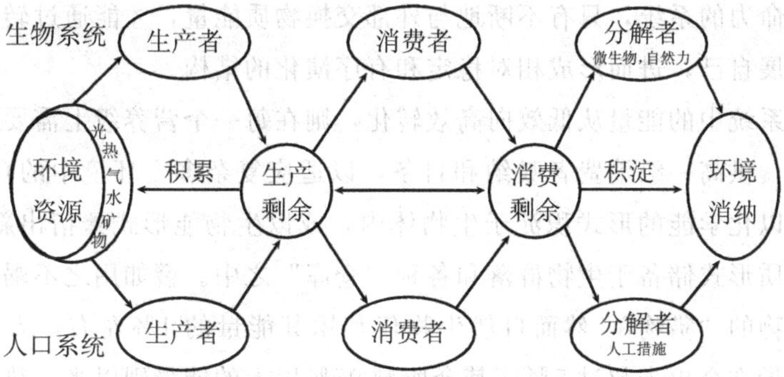

图 4-1　人工生态系统的结构

从图4-1可以看出，由生物、环境和人口组成的人工生态系统是依赖能量的转换和供需而耦合共存的。自然环境为初级生产者提供植物生长所需的能源和地质条件，然后植物以其能量剩余供养食植动物的生存与发展；同样，食肉动物消费食植动物的剩余能量来延续生命和繁衍后代；寄生于动植物和人体内或生物群落、环境场中的微生物以消费其残体和排泄物等为生，且与自然力作用过程合作，通过分解、降解、合成还原物质能量于环境，以维持自然生态能量的平衡循环。人同样既是生产者，又是消费者。作为生产者的劳动人口，不仅依靠转化生物能量和创造社会财富再生产出生命力，而且还需生产出更多的物质、能量剩余以满足后代和受养人口生存与发展的需要。人类的诞生已打破了自然生态的循环，人口的地域超载和现代社会生产力的加速发展更加剧了生态环境的自然循环危机。因此，需要利用人工技术和社会法规、经济机制，以及道德规范等措施分解人类生产和消费的残物剩余，在减缓环境压力的同时促进生态系统的良性循环。

4.2.2　人与自然和谐的内在机理与准则

伴随人口规模的日益膨胀和作用于自然能力的不断加强，纯粹的自然生态系统基已消失，地球表层更多地呈现为以人和自然交互作用的具有不同类型和功能的人工生态系统。它们不仅吸纳地球外部环境中的光、热能量和地球系统内部的水、温、矿物等资源，而且不同类型生态系统、不同营养级之间也客观地存在着物质、能量和信息的交换。因此，由生物、人类和地球环境组成的人工生态系统是一个开放的能量输入输出系统。系统的开放性，既决定了状态空间的动态和结构相对稳定特征，也表明了系统能量转化和积累的内在本质。一个具有生命力的系统，只有不断地与外部交换物质能量，才能通过转化、积累过程而发展自己，进而形成相对稳定和有序演化的结构。

生态系统中的能量从低效向高效转化，则在每一个营养级上需要有较多的生产剩余，供高一级消费者吸纳和自备，以适应复杂多变环境中的自我调节。这些剩余以化学能的形式积淀于生物体内，或以生物能形式繁衍出新的物种，抑或以物质形式储备于生物群落和各种“仓库”之中。譬如用之不竭的太阳能是绿色植物的“猎物”，然而自然生物仅利用其能量的1%左右，人工培育的植物利用量迄今也未超过5%，其余所剩95%以上的能量则以光、热能形式耗散于宇宙，用于调节天体循环，减缓灾变，满足人与其他生物需要，乃至保障绿色植物的特殊、极限需要，而并非一种经济意义上的浪费。食植动物通常也仅消耗植物能量储备的 10%，这意味着约有 90%的植物能用于植物本身的需要和满足人类及其他生物的需要，以及保障生态系统的稳定。另据研究，食肉动物的生物能转化效率也仅 15%左右，[2]而依然有大量的能量剩余供人类或其他异类动物和微生物消费。于是，在生物系统中便形成了以营养链为序列的生态能量金字塔，相伴而随的是生物个体（种群）数量的金字塔和生物异质多少的重量金字塔。这不仅使生物系统具有丰富的物质能量，以满足自身的生存和种的繁衍，而且能够缓冲外部环境的振荡和维持生态的平衡。

人类是以转化自然力为其生存和发展的基础，不仅直接索取生物剩余，而且通过培育动植物和采掘、加工矿物及其他能源来创造更多的剩余，以满足和丰富日益增长人口的生活需要。值得指出的是，由于非生物资源和生物产品剩余供给的有限性，人类社会的物质剩余有别于生物剩余应适度，以便在保障人口消费需要的同时，避免人类对自然的过度开发利用。

如果说生产剩余是满足生物和人类生存与发展需要的物质和能量变换的“即时储蓄”，那么消费剩余则是满足其需要的物质和能量变换的“长久储蓄”。原始的自然能量经过生物和人类的生产过程变成不同形式的物质产品，意味着能量由低效向高效的转化。而动植物和人类的残体、排泄及生产过程中的废弃物，则需要借助微生物和人工技术将其转化为低效的能量复归于自然，以保障生态系统的能量均衡和环境质量的洁净。生物的消费剩余易于被微生物和自然力分解、消纳，而当代人类的生产和生活消费剩余不仅较难被消解，且量大不易扩散，因而造成环境的严重污染和沉重背负，既危及人类的生存和发展，也危害着生物的繁衍。资源短缺危害着人类的生存与发展，而环境污染和消纳功能的退化，不仅威胁人类也窒息着生物的进化。由此看来，如何把握物质、能量生产剩余和消费剩余量的多寡与运行机制，则是和谐人与自然相依关系的关键。

人工生态系统的稳定既取决于外部能量的供给，又依赖于生物系统和人类社会的生产剩余的供需与消费剩余的分解还原。就生物系统而言，保障自然生态系统良性循环的基础，一是植物物种愈多，群落结构愈复杂，意味着生物量愈大，因而能够提供更多的剩余满足食植动物和人类的需要；二是食植动物的种类和数量，不仅能适应、依附于植物种群的物质提供和群落结构的生态环境而生存、发展，且其能量消费的规模不能超越植物剩余能量的承载；三是微生物的繁衍数量和消解功能，要能够还原动植物和人类的消费剩余于环境；四是适应于地域环境生存的生物，要有合理的群落结构。

对于人口系统来说，认识、适应自然规律，在此基础上合理地利用自然规律，则始终是人类社会可持续发展的核心议题。作为自然界的一员，人类只有充分认识生物链营养级物质能量的转化和剩余规律，才能有效地把握自身的生存需求和维持生态平衡；作为人工生态系统中的能动主体，只有充分认识生物的生长特性和演化规律，才能有效地培育和保护生物以加速自然能量的转化。同时，人类也只有充分地认识自身适应和合理利用自然而发展的规律，才能保障人类社会的可持续发展。为此须遵循下列原则：一是人口生产的增长和消费水平的提高，既需要考虑到生物的生产剩余，也要顾及社会的生产剩余及自然资源的潜在转化能力，即人口消费的总需求不能超越保障生态平衡所需的生物生产剩余和有助于社会物质生产持续要求下的人工生产剩余；二是人口的生活消费在保障基本物质生活得到满足后，应转向对服务、文化教育和环境享受的消费追求，[3]而不宜于对物质消费的无尽贪婪，以便能为后代留下较足的不可再生资源；三是社会生产和生活的消费剩余不能超越生态环境的消纳能力，即不能因过度污染而降低环境质量和使生态良性循环功能退化。这要求除微生物消解和自然力融化能力之外，人工降解技术和保护措施的功能应强于污染物的剩余危害。

综上所述，从能量转化方面我们可以得到下列人与自然和谐的基本准则：

准则Ⅰ：生物链能量转化剩余服从

$$B_{1s} >>> B_{2s} >> B_{3s} > \cdots B_{ns}$$

式中 B_{is}（$i=1$，2，.3...n）依次为植物、食植动物、食肉动物及至人类所能消耗的生物能量剩余。

准则Ⅱ：社会生产能量转化剩余服从

$$P_S = \sum \alpha_I B_{is} + \sum \beta_i R_i - \theta P \geqslant 0, \text{且有 } 0 < \alpha_i << 1, 0 < \beta_i << 1$$

式中 α_i 分别为不同生物资源能量的人工利用转化率，β_i 为各种不可再生资源能量的人工利用转化率，R_i 为相应的不可再生资源的即时探明储量，θ 为人均物质能量消费，P 为人口数量。

准则Ⅲ：消费剩余的消纳服从

$$(1-\varepsilon_1)\sum c_i B_i + (1-\varepsilon_2)(d_1 P + d_2 M) < E$$

式中 ε_j（$j=1$，2）分别为微生物、人工治理、资源回收技术和自然力消解废弃物的能力系数，c_i（$i=1$，2，n）依次为不同营养级动植物的废物排放系数，$d_{\kappa}(\kappa=1,2)$ 分别表示人均生活消费排放系数和社会生产过程中的“三废”排放及引起水土流失、沙化等方面的单位数量或产值损害系数，M 为物质生产总量，E 为环境消解能力。

4.2.3 发展与保护的双重变奏

如果说，“增长”是指满足人们基本物质生活需要而对资源开发利用规模的扩大和经济总量的增加，那么“发展”则不仅意味着物质财富的增加，更着眼于人们生活质量提高要求下的经济和社会的全面有效变革或开发。在当代资源短缺和环境恶化情况下，“发展”又附加了“可持续”的前提条件，即保障生态环境良性循环和满足后代人需要前提下的发展。于是，相对于开发意义上的全面发展与满足持续需要条件下的积极保护便成为人类社会可持续发展的两个车轮，即既要发展又要保护，以发展促保护，用保护维持更好的发展。

为满足人类的生活需要，人们需要依靠自己的劳动通过采集、培育、开采、冶炼、加工等措施不断转化生物和非生物能量，因而在人口日趋膨胀压力下和以生存、物质消费追求为主要特征时代，社会以粮食、基本物质生活用品的数量和产值的增长为主要目标。于是，大量开垦原野，毁林开荒，围海造田，大规模地开发矿藏，开采化石能源，发展以钢铁冶炼、制造和加工业、化工、电力为主体的物质生产成为社会生产力和经济增长的主要形态。伴随而来的不仅是劳动力需求增加引起的人口规模的高速膨胀和物质财富的快速增长，而且导致水土流失、土壤沙化、生态循环失衡、自然灾害频繁及至社会矛盾的加剧。数千年来的人类社会实践和沉痛的历史经验教训表明，这种单纯地依靠对自然的无度索取来换取物质财富量的增加和经济的增长，既引起自然界日趋强烈的无情报复，也难于稳定社会的有序进化和改善人们的物质生活水平的持续提高。因此，以自然资源的广泛开发和有效利用、人口数量增长的控制和素质的提高、物质的极大丰富和与精神财富的双重增加、依靠科学技术全面推动社会生产力和使国际社会经济一体化的发展，则成为 20 世纪后半叶人类社会进步的主旋律。

显然，由经济的“增长”过渡到社会经济的全面“发展”，虽然历经了长期的社会实践和磨难探索，但毕竟是人类由农业社会向工业社会过度的物质文明的进步，由单一的物质文明向物质、精神双重文明的跃进，由片面追求经济产量、产值的增加上升到经济效益的苛求，乃至社会和生态效益的兼顾。于是，伴随工业现代化的进程，不仅发达国家率先由经济的外延扩张转向内涵效益挖潜的发展，人口数量渐趋零型增长和素质显著提高，大力借助科学技术促进经济的繁荣和社会的文明；而且发展中国家在接受发达国家惨痛经验教训的基础上，也正在由依靠资源转换的粗放型经济增长转向劳力、资金和技术密集型经济的发展，人口数量的过度膨胀开始得以控制和人口素质有所提高，缩短与发达国家的差距和尽快提高人们的物质生活水平成为主要奋斗目标。

尽管“发展”的思维定式和现代工业化的广度实践，使人类社会的物质生活水平有了显著的提高，世界经济的一体化和社会文明取得了前所未有的发展；然而伴随物质财富充裕和商品生产过剩的同时，自然资源特别是以化石能源为主体的不可再生资源的紧缺和环境污染的加剧，以及因生态修复功能退化而引发的自然灾害频繁和强度的日趋加大，直接形成了全球性不可持续发展的危机。此外，因人口生育规模惯性膨胀和物质消费加速增长的双重压力，以及失业和贫富差距加大引起的社会动荡，也使人类深切呼唤“需要可持续发展的未来”。因此，传统的以物质财富为枢纽的资源的广度开发、经济的“高生产、高消费、高污染”和物质利益机制的全球化的发展模式已难以为继，以社会、经济的有效发展和资源、环境的积极保护为主体的发展战略将成为未来人类社会可持续发展的主导。

由于生物资源剩余利用的有限界定和不可再生资源的日渐稀缺，人类社会为了持续发展就必须在开发中积极保护生态系统的物质、能量生成的自循环机制；在持续丰富社会物质财富的同时，充分依靠科技进步提高自然资源的利用效益和最大限度地节约资源，以便能为后代留下宽裕的生存与发展空间；在适度满足人们基本物质生活消费的同时，通过大力发展第三产业来改善其对服务、文化教育等精神消费的需求；在合理人口和生产力地域格局，减少和治理城乡“三废”污染的同时，通过植树造林，根治沙化荒漠滩涂，建立自然保护区等措施积极保护生态环境，以便减少自然灾害的侵袭，改善当代和未来人口的生存和发展环境，提高其生活的质量。

实现人类社会可持续发展的上述目标，谐和人与自然的相依关系和物质能量的有序转化是根本，这不仅需要以人为本，即以人类社会的长久发展需要和人们生活质量的根本改善与提高为目标，充分发挥人的能动作用认识自然规律，依靠科学技术有效地转化自然力，在节约自然资源和保护好生态环境的基础上，尽可能地丰富人们的物质、文化生活和精神需要，提高人类的生存质量；而且要以人与自然的互利共存为宗旨，即改变人听命于自然的宿命观和人类征服于自然的唯我观，通过调整社会、经济、人口结构和利益机制，以及改变消费模式，来和谐人口、经济、社会、资源、环境的相依关系，从而实现人类社会的可持续发展。

本节从人与自然耦合演化的人工生态系统研究入手，为了揭示其内在物质、能力的转化规律，提出了生产剩余和消费剩余的概念，并以此建立了人与自然耦合的框架结构；剖析了人与自然和谐的内在机理，提出了相应的“剩余准则”；进而从生产剩余和消费剩余角度，论述了发展与保护的协同机理和对策。尽管这里初步形成的“双剩余理论”还有待深化和完善，但她有效地揭示、阐释了人与自然和谐的机理、准则和宜采用的对策措施。这无疑为探讨人与自然和谐要求下的可持续发展问题，提供了一条创新的途径和理论依据。

4.3 经济发展与资源利用

美国人口学家哈特利（S. F. Hartley）博士曾精辟地论道：“人口离不开多种资源，反过来资源的供应又有赖于人类社会对资源的用途和价值的认识，以及人类利用各种潜在有用物质的技术状况。”显然，人类从一出现在地球上，就是在利用资源的过程中向前发展的。人类的经济生产首先须利用自然资源提供的劳动对象和天然的生产工具，然后经过劳动将自然力转化为社会物质产品，以供人类生存所需。由此看来，经济发展是人类为满足自身生存和发展而进行资源的物质、能量转化的桥梁，而资源又是经济赖于发展的基础，资源的短缺必然制约经济的发展，进而威胁人类物质生活水平的提高。

4.3.1 自然资源是经济发展的基础

自然资源是一切物质财富的基础。离开了自然资源，人类的生存和发展就失去了前提条件和支撑的源泉；没有人类对自然资源经济价值的不断认识和开发利用，就不会有人类今天的繁荣和昌盛；不能有效地利用、节约和保护自然资源，人类社会亦难于可持续性发展。因此，根据自然资源的本身属性，探索自然资源潜在使用价值的转化和可持续利用是人类社会、经济活动的根本所在。

哈特利曾定义自然资源为“在某些方面能为人类利用以满足其需要的任何

一种物质或自然产品，以及通过当地或外地人的开发和经营能够得到在交通、军事或娱乐方面的价值。”[1]英国的卡尔·索尔（Carl Sauer）更形象地指出：“资源是文化的一个函数。”[1]就是说，作为自然赐予的物质和能量只有被人类所开发利用，被人类所认识、加工、转化为具有使用价值或价值的生活与生产资料的自然资产，才能称其为自然资源。在人们发现起用途和人类文化发展到能对之利用之前，它对人类是没有什么实际价值和意义的。

自然资源的客观存在和时空有限属性，决定了她的价值不仅表现在物质转化上的使用价值，加工和交换中的经济价值，旅游观光方面的欣赏价值，而且在物种繁衍、气候调节、水土保持等生态循环、环境保障方面更多地体现出对地球生物和人类社会的服务价值，并且间接地服务于经济发展和满足人们生活质量提高的多元需求。作为经济发展基础的资源服务功能主要体现在下列主要资源的供需转化和保障方面。

1. 土地资源

土地乃万物之本。土地不仅为一切生物和人类提供生存空间和立足点，而且土壤点有机和无机物质供给是作物和其他绿色植物高效转化太阳能，以供人类和其他生命体存在的物质基础。从人类诞生伊始，一切物质生产和社会存在都是以土地为基础。从生产力发展方面看，土地为一切生命的滋生、存在和繁衍提供了环境，为人类进行生产和生活活动提供了场所，为社会、经济的发展提供了一切初始物质资源。她同人力资源和资本资源进行结合和配置，将潜在的自然物质逐步转化为现实的社会生产力，以满足人们的基本生存需要，并推动着人类社会的物质文明。就生产关系而言，土地的所有制决定了以土地所有制为基础的社会生产关系的其他环节，即在生产过程中人们所建立的相互依存和利益分配关系。她决定了在一切社会中，由国家或社会集团对土地实行垄断经营、生产调节和资源保护的必要性。

土地作为“自然的恩赐”，具有生产能力和空间载体的自然属性。但自人类开发利用后则附有强烈的社会和时代痕迹，始终被看作是人类最有价值的不动资产。由于土地资源数量上的有限性，经济供给上的稀缺性，地理位置上的固定和性能上的多变性，以及土地报酬收益递减的可能性和经营上的社会阶层垄断性，因而土地资源的多寡、质量的好坏而直接制约和影响着生物能量的转化及每一国土疆域经济的发展和人口的承载。人类和其他生物都具有占有和保护与其生存“福利”相关的土地的固有本能。作为能动的人类，如果占有土地空间和消耗其能量太多而又不能给予至少平衡性的营养补偿，势必压迫其他生物生存的基础，破坏自然环境物质能量的生态循环，最终也会威胁到人类自身的生存和发展环境的改善。

在人类利用自然资源的历史长河中，从土地比从矿藏资源取得的产品要多得多。据有关资料分析表明，高度发达的美国，从土地取得的产品同从矿藏获得的产品相比较，1895年为93∶1，到1954年仍高达84∶16。[1]足见土地资源对人类生活影响的主导性，特别是世界人口加速膨胀和人们生活质量愈加要求提高的21世纪，土地资源的稀缺、生产能力的强弱、产业和人口能否合理格局，以及其开发和保护是否优良，将直接关系到一个国家或地区的可持续发展问题。

2. 淡水资源

水是一切生命体得以存在和发展的源泉。从生物进化的角度看，最原始的生命体是在水里诞生的。生物的进化从水生到陆生须臾离不开水资源的供给，自古以来世界人口几乎都是生活在容易获得淡水资源的地方，且主要沿着河流、湖泊和海岸线分布而居。只要淡水资源充足，农牧业和工商业的发展就比较迅速，居住的人口就会倍增，文化教育和科技事业也必然兴旺发达。

没有水，地球如同月球一样，将是一个无生命的星球。尽管我们栖息的这颗星球表明的70%被水覆盖，但淡水资源不仅非常有限，而且还以惊人的速度被污染、渗滤、盐碱化，原本欠缺的水资源因人口剧增、消费水平快速提高和水体污染加剧而更显匮乏。难怪专家们警告说，淡水供应将是21世纪制约人类社会可持续发展的主要环境和政治问题。生态学家指出，资本密集型农业产生的化学残留物和工业废弃物已严重地危害着地面水质和地下水资源的保障；滥伐森林不仅造成水土流失，而且使一条条河床干涸、盐碱化。据世界卫生组织统计，全世界现有10亿以上人口的饮用水不符合卫生标准，发展中国家每5人中就有3人缺乏干净的饮用水。另据研究，墨西哥城的人口现达2600万，致使寻找补充水源的范围和难度倍增。在西班牙的古老城市塞哥维亚，人们佩戴着救世主的塑像求雨，以免这个国家因沙漠、干旱和污染而使每年损失数百万的土地，导致粮食生产和民族生存危机。

水质污染和淡水欠缺，也严重地影响到海洋生物和陆地动植物的生长，使海洋捕捞量减少，农产量下降。如挪威南部的5000个湖泊中，因酸雨等化学污染已有1750个湖泊鱼虾绝迹，另外900个也受到严重影响[1]。

所以，控制人口持续膨胀，调整生产经营结构，节约用水，根治水体污染，发展林业蓄水，采用先进科学技术净化污水，淡化海水，实现水资源的良性循环使用，避免人为的破坏而使水源枯竭，势必成为全球政治家、科学家和普通民众为实现人类社会可持续发展的紧迫呼唤。

3. 能源

能源是人类得以生存和演化的先决条件，是社会和经济发展的重要基础。能源的开发利用程度，往往标志着社会生产力和人类生活提高的水平。从古时的钻木取火到当代原子能的开发利用，人类一直为获得更多的高效能的能源而进行不懈的奋斗。

现代经济的发展和人们生活条件的改善须臾离不开能源的支持。一个国家的经济越发达，人均生活水平愈高，对能源的使用量就愈大。根据1952—1975年的统计资料分析，在主要发达国家中，日本的能源消耗量增长最快，平均达8.8%，相应地GNP也以8.7%的最快速率而增长；而英国的能源消费增长最慢，年均为1.1%，其GNP的增长速度也只有2.7%。1990年世界人口为53亿，其中发达国家仅占23%，然而能源消费量却占全球总消费量的75%。1996年占世界人口约5%的美国，其能源消耗量则是世界的25%，相应地GDP份额也达21%。

由此看来，在现代化建设的进程中，若要加快国民经济的发展和显著提高人们的物质生活水平，就必须保证能源消费以等价的速率增长。否则，因能源供给不足就会造成不可估量的损失。如1974的世界能源危机，美国因能源亏空1.16亿吨，导致GNP减少了930亿美元；日本能源欠缺0.6亿吨，GNP减少了485亿美元。据估计，由于能源供给不足所引起的国民经济损失，大约为能源本身价值的20～60倍。在21世纪全球人口膨胀和生活提高压力下，要保障经济的持续快速发展，能源的大量供给和高效利用必然成为各国政府关注的焦点。

我国的现代化建设对能源的需求目前以年均3.5%的速度在增长，预计未来20年，将会增长1倍，从而使我国成为与欧洲一样的能源消耗大户。然而，我国的能源消费结构目前以占4/5的煤炭为主，在二氧化碳的排放上仅次于耗煤占总量50%的美国，占世界总排放量的14%。据世界银行估计，在世界的大城市中，每年因空气污染而过早死去的人有20万（参考消息，2001，3，2），而我国有世界污染最严重的城市，且近在600个大中城市中普遍存在着大气和水源的污染。伴随经济较快发展和石油总储量下降，能源的保障供给和清洁性能源的开发利用势必成为我国现代化建设和可持续发展的“瓶颈”。

4.3.2　资源短缺与持续利用

在 20 世纪 70 年代初，罗马俱乐部曾以“增长的极限”宣示了人类社会面临人口膨胀、资源短缺、环境恶化和经济发展难以为继的“末日”危机。这既是一种对人类社会发展能否持续的过度忧患，又尖刻地告诫各国以加速工业化进程推动经济快速增长所招致的全球性发展危机。嗣后，朱利安·林肯·西蒙则以“没有极限的增长”乐观地驳斥了这种“危机观”。在他看来，资源短缺是“杞人忧天倾”，技术进步和市场机制足以使人类解决这些“危机”，人类的发展不存在“增长的极限”。尽管悲观派和乐观派就人类社会发展和资源利用大相径庭的论点均有失偏颇，过于悲观或乐观，但她毕竟引起全球对资源利用和人类可持续发展问题的深刻思考。

尽管人类开发利用自然资源的能力是无限的，但地球上可供开发利用的自然资源必定存在多维极限阈值。虽然我们还不能全面确切地估计到不同类自然资源的经济极限利用阈值，但是由于不同时空域自然循环中的滞胀和灾变效应，其他生物资源的灭绝和生存萎缩，可供人类开发的非再生资源的日趋减少或枯竭，以及人类实际开发利用能力的局限，均迫使人类需要重新认识自身与自然的相依关系，需要控制和调节自身的再生产与经济的再生产行为，以便在改造自然、开发利用自然资源中，适应自然，平衡自然界的有序演替。

从广义资本角度看，要把自然资本转变为社会财富，需要借助人力资本、经济（资金）资本和以科技、政策与调控机制为主导的社会资本的耦合作用，即有关系式：$y(t)=f(L, K, N, S, t)$，其中 $y(t)$ 为某一时间的物质财富或效益，L、K、N 和 S 分别代表人力资本、经济资本、自然资本和社会资本。投入于物质生产或经济活动过程的诸资本要素的数量、质量不同，其产出效益也不同。假定低质量的人力资本和一般生产工具的投入对自然资本的转化效益为线使一般或高质量自然资源的转化效益呈现出指数效应，即 $y(t)=A_0e^{-\lambda t}f(GL, GK, N, S, t)$。这是由于高素质的人力资本和先进的技术、设备的投入能使有限的无机资源得到合理的开发和充分的利用，能使生物资源形成合理的结构配置，并经人工培育和遗传进化，不断产生高效益的生物能量，以满足人口增长的消费需求；能够不断扩大自然资源的利用和生产规模，以便创造出更多的使用价值，即 $y(t)=\lambda f(GL, GK, N, S, t)$，那么高质量的人力资本和高新技术及技术设备的投入，就可以提高经济效益；有助于寻求替代资源和节省自然资源，以免耗不可再生资源的耗竭和稀缺性资源的供给不足而影响经济的发展和人们生活质量的提高。

值得注意的是，上述这些是以社会资本的保障为基础的。就是说，没有社会的稳定、政策措施的得当、利益调节机制的有效激励和管理的不断改进这些社会资本的保障，自然资本、人力资本和经济资本不可能合理配置和协同发挥正向放大作用的。因此，为了更好地发掘、利用、节约和保护自然资源，除了重视人力素质提高、技术进步和资金投入外，着力于制度改革和社会调节机制的不断完善，才能使自然资源更为有效地促进经济的持续发展。

通常，一个国家或地区的产业结构与资源利用结构是密切关联和相互匹配的。以农业为主体的产业结构，对土地、水和生物资源的开发利用居于主导地位；工业的强势发展，必然需要以能源为主的资源支撑。因此，为了能够有效地开发利用自然资源，节约和保护紧缺型资源，防止和减少环境污染、水土流失及灾变，适时地调整产业结构应是中心环节和关键所在。因为，对于一个国家或地区的社会经济发展来说，只有在统揽全局的基础上，适度超前地调整产业结构，才能有助于带动生产和生活资料消费结构的调整，有助于推动科学技术的开发和利用，进而在促进经济发展的同时，高效和节约利用资源，开辟新的资源，减少污染和破坏，有能力保护资源和环境。除此之外，加强政策引导、法规体系建设和不断提高管理水平，以保障自然资源的可持续利用。

4.4 生产均衡与科技进步

伴随人口规模的膨胀和消费水平的加速提高，支撑人类社会或区域系统可持续发展的自然资源必然有限，生态环境相对容量日趋缩小。在人类须积极控制自身生命生产和生活消费无度膨胀的同时，只有依靠科技进步和使生产均衡性发展，以便有效地利用自然资源、改善和保护好生态环境，方能避免或弱化自然危机，延续人类的生存和发展。

4.4.1 生产均衡发展的理论基础

传统经济理论认为，决定人类社会进步的基本因素是社会生产力的发展，而决定社会生产力发展的基本要素则是劳动力、资本（生产资料）和科技进步。这三个基本要素对社会经济发展的作用具有下列不同的组合表现形式：

(1) 在科技进步水平保持不变情况下，单纯依靠增加劳动力和资本的投入，可以成比例地增加生产产出并能取得相应的规模收益；

(2) 在科技进步水平、劳动力和资本投入保持不变条件下，通过资源重组、制度创新和产业结构调整，同样能增加产出，推动经济增长；

(3) 在劳动力和资本投入不变，以及经济结构优化余地逐渐缩小情况下，间接或直接的科技进步则是提高社会生产率，促进社会经济发展的力量源泉。

然而，伴随当代世界人口剧增压力和社会生产力的快速发展，资源供给日益短缺，且其开发利用难度显著增加；环境污染愈趋加剧，生态失衡后的自然灾害则频繁滋生。于是，既因生产成本提高和资源生产力退化制约着经济生产的有效增长，从而危害着当代人的生存与发展；亦因资源的日渐枯竭和环境消纳功能的退化，而威胁到未来人口的幸福生活。因此，虽然保障社会可持续发展的基本动力依然是社会生产力的发展，但是决定社会生产力均衡发展的因素已不仅仅是资本、劳动力和科学技术，而应包括自然资源和环境。因为人类史本质上是人认识自然、适应自然、利用和改善自然的历史，社会的财富归根结底是自然力的转化和凝聚。也就是说，占有和享用自然的人类通过自身的劳动改变着自然物体的存在形式与环境，把自然环境中的物质能量永续地转换成能满足自己需要的物质财富。因此，社会的经济生产过程就是依靠人类自身的劳动和智慧开发、转化自然力的过程，而构成社会生产力的因素不仅仅是包含以人的社会创造为本征的劳动力、资本和科学技术，即狭义上的社会生产力，还应有自然生产力——资源、环境的生产和再生产。

资源、环境既是社会生产力内在恒定的物质基础，又是社会生产力存在的外部前提和可变条件。资源蕴藏的多寡，其再生能力的强弱决定着社会生产力潜在的发展规模，决定着劳动力和科技进步转换效益的好坏；环境状态是否优良，不仅以其气候、温度、光照、水等通过参与生产过程的能量转化，左右着社会生产力能否持续发展，而且其消纳废弃物功能的强弱，也直接影响到时空域的生产效益、生态效益和社会效益。生态环境不佳，人类不仅需要投入更多的资本、劳动力和科技用于改善、保护环境，而且它的恶性循环和破坏对当代和未来人口的生存来说，往往都是灾难、毁灭性的。环境是一切生物之母，既孕育着动植物，也保护着人类，是促进社会生产力发展和保障人类社会可持续发展的重要基础。

在传统经济理论中，资源和环境未被视为社会生产力决定因素的根源在于：其一，在狭义社会生产力的概念界定中，认为自然资源和环境是不含人类劳动的自然之物，因而在社会生产过程中像其他生产资料一样只转移使用价值，而本身不具有价值，自然也不能带来剩余价值。于是，在投入产出的价值度量中，不包含人类劳动的自然资源消耗和生产对环境的危害、破损，以及为此所需支付的改善、保护、救灾费用等不能直接计入生产成本，因而社会总产品的价值形态仅仅是劳动、资本的价值而不包括自然资源和环境的价值；其二，认为自然资源是自然力的凝聚，自然力永不消失，自然资源亦无限。即使一种资源消失，人们总可以发现新的替代资源，因而不会因某些资源的蕴藏量减少和暂时稀缺而影响社会生产力的发展；其三，认为环境既具有耗之不竭，用之不尽的物质能量，又有无偿的永久性消纳分解废弃物的自然功能，它不直接参与社会生产过程，不能产生新的使用价值和价值。

正是基于上述认知和衡量标准，人们在社会生产过程中，特别是工业革命时期，为了经济的发展和满足日益增长的人口的消费需要，可以肆无忌惮地消耗自然资源和危害生态环境，故而导致了今日社会发展诸多不可持续的征兆与危机。

在人类社会面临不可持续发展危机的当代，我们有必要重新认识和界定商品的价值观。广义而言，商品产生于市场经济，是人们用于满足生产和生活消费的物质与非物质产品。在现代市场经济氛围中，一切物质和非物质生产过程均具有商品生产属性，一切消费过程亦均是商品化的消费。就是说，我们不能仅仅以交换附加人类的劳动为界定商品的标准，而应当立足于人类社会的生存和发展需要，从广义的社会生产力和全方位的市场机制方面，以生产和生活消费的持续供需为准则来阐述商品的概念。即凡是具有使用价值，且可被人类利用的物质和非物质产品均是商品。于是便有：

(1) 用作市场交换的产品和用于自产自销的产品均是商品意义上的产品。就自消费品而言，其生产成本包含着来源于交换的中间商品，即使全属于自己的劳动所得，但却包含着失去从事其他商品生产的机会成本；

(2) 附加人类劳动的社会生产过程中的产品和非人类劳动的自然生产过程中的产品，亦均是商品意义上的产品。就后者而言，由自然力凝聚和作用的资源与环境，对人类的生存和发展具有显性和潜在使用价值。虽然它们不曾包含人类的劳动，但却因其利用难易度、丰裕、稀缺性和地理位置使经济生产呈现出级差收益，对人类社会的发展构成约束和威胁。如果人类从自然界中摄取过度或对其危害严重，则会导致其再生和调节能力退化。为了恢复其再生机制和改善、保护资源环境，人类将付出巨大的劳动代价。因此，凡是人类可利用的自然资源和环境虽未附加人类劳动的绝对价值，但对社会可持续发展却具有相对价值或贴现价值。

于是，商品则是人的劳动和消费与自然物质不同形式的结合，即本质上是为人和社会所用的一种有形的能量和无形的信息。人的劳动是商品，人对自然物的加工生产物是商品，自然资源和环境的人的直接或间接消耗及其潜在可利用的部分同样是商品。

凡是商品均具有使用价值和价值，两者是统一和不可分离的。即相对于消费需求而言具有使用价值，相对于供给来说则具有价值，凡是人们发现具有使用价值的亦必然具有价值。价格是价值的货币表现，其度量不仅取决于包含人类无差异（抽象）劳动——社会必要劳动时间的价值，也包含着资源、环境因其使用价值、级差收益与有限性所具有的价值，以及其治理、改善与保护所需的费用。

上述商品观的泛化和价值统一论是现代商品化生产社会的客观映象，是能够充分有效利用资源和保护环境，以促进人类社会可持续发展的理论基础。在计划经济时期，我们仅仅承认劳动创造价值，而否认不包含劳动的资源供给和环境元素投入与其所遭受的损失具有补偿性价值，则是导致资源浪费、环境破坏悲剧的根源。在全面实施市场经济的当代社会化生产中，只有将资源和环境同劳动力、资本和科学技术视为具有价值和价格的重要生产因素，我们才能立足于从人类社会可持续发展要求的角度，来探讨和促进社会生产均衡协同发展与经济投入要素之间的优化配置，才能依据市场机制和价值规律有效地利用资源和保护环境。

4.4.2　生产均衡发展的条件与准则

社会财富的生产过程是多种多样的，无论何种生产过程都可以视为是在一定社会、经济、技术和自然条件下，一组投入要素协同转化为产出的过程。生产函数则是在一定前提假设下描述这一过程的数学模型。

生产函数作为一种技术手段，旨在通过描述投入与产出之间的数量关系，揭示其内在的协同机制规律，然后通过生产要素的合理配置和其他调控措施欲求保障生产过程得以持续最佳产出，即使生产均衡发展。为了揭示投入要素与产出之间的优化配置关系，通常选用含有两个投入要素——资本和劳动力的生产函数：$Y=F(K, L, t)$。为了反映科技进步在投入产出中的作用，在Hicks中性技术进步或Harrod中性技术进步假定条件下，有$Y=F(K, L, t)=A(t)f(K, L)$。即若生产要素产出之比为定常数，如$Y/K=\alpha$，则其投入所得占总产出之比亦为一不变的常数，即$\frac{\partial Y}{\partial K}\cdot\frac{K}{Y}=C$。也就是说，中性技术进步是指各生产要素的边际替代率不变，生产规模报酬除了随各生产要素投入比例的变化而同比例变化之外，引起产出盈余来自以技术进步为主体的综合要素$A(t)$的贡献。为了能够具体地描述技术进步随时间变化对产出的贡献，故有Cobb-Douglass生产函数：

$$Y = A(t)f(K,L) = A(t)K^{\alpha}L^{\beta} \tag{4-1}$$

由此函数可以解析资本、劳动力和科技进步对产出的贡献状况。

值得指出的是，在传统经济发展理论中，认为影响经济增长的两个主要因素是资本和劳动力，因而总是运用包含这两个投入要素的生产函数来研究对象系统投入—产出之间的相依关系。此外，在生产函数的分析中作出中性技术进步的简化假设，就是说，可以不单独考虑技术进步前后所投入的生产资料和劳动力的质量变化，而把这些归入包含技术进步、经营管理、制度创新、信息效应等随时间变化的综合要素$A(t)$中，这样有助于分析资本、劳动力和科技进步诸要素分别对经济发展的贡献。显然，这里包含着资源供给的充裕和同质，隐含着对环境可随意污染与破坏的假定。另则，在规模报酬不变的前提下，将产出的盈余均归功于科技进步，无疑因漠视资源和环境的贡献而导致了对其的恣意滥用与破坏。

从人类社会的可持续发展角度看，经济发展或一切生产增长必须考虑到资源的支撑能力和能否被持续利用，以及环境消纳废弃物的功能是否能够得到改善和增强。因此，研究经济持续发展或生产均衡增长，需要研究资本、劳动力、资源和环境，以及科技进步与产出之间的相依关系，故有SD—生产函数：

$$Y = F(K,L,R,E,t) = A(t)K^{\alpha}L^{\beta}R^{\gamma}E^{\theta} \tag{4-2}$$

式中，K、L、R分别代表资本（主要是固定资产和原料的存量）、劳动力和资源（即以能值为计量单位所投入生产的全部自然资源。在测算农业发展时，可以土地面积表示）的投入。由于环境通常包括资源生产和废弃物消纳，这里的E是指生产活动因资源摄取和废弃物排放而造成环境生产、消纳功能退化，故用投入环境治理、改善及保护的费用来表示的环境的生产投入。此外，由于我们已将资源和环境投入对产出的贡献分离出来，故这里的综合要素

$A(t)$ 更能确切地反映科技进步，以及经营管理对产出的影响。

在传统经济理论中，生产函数作为一种技术关系被用来表明资本和劳动力投入的数量配合所可能获取的最大产出。而在现代社会的可持续发展要求下，我们需要在资本、人力、资源供给和环境状态良好保障的配合下，尽可能获取适度的经济增长或较佳的投入产出。为了寻求多种生产要素的最适组合准则——生产均衡条件，我们先简化探讨两种生产要素的配合问题。

假定生产函数 $Y=F(K, L, t)$ 受限于完全市场竞争的条件要求，且两种生产要素具有可替代性，于是在总投入成本（m）和生产要素价格（P_k，P_l）一定条件下，两种生产要素可以不同的组合方式得到某一等产出线（或等产量线）。该条等产出线的斜率若恰好等于两种生产要素的边际代替率，即 $\frac{L}{K}=\frac{\partial Y}{\partial L}\Big/\frac{\partial Y}{\partial K}$；同时有 $P_kY_k+P_lY_l=m$，即为两种生产要素最适组合的等成本线，式中 Y_k、Y_l 分别为资本和劳动力的最适投入量。这时，等成本线与等产出线有唯一交点（参右图）。在该点处，等产出线的斜率等于等成本线的斜率，即 $\frac{\partial Y}{\partial L}\Big/\frac{\partial Y}{\partial K}=\frac{P_l}{P_K}$。变换上式有 $\frac{\partial Y}{\partial L}\Big/P_l=\frac{\partial Y}{\partial K}\Big/P_K$，意即在两种生产要素的边际产出与其价格之比相等时，这两种生产要素配合的产出成本最低。但它还不能表明在此处其产出的利润最佳。经济学理论告诉我们，获取最大利润的生产均衡条件是边际成本（MC）等于边际收益（MR），即 $MC=MR$。

由上式知，$MC=P_l\frac{\partial Y}{\partial L}=P_K\frac{\partial Y}{\partial K}$　(4-3)

在市场产品价格 P_y 一定情况下，每增加单位产品所增加的收益只能是这既定的市场价格，故有 $MR=P_y$。于是，由 $MC=MR$ 得

$$P_l=P_y\frac{\partial Y}{\partial L},P_k=P_y\frac{\partial Y}{\partial K} \tag{4-4}$$

即生产要素的价格＝生产要素的边际收益。抑或

$$\frac{\partial Y}{\partial L}\Big/P_l=\frac{\partial Y}{\partial K}\Big/P_k=MR \tag{4-5}$$

即各生产要素的边际产出与价格之比相等，或每单位货币用于购买任何生产要素都能得到相等的边际产出。只有在这种均衡条件下，生产要素 K 和 L 才能得到充分利用，于是生产者不再购买超额的生产要素，便可获取最佳的生产收益。因此，生产要素最适组合的限制条件和生产均衡准则应是

$$P_kY_k+P_lY_l=m \tag{4-6}$$

$$P_l = P_y \frac{\partial Y}{\partial L} \tag{4-7}$$

$$P_k = P_y \frac{\partial Y}{\partial K}, \text{或} \frac{\partial Y}{\partial L} \Big/ P_l = \frac{\partial Y}{\partial K} \Big/ P_k = MR \tag{4-8}$$

对于稔知的 Cobb-Douglass 生产函数 $Y=A(t)\ K^{\alpha}L^{\beta}$ 来说，通过求偏导有

$$\alpha = \frac{\partial Y}{\partial K}\frac{K}{Y}, \qquad \beta = \frac{\partial Y}{\partial L}\frac{L}{Y}$$

这里的弹性系数 α 和 β 分别表示资本和劳动力所得在总产出中所占的份额。若取 Y 为国民收入，在上述最大利润条件下，对（3）式进行变化分别有

$$\frac{P_l \times L}{P_y \times Y} = \frac{\partial Y}{\partial L}\frac{L}{Y}, \quad \frac{P_k \times K}{P_y \times Y} = \frac{\partial Y}{\partial K}\frac{K}{Y} \tag{4-9}$$

于是，$\alpha=\dfrac{P_k\times K}{P_y\times Y}=\dfrac{\text{利润}}{\text{国民收入}}$，$\beta=\dfrac{P_l\times L}{P_y\times Y}=\dfrac{\text{工资}}{\text{国民收入}}$

这表明，在科技进步一定和生产规模报酬不变情况下，由于 $\alpha+\beta=1$，则国民收入＝劳动工资＋资本利润。就是说，在生产要素最适组合下总产出或总收益分为两部分，即用于支付劳务的工资和生产经营的净收益（利润）。这样，我们通过调整预计收益份额（弹性系数），可以寻求投入要素与产出之间新的较适组合，以利生产均衡发展。

自然资源和生态环境既是现代社会化生产的主要生产要素，又是其主要制约因素。因此，在科技进步一定的情况下，影响经济持续发展的因素除了资本和劳动力外，还有资源和环境。同样，生产经营的利润不仅包括资本的收益，亦应含有资源和环境的贡献。于是，由上述两种生产要素的最适组合准则，我们自然可以推得社会可持续发展要求下的生产要素最适组合的条件与生产均衡准则为：

$$P_kY_k + P_lY_l + P_rY_r + P_eY_e = M \tag{4-10}$$

$$\frac{\partial Y}{\partial K}\Big/P_k = \frac{\partial Y}{\partial L}\Big/P_l = \frac{\partial Y}{\partial K}\Big/P_l = \frac{\partial Y}{\partial R}\Big/P_r = \frac{\partial Y}{\partial E}\Big/P_e = MR \tag{4-11}$$

或 $P_i=P_y\dfrac{\partial Y}{\partial I}(I=k,\ l,\ r,\ e)$ 即在生产总成本和生产要素价格既定条件下，应使四种生产要素的边际产量与价格之比相等，或使生产要素的价格＝生产要素的边际收益。

同理，对于具体的 SD—生产函数 $Y=A(t)K^{\alpha}L^{\beta}R^{\gamma}E^{\theta}$

在最大利润要求的生产均衡条件 $MC=MR$ 约束、科技进步一定和生产规模报酬不变假定下，各生产要素的弹性分别为

$$\alpha = \frac{\partial Y}{\partial K}\frac{K}{Y} = \frac{P_k \times K}{P_y \times Y} = \frac{\text{利润(1)}}{\text{国民收入}} \tag{4-12}$$

$$\beta = \frac{\partial Y}{\partial L}\frac{L}{Y} = \frac{P_l \times L}{P_y \times Y} = \frac{\text{工资}}{\text{国民收入}} \tag{4-13}$$

$$\gamma = \frac{\partial Y}{\partial R}\frac{R}{Y} = \frac{P_r \times R}{P_y \times Y} = \frac{\text{利润(2)}}{\text{国民收入}} \tag{4-14}$$

$$\theta = \frac{\partial Y}{\partial E}\frac{E}{Y} = \frac{P_e \times E}{P_y \times Y} = \frac{\text{利润(3)}}{\text{国民收入}} \tag{4-15}$$

即生产经营收益不仅是资本、劳动力投入的回报，亦包含着自然资源和环境的无私奉献。这样，根据对象系统的经济发展状态，资本、劳动力和资源的供给多寡，以及科技和环境保障状况，一方面通过调整各变元的弹性系数，在保证经济持续发展情况下寻求较适的投入要素组合；另一方面应将资源与环境贡献的部分份额用之于如何有效地利用资源和改善保护环境，以使再生资源的再生机能和环境的消纳功能得到恢复与增强。

于是，在市场经济条件下，任何经济生产不仅仅是生产经营者和劳动者为了满足自身需要的生产，而应成为既满足自己，又满足社会；既满足当代，又能顾及未来人口的生存和发展需要的均衡生产。

4.4.3 科技进步与生产均衡发展

人类社会发展史表明，科学技术是人类生存和发展的重要基础，是未来社会可持续发展的重要支柱。历史上科学技术的几次重大突破曾导致了产业革命的勃兴，加速了人类社会发展的历史进程。以计算机信息网络为中枢的现代高科技的快速发展和广泛使用，又不仅显著地促进着社会生产力飞跃，而且引起社会生活、文化和自然生态系统正在经历着质的变更，是人类解决日益加剧的人口、资源、环境、贫困问题的根本手段。显而易见，没有科学技术的支撑和推动作用，人类社会的可持续发展是不可想象的，没有以现代科技为主导的社会生产力的发展，就不可能有效地满足当代和未来人口幸福生存与发展的需要。

科学的发展为人类认识自然，认识社会，揭示其内在演绎规律，不断奠定着哲学和方法论基础，为未来的发展决策能够提供理论依据，亦为新技术的发明创造和广泛应用指明了方向。技术的开发和普及应用不仅装备了劳动手段，改造和扩大了劳动对象，且亦大大地提高了劳动者的工作效率和资源的转化效益。科学技术无疑是一种实实在在的生产力，她以其无形无尽的信息和高效的技能，通过对生产力各要素的强烈渗透和与之有形或无形的结合，不仅对经济的投入要素和生产过程进行根本改造，从而在大幅度提高劳动生产率的基础上显著地丰富着人们的物质生活；且对人类社会文化生活的改善和资源环境的修复、进化亦在不断地发挥着巨大的影响和作用力。

科学技术对人类社会可持续发展的作用，在人口剧增、资源日益紧缺、生态环境消纳功能退化情况下，则显得愈来愈重要。这不仅表现在经济生产需要依靠科技能以在最少投入取得最佳产出，而且提高资源利用率，保护环境，促进人类社会文明同样离不开科技进步。就社会可持续发展要求下的经济发展而言，科技进步对其投入产出的影响主要表征于下述两个方面。一是物化在人力资本，表现为劳动熟练程度的提高和科技人员的创造发明、固定和流动资本，体现为生产工具的不断改良和劳动对象的有效拓展，以及资源和环境，使资源得以有效开发和利用与环境的输出消纳功能有序增强；二是呈现为一种中性或自主性，即在生产因素投入不变或规模收益不变情况下，由于科学决策、制度创新、结构调整、资源合理组配，以及加强和完善各种管理、组织技术措施等，而使产出有较多的盈余。为了能够充分反映这种科技进步的中性盈余和分析各种投入因素对经济产出和生产均衡发展的贡献，故引用上述 SD—生产函数作以探讨。

由式(4-1)知，科技进步水平为 $A(t) = Y/F(K,L,R,E,t)$。由于 $A(t)$ 是一个随时间 t 变化的量，故它的增长速度为

$$\omega(t) = \frac{dA(t)}{dt} \cdot \frac{1}{A(t)} = \frac{\dot{A}(t)}{A(t)} \tag{4-16}$$

由于式（4-16）中的增长速度通常与指标的指数变化相一致，故有

$A(t) = A(0)e^{\omega t}$，代入式（4-1）得

$$Y(t) = A(0)e^{\omega t}K^{\alpha}L^{\beta}R^{\gamma}E^{\theta} \tag{4-17}$$

对式（4-17）两边取对数求导有

$$\frac{\dot{Y}}{Y} = \omega + \alpha\frac{\dot{K}}{K} + \beta\frac{\dot{L}}{L} + \gamma\frac{\dot{R}}{R} + \theta\frac{\dot{E}}{E} \tag{4-18}$$

再经值换可得年科技进步速度为

$$\omega = y - \alpha k - \beta l - \gamma r - \theta e \tag{4-19}$$

于是，科技进步对经济（产值）增长速度的贡献 G_A 应等于年科技进步速度与产值年增长速度之比，即 $G_A = \omega/y \times 100\%$。类似地，可分别求出资本、劳动力、资源和环境对经济增长速度的贡献，即 $G_K = \beta l/y \times 100\%$，$G_R = \gamma r/y \times 100\%$，$G_E = \theta e/y \times 100\%$。如果我们研究某一时期（如五年或十年）内科技进步和其他变量对经济增长或产出的贡献时，需要运用几何平均法计算各变量

的年均增长速度，然后分别计算其贡献，故有：

$$G_A = \frac{\omega}{y} \times 100\% = \frac{\left(\frac{A_t}{A_0}\right)^{\frac{1}{t}} - 1}{\left(\frac{Y_t}{Y_0}\right)^{\frac{1}{t}} - 1} \times 100\ \% \tag{4-20}$$

$$G_K = \frac{\alpha k}{y} \times 100\% = \alpha \times \frac{\left(\frac{K_t}{K_0}\right)^{\frac{1}{t}} - 1}{\left(\frac{Y_t}{Y_0}\right)^{\frac{1}{t}} - 1} \times 100\% \tag{4-21}$$

$$G_L = \frac{\beta 1}{y} \times 100\% = \beta \times \frac{\left(\frac{L_t}{L_0}\right)^{\frac{1}{t}} - 1}{\left(\frac{Y_t}{Y_0}\right)^{\frac{1}{t}} - 1} \times 100\% \tag{4-22}$$

$$G_R = \frac{\gamma r}{y} \times 100\% = \gamma \times \frac{\left(\frac{R_t}{R_0}\right)^{\frac{1}{t}} - 1}{\left(\frac{Y_t}{Y_0}\right)^{\frac{1}{t}} - 1} \times 100\% \tag{4-23}$$

$$G_E = \frac{\theta e}{y} \times 100\% = \theta \times \frac{\left(\frac{E_t}{E_0}\right)^{\frac{1}{t}} - 1}{\left(\frac{Y_t}{Y_0}\right)^{\frac{1}{t}} - 1} \times 100\% \tag{4-24}$$

在这里，如果 $G_A > G_K + G_L > G_R + G_E$，意即科技进步的贡献大于活劳动和资金投入的贡献，且大于资源和环境投入的贡献，则可以认为这是一种科技进步型的生产均衡发展模式，是未来社会可持续发展的必然象征，当代一些发达国家类似这种发展状况。若 $G_K + G_L > G_A > G_R + G_E$，意指活劳动和资本投入的贡献大于科技和资源、环境的贡献。这代表着一种劳动-资金密集型的经济结构发展模式，是发展中国家迈向发达国家，不可持续走向可持续发展的转型形态。假定 $G_R + G_E > G_K + G_L > G_A$，这种状况显然是依靠资源、环境的大量投入而发展的资源型生产非均衡模式。由于其科技水平低，资金欠缺，则资源的利用转化效益亦低。为了满足其人口的基本生存和发展需要，依靠资源和环境的初级转化来发展只能导致其更多的浪费和带来更大的破坏，亦只能加重不可持续发展的危机。

作为生产均衡发展的理论基础，本节拓展了社会生产力的内涵和商品的定义域。然后，提出新的 SD—生产函数，用之探讨了可持续发展要求下的生产均衡发展准则和科技进步贡献诸问题。

4.5 消费适度与资源节约

建立在自然生态基础上的人类社会是一个高级的复杂系统，她的发展不仅不能违背生态系统的自然法则，而且借助于人的能动作用在认识自然和社会规律、利用自然力和社会调控机制的基础上，通过和谐人与自然的相依关系，以保障人工生态系统的有序演化。这是人类的基本职责，也是以人为本谋福利于当代和未来人口所需的根本利益所在。和谐人与自然的关系需要协同两者内在能量的供需，因而在人口持续膨胀，资源日趋短缺，环境污染不断加剧情况下，只有遵循消费适度和资源节约准则，积极调控消费结构和生产模式，才能有效地保障人类社会的可持续发展。

4.5.1 可持续发展需要消费适度和资源节约

自人类社会诞生以来，所历经的文明过程本质上是一个不断消耗自然资源，并持续地向生态环境系统排泄废弃物的过程。人类的物质生产首先依靠自然界提供的各种资源，通过人类特有的劳动将自然力转化成物质产品和社会财富，并通过消费过程满足人类的需求，以维持并推动人类的繁衍和发展。然而构成人类赖以生存的地球生态系统提供给人类的物质和能量在一定时空域内是有限度的，这不仅是指以矿产为主体的不可再生资源和以生物为主体的可再生资源是有限的，而且人类生存所必需的环境质量的保障能力，即生态系统对废弃物的吸纳和消化能力也是有限的。当人类的生产和消费活动超过生态环境支撑能力的界限时，必然会打破生态系统中物质的有机转化和能量流动的内在均衡，从而威胁到人类自身的发展。生态环境支撑能力有限性的客观存在，决定了人类的生产和消费活动在一定时空域内必须有所节制和适度。

反观工业文明酿成的不可持续发展危机，发现人类并没有充分意识到地球生态系统可支撑能力的有限性，忽视了人类自身再生产与自然和环境再生产过程之间的相依和供需均衡性，而将人类的经济活动凌驾于生态系统之上，一切自然资源和生命物质应为人所需，任人宰割。特别是二战以后，随着科学技术的突飞猛进，人类利用自然、改造自然的能力得到了极大的增强，农业时代人与自然和谐交融的关系被工业社会征服与统治的关系所取代，致使人类对自然资源的大肆掠夺和无穷占有成为必然。

近现代传统经济学一直视自然资源和环境条件为无价无偿使用，采用单一的指标看待经济发展，忽视生产行为和消费行为的环境效应和社会效应，必然使生产和消费建立在大规模资源消耗和大量废弃物排放的基础上，造就了工业社会野蛮生产与超度消费的生产与消费模式。据统计，世界物质产品消费量在 20 世纪增长极为迅速，1998 年达 24 兆美元，是 1950 年的 6 倍，1975 年的 2 倍。[5] 伴随着经济迅速的增长和人们消费水平的提高，人口急剧膨胀下的物质消耗和就业压力、自然资源的供给短缺和生态环境恶化危机，已威胁到人类的持续生存和发展。为了摆脱这种不可持续发展危机，人类必须改变传统的生产和消费方式，外延的经济扩张需要收敛，超前超量的挥霍性消费需要摒弃，消费适度和资源节约应成为人类社会可持续发展阶段生活消费和物质生产须遵循的基本准则。

我国人口增长和消费膨胀的巨大压力已使“地大物博”相形见绌，而生产过程中大量的资源消耗和粗放低效经营，以及生活消费的超度追求和无端浪费，不仅加剧了自然资源的供给短缺，更造成了严重的环境污染和生态失衡。例如，20 世纪 90 年代初我国每亿美元 GNP 能耗为美国的 5.5 倍、日本的 13 倍、德国的 7.7 倍、英国的 4.6 倍、印度的 2.9 倍[5]。资源利用的这种低效后果使我国的环境质量也在加速恶化，全国七大水系均受到严重污染，城市大气污染然严重超标，2/3 以上的城市被工业和生活垃圾围困，乡镇企业的分散粗放经营使工业污染向农村广为蔓延；土地沙化，耕地、林地急剧减少，水土流失，多种灾害接踵而至。显然，20 余年来我国经济的高速增长，走的是一条资源过度消耗、环境高度污染的不可持续发展之路。因此，同其他国家相比，生产中的资源节约和生活消费的适度有够在我国的可持续发展战略和政策制定与实施中显得极为重要和迫切。

4.5.2　消费适度与资源节约的内涵和要求

地球生态系统对人类活动支持的有限性与人类无止境需求的矛盾，要求消费适度和资源节约，即：一方面，要保证消费和生产活动不超出生态环境的支撑能力；另一方面，要以最少的资源消耗和废物排放满足人们日益增长的物质、文化和环境享受的需求。鉴于各个国家的自然资本、经济资本、人力资本和社会资本的存量、质量或健全度不同，人们的生活习俗相异，消费适度和资源节约的水平与程度还必须以各自的国情和国力为基础，而不能盲目追随他国的消费和生产模式。因此，消费适度与资源节约既是实现人类社会可持续发展的基本准则，又是指与各国社会经济发展水平、自然资源存量及开发利用程度和生态环境承载能力相适应的一种消费和生产状态。

消费适度与资源节约涉及经济、社会、生态环境和技术等诸多方面，内涵非常丰富，因此有必要对其内在要求进行深入分析和理性辨识，以助于社会有序实践。

4.5.2.1 消费适度和资源节约要求消除社会贫困

人类只有在满足基本生存需求的基础上，才能逐步追求更高的发展和享受需求。如果没有充足的食品、衣服和日常用品，得不到基本的教育、保健和卫生服务，人们往往为了生存不得不对生态环境造成破坏，陷入环境恶化、自然灾害频繁和愈加贫困而不能自拔的境地。

目前我国仍有部分人口的生活水平低于基本需求的最低标准，对于他们来说生存问题是第一位的，保护环境和建设生态常常被忽视忽略。因此，实现消费适度和资源节约始终应把生存消费作为基础，在产业结构上首先要保证基本生存资料的生产，这是实现可持续发展的一个基本条件。

4.5.2.2 消费适度和资源节约要求控制人口的过快增长

区域生态系统的支撑能力主要是相对于区域总体人口的生产和消费活动而言的，过多的人口必然使每个人享有的资源和环境消纳能力大大减少，人们的生产和消费活动只能维持在较低的水平，也制约着经济和社会各项事业的发展。

我国是一个人口大国，目前的粮食问题、能源问题、就业问题和环境问题等都与人口基数较大且增长过快直接相关，尤其在贫困地区形成了人口过快增长导致生态环境恶化，生态环境恶化致使更加贫困的恶性循环。人口问题严重削弱着可持续发展的基础，控制人口过快增长和提高人口素质应作为我国长期的主要任务来抓。

4.5.2.3 消费适度和资源节约要保证经济稳定、持续增长

经济的超高速或波动性增长必然导致资源过度消耗，生态环境迅速恶化。国民经济的畸形繁荣和经济振荡的严重后果，难免使人类社会不可持续发展。而经济的零增长或负增长又无法改善现有人口的生活质量，特别在人口不断增

长的态势下，势必降低人民的生活水平，造成失业等许多社会问题。这既不符合可持续发展的要求，而且因经济生产的低水平重复难以促进社会生产力的发展，且没有足够的经济和技术实力去治理和改善生态环境。

因此，要求消费适度应保障对生产增长提供足够的空间，保证市场消费容量的合理增大。在生态环境承载力客观限制的情况下，须使生产模式走向多元资本合理组配而集约化高效经营，并应加快产业结构的升级换代，从而有效地推动经济的健康发展。

4.5.2.4　消费适度和资源节约要保证人们生活质量的不断提高

消费适度和资源节约并不意味着过度节俭，抑制人们对美好生活的追求，相反消费适度和资源节约应建立在人们生活质量稳步提高，实际生活水平没有经常性下降的基础上。

作为当代衡量社会文明程度的重要指标，生活质量不同于生活水平，它不仅指人们物质生活的满足程度，还包括精神生活的享受程度、快乐程度；不仅能衡量人们生活中消费的“量”的多少，还能衡量“质”的优劣。消费适度和资源节约更强调人们消费的“质”而非“量”，即要求一定程度上对物质资料生产数量的限制，不鼓励奢侈性的、贪得无厌的物质消费和高能耗、高污染的奢侈性产品的生产，而努力追求消费结构和产业结构的合理，加快文化、教育、科技、卫生等事业的发展和生态环境的改善，满足人们对文化、服务和环境享受的需求，以不断提高人们的生活质量。

4.5.2.5　消费适度和资源节约要求避免人们的支付能力相差悬殊

在人们支付能力存在适度差别的时候，新生产消费品的推广会经历一个由少数人享用转为多数人享用的过程。在这一过程中，生产者为了满足多数人需求会采取措施增加技术投入，降低成本，减少资源的耗用。同时，这一过程也是新兴行业迅速发展，产业结构逐步调整的过程。而当人们的支付能力相差悬殊时，高收入者对新产品的消费会减弱企业满足低收入者需求的压力，易造成产业结构脱离生产力发展的水平和大众消费需求的畸形化；同时高收入者奢侈消费的示范效应，还会引起消费的盲目攀比。

据研究，衡量贫富差异和收益分配公平的基尼系数的最佳值是 1/3[6]，其合理区间应为0.3～0.4[7]，而我国1996年城乡居民家庭人均收入的基尼系数已经达到0.4577，因此我国实现可持续发展必须高度重视贫富差距问题，以保障社会的稳定和实现共同富裕。

4.5.2.6 消费适度和资源节约要求不同的国情应有不同的实现方式

在不同的生产力水平与人口、资源和环境状态下，生活消费和生产模式是不一样的。由于历史的原因，美国等西方国家率先实现了工业现代化，使物质产品得以极大丰富供给。但是美国等西方国家现行的消费和生产模式是依赖全球化的经济体系予以维持，废弃物又靠全球来消纳。“如果全世界都按照美国标准来消费，那么还缺少3个地球的生产用地并且需要9个大气层才能安全地吸收温室气体。”[8]

值得注意的是，美国目前的消费和生产模式具有强大的示范效应。然而，面对人口持续膨胀、资源供给短缺和环境保障压力，我国不可能追随美国的生活消费标准，不能仿效大量生产和超度消费的美国模式。在人们的基本生活条件得到保障后，应当适度减少物质消费水平的递增速度，避免畸形高消费，转而追求文化、服务等消费方式的多元化，以减少物质产品生产和不可再生资源供给的压力；实行清洁生产，提高资源的转化效率和废弃物品的回收利用率，减轻环境的消纳压力，才能有效地保障我国可持续发展战略的顺利实施。

4.5.3 实现消费适度和资源节约的主要途径

4.5.3.1 以转变人们的消费观念为根本

生活消费是人类社会一切经济活动的起点和归宿，它对生产的引导和推动作用决定着生产的发展方向和规模。人们生活水平的超度提高、消费结构的不合理必然增大经济生产压力，引导产业结构畸形发展，加剧资源短缺和生态环境背负及使其消纳能力退化。

联合国在《21世纪议程》中明确指出：“全球性环境持续恶化的主要原因在于不可持续的消费和生产模式”，“应特别注意不可持续的消费所产生的对自然资源的需求”。因此，转变生活消费模式，实现消费适度应是实现可持续发展的重中之重。

一般认为，生活消费模式是一定社会形态中，人们在消费领域里所遵循的消费结构规范和准则，是对人们消费行为进行价值判断的依据和理论概括。生活消费模式具有一定的可塑性，只要改变其形成基础就可以促使其转化。而在构成生活消费模式基础的生理需求、消费观念、消费习惯等因素中，当基本生存问题解决后消费观念则起着主导的作用，因此消费观念是当代转变消费模式的核心要素。

如果人们能以适度消费的理念指导其消费行为，则可大大减少相关的制度控制措施，自觉地实现人地关系的和谐。然而消费观念是消费者人生观和世界观的组成部分，它的形成及改变受家庭和社会经济状况、民族传统文化、个人素质、宗教信仰等多种因素影响，不可能在短时间内改变。但是，随着人们对生态环境问题本征和危害的认识，以及人们对人与自然和谐关系的追求，工业时代的物质消费观念最终要被环境文明要求下的适度消费观念和多元化消费模式所取代。

总之，在实现消费适度和资源节约的对策措施中，不可忽视对消费者的环境教育，把提高消费者的生态环境意识应作为实现可持续发展的最重要手段。

4.5.3.2　以政府的推动为主导

生态环境问题的外部性，使市场对生态环境资源的合理配置和调控作用失灵，不可能依赖市场推动消费适度和资源节约的实现。其根源在于，一方面生产者以追求利润为目标，力求生产成本最小，在没有外在压力下它不会因为产品生产造成环境污染而自动投入资金和劳力去治理，更不会主动实行清洁生产；另一方面消费者作为理性的“经济人”，在受其自身预算约束的情况下，希望以最小的消费支出追求个人最大的消费效果。

在生产力水平较低的国家，人们对环境享受的需求不多，环境意识淡薄，消费者不愿意为公共环境问题花自己的钱。即使收入较高、环境意识较强的消费者愿意购买价格相对较高的环保产品，但毕竟不是消费的社会主流，难以推动生态建设和环保产业的加速发展。就我国而言，面对人均收入水平低、贫富差距加大的基本国情，单靠消费者的需求拉动作用来改善生态环境的促进效应也是极为有限的，推行消费适度和资源节约的生产和消费模式重任不可避免的要由政府来承担。

首先从政府的职能看，克服市场的外部性所导致的无效率是政府的主要职能之一，这一现代经济学的基本观点已被广泛认可；其次从促使生产和消费方式转变的政策手段看，无论是各项法规和环境达标等命令措施、财政和税收等经济政策，还是教育、意识宣传等社会手段，都需要以政府为主体来推动和实施；再则，改革开放以来我国经济、科技、教育的快速发展，社会文明和政治进步，以及国际地位的显著提高，中央和地方政府的正确决策和有效管理职能发挥了重要作用。而对多变的国际政治形势和加入 WTO 后的严峻挑战，市场体系和法律法规机制的建立健全，以及解决严峻的就业、贫富差距和生态环境等问题，仍然需要发挥政府的主导作用，才能顺利实现我国的现代化建设和可持续发展的战略目标。

4.5.3.3 以科技进步为依托

科技进步在人类发展历史中扮演着非常重要的角色。自产业革命以来，科技进步显著地促进了生产力的迅速发展，给人类带来了巨大的物质财富，亦使全球社会经济持续呈现出加速发展的态势。与此同时，由于人类偏狭的发展观念指导下的不可持续的消费和生产活动，致使人类要改变昔日依赖于科技进步所造就的传统消费和生产模式，也必然要寄希望于科技的进步。

当代信息技术的快速发展和科技的全面进步，不仅在资源开发和高效重复利用，以及新能源新材料的开拓上发挥着越来越重要的作用，而且亦愈益影响着人们思维方式的转变、道德观念的更新，以及教育和文化事业的发展。因此，解决未来资源供给短缺，且使环境污染和生态功能的退化从整体上得到缓解或抑制，仍须从科技进步中寻找答案。[9]

4.5.3.4 以产业结构的调整和生产方式的转变为中枢

人们在满足基本物质需要的基础上，就会更注重对服务、文化、环境清洁和回归自然的追求，也愿意支付较高价格购买环境友好型产品。在消费结构转移需求的引导下，就可以依赖市场运作机制促进产业、行业结构的升级换代和生产方式的改变。不幸的是，消费结构和理念作为意识形态的一部分受诸多因素的影响，不是一朝一夕所能彻底改变的。因此，选择快速转变人们的消费模式的路径在时间上是不允许的；若采取对消费者个人的消费行为进行制度约束的办法，也因个人消费行为的分散性而使监管成本高昂，难以实施。

目前，我国城乡居民消费水平差别较大，生态意识淡薄，生产方式仍以低效粗放型经营为主，而生态环境问题又亟待解决。因此，实现消费适度和资源节约只有依靠政府职能并借助市场机制，推行产业政策和清洁生产制度，促进产业、行业和产品结构的转化与环保产业的发展；依靠制定新的消费政策和收益分配方略，以及宣传教育等措施，促进消费方式和消费结构的转变，不啻是一种积极有效的运作途径。

面对人口持续膨胀、资源供给短缺和环境保障压力，我们应当减缓对物质消费的“国际接轨”奢望。在满足基本物质生活需求之后，应通过系列配套政策和措施将人均可支配收入的剩余转入对人口文化和技术素质，以及服务和环境诸第二性消费的追求。相应地，必然会加快产业结构转向以第三产业的发展为主导和我国城市（镇）化、现代化的建设步伐。这样，既可由于减轻物质生产部门的压力而减少对自然资源的消耗和环境的污染，又可吸纳更多的剩余劳动力就业和缩小城乡、贫富差别，以保障社会的稳定发展。[23]

本章参考文献：

[1] 毛志锋．适度人口与控制，西安：陕西人民出版社，1995

[2] 党承林，王崇云．生态系统的能量盈余与热力学第二定律，生态学杂志，1999（1），

[3] 毛志锋，叶文虎．论可持续发展要求下的人类文明，人口与经济，1999（5）：1—7

[4] 毛志锋．论 SD 要求下的生产均衡与科技进步．科技管理研究，1998（5）

[5] 余宏．转并经济增长方式，促进经济可持续发展．发展研究，1997（3）

[6] 毛志锋．论可持续发展要求下的人与人公平．人口与经济，1995（5）

[7] 李强．中国的贫富差距与市场转型．中国特色社会主义研究，1999（6）

[8] 欧阳志远．最后的消费．北京：人民出版社，2000.1：331

[9] 路甬祥．21 世纪中国面临的 12 大挑战．北京：世界知识出版社，2001.1

[10] H. T. Odum. Energy，environment and public policy. UNEP，1989

[11] H. T. Odum. Systems ecology. John Wiley and Sons.，1983

[12] David James. Economic approaches to population and environmental problems. Publishing Company Amsterdam，1987

[13] Healy S H. Science，Technology and Future Sustainability. Futures，1995. 27（6）

[14] Farzin Y H. Technological Change and Dynamics of Resource Scarcity Measures. Journal of environmental economics and management. 1995（29）

[15] Rene Kemp. Technology and the Transition to Environmental Sustainability. Futures. 1994. 26（10）

[16] 毛志锋．论生产均衡与可持续发展．地域研究与开发，1999（1）

[17] 田雪原．大国之难，P219，今日中国出版社，1997

[18] 牛文元．自然资源开发原理．郑州：河南大学出版社，1989

[19] 何希吾，姚建华．中国资源态势与开发方略．武汉：湖北科技出版社，1998
[20] 毛志锋．区域可持续发展的理论与对策．武汉：湖北科技出版社，2000.11
[21] 杨家栋，秦兴方．可持续消费是可持续发展的实现机制．当代财经，2000（6）
[22] 崔凡．科技进步与可持续发展．河北学刊，2000（6）
[23] 毛志锋，马强．论适度消费与资源节约．北京大学学报（哲社版），2002（6）

第5章　生育文明与人口控制

5.1　引言

当代遍布全球的人口膨胀、失业危机、贫困蔓延、资源短缺和环境污染加剧，导致了人类社会不可持续发展的严重征兆。而在这诸多滞障人类社会可持续发展的根源中，人口问题无疑是“病魔”之首。

地球承载能力的有限性、资源供给的日渐短缺和环境消纳废弃物能力的退化，迫使人类必须按适度人口目标调整龄级结构，控制自身种的繁衍，并能改进自己的消费习俗和社会生产方式，以协同与自然的和谐依附和良性进化，从而保障人类社会代际公平要求下的持续发展；世界失业和贫困人口的增多，以及贫富差异的加大，引起区域摩擦、民族不和、政局动荡，要求人类社会务须通过国际交流与合作，在调整产业、消费和分配结构的同时，积极改善劳动力人口素质和促进人口的国际或区域合理流动，以和谐人与人之间的关系而保障人类社会代内公平要求下的持续发展。

因此，倡导生育文明，且将适度人口的目标追求视为人类社会可持续发展的基本调节规律之一，则是本章探讨的核心。

5.2　生育文明

人类的社会存在，客观上决定了人们既要生产物质资料，又要进行“自己生命生产”和“他人生命生产”的人类自身再生产。环境生产力的有限性，不仅要求这两种生产各自的发展应适度，且要求两者在一定时空域应保持相互促协的发展，要求人口再生产适应于物资生产和环境生产发展的需要而能动地调控自己。作为物的生产和种的繁衍之间的这种促协或适应程度的本质上的联系与矛盾运动过程，即为任何社会发展阶段或社会形态所共有的普遍人口规律，也是人类社会能够持续发展的根源所在。

实质上就一国或区域的人口再生产而言，物资生产要求人口再生产应保持适度的人口数量和消费规模，以便同生活资料生产和自然资源可利用相协调；要求保持适度的人口年龄结构，以便提供长期生产发展需要的劳动力和使近远期人口抚养不至于超负荷；要求具有适度的人口整体素质和人口空间分布，以符合区域社会生产的持续发展和生态平衡的需要。因此，从人口与物质资料生产和环境生产的本质联系及其内在机制方面看，似乎也存在“一只看不见的手”调节着人口再生产，使之适应于人类社会持续发展和区域生态环境良性循环的需要。这只看不见的手就是下节所讨论的适度人口规律，即以人类社会的可持续发展为准则，以适度人口为目标的人口再生产的调节与控制。

人口生产作为一个开放系统，其状态的发生、发展，既取决于内在的生物机制和结构演替，又受制于外部社会经济和生态环境的激励与约束。因此，既需要依据时空社会经济和生态环境的适度容载目标控制潜在人口生育的增长，亦须按社会经济发展和生态环境改善的需求来控制现实人口的发展。前者意指根据外部环境的规模容载、质量要求和内在结构状态、生物繁衍过程，有机地遏制无形人口的有形化；后者蕴涵着按社会财富供给和物资生产与社会发展的要求，尽力促进有形人口的素质改善与就业奉献。因此，倡导生育文明不仅须按可持续发展要求下的适度人口目标控制人口数量的增长，还需要优生优育和不断地改善人口素质，以及合理人口龄级和地域空间的分布，且通过保障就业充分发挥人力资源的潜能。

生育文明是指人类自身生产和再生产行为的社会进步。这意味着人类在认识自然、创造物质和社会财富的过程中，只有不断地调整自身生命体和生命力生产的价值观念和行为准则，才能适应环境而生存，利用自然而发展。同时，也只有按环境容载和经济发展需要，自觉地调控人口的数量增长和质量提高，才能实现人类社会的可持续发展。因此，环境文明和物质文明是人类为满足当代和未来人口生存与发展需要，来调控环境生产和物质生产的外部行为文明；而生育文明则是人类认识自身、调控自己生产和再生产的内在行为文明，是外部行为结果反馈机制下的内在行为的自觉革命。从内因决定外因的基本哲理来说，如果人不能控制自身的生产和再生产行为，那么就不可能从根本上处理好人与自然、人与人之间的和谐关系。如果没有生育文明，也就不可能促进环境文明和物质文明，也无法最终保障人类社会的可持续发展。

我国社会经济发展和资源环境承载的沉重背负，既要求严格控制人口规模的膨胀，又要求积极改善现有人口的素质，以促进百业俱兴，使人力资源充分就业，社会秩序稳定；人民生活水平的提高，既需要社会经济较快发展，生存环境日益改善，亦迫切需要控制潜在生命人口的剧增和促进现实人口生命力的再生产。因此，着力解决好我国的人口问题，不仅是人口控制领域的长期战略，更是实现可持续发展宏伟目标的核心任务。

5.3　适度人口与可持续发展

适度人口与控制之研究，历来在社会科学领域占有重要的一席之地。但鉴于历史发展的种种因缘，真正将这一科学命题上升到人类社会可持续发展的高度来认识、解析的研究迄今仍然较少。因此，探讨适度人口与可持续发展的相依关系和内在机理是本节的重点所在。

5.3.1　适度人口学说的演绎与评价

适度人口的思想古已有之，它几乎伴随着经济学和人口伦理的产生而存在。因为经济生产需要一定数量的劳动力同生产资料结合，物质财富也只能供养一定数量的人口消费；为了避免不足的社会生产力压迫过剩的劳动力，为了满足特定资源环境和物质供给条件下的当代及未来人口生存与发展需要，故而要求人口的社会存在须适度。

原始人的杀婴弃幼，不断迁徙，实质上就是追求与可采猎的生活资料相适应的适度人口。古希腊时代的柏拉图，在其《国家论》中提出了“理想国”的设想，认为 5040 人是对国家最有利的适量人口；亚里士多德认为“最完美最美丽的国家，就是能够维持人口数目使之不超过一定限度的国家”，主张一个国家的人口规模应当与领土相适应。且认为人口与土地之间的比例关系应既有利于人口本身的发展，又有利于生产的发展，有利于奴隶主国家的统治。[1] 显然，他们是基于当时异常低下的社会生产力水平和人口较多所产生的城邦混乱现状而论断的。尽管所设想的理想国是小规模的、和平和和谐的，也是从来不能对付一种无法控制的人口和不可能实现的“太平天国”，但主张人口规模应适度的思想，无疑对人类社会持续发展要求下的人口控制史起了积极的伦理导向作用。

与古希腊思想家的主张不同，16 至 18 世纪出现于欧洲的重商主义者并不担心人口的过剩，曾连篇累牍地称颂人口众多和不断增加的好处。他们认为人口愈多，就能制造出更多的工业产品，就能产生国际收支的余欲，使国力增强；认为人口众多是一国实力的象征，只有人口众多才能在对外扩张中取胜。因而，成为古罗马推行追求政治统治和军事侵略上的实力适度人口的政策法令的理论奠基者。

在18世纪后半叶，诞生于法国的重农主义则认为，人口既不是国富的源泉，也不是国力的象征，只有农业纯生产物才是它的根本因缘。嗣后，欧洲古典学派的杰出代表马尔萨斯继承重农主义这一支柱理论，以土地报酬递减定律为前提，提出了建立在人的自然属性之上的两个公理："第一，食物为人类生存所必需。第二，两性间的情欲是必然的，且几乎会保持现状。"并由此引出了两个级数："人口，在无妨碍时，以几何级数率增加。生活资料，只以算术级数率增加。"他认为"人类有一种比粮食增加更快的趋势。"因此，马尔萨斯提出了"妨碍"人口增长的手段或力量的两个抑制：积极抑制和道德抑制。所谓积极抑制，是"人口开始增加后才予以抑压的妨碍，"其途径包括"普通疾病和传染病，战争、瘟疫和饥荒，"以便使人口不至于超过"生活资料的极限。"而道德抑制，是"人口开始增加前的予以压抑的妨碍，"即通过各种主观努力，如"在各种预防的抑制中，不带来不正当性生活后果的那种对结婚的克制，"在道德上限制生殖的本能。马尔萨斯认为："由于获取食物的困难，一个对人口的有力抑制是时常运行着的。"这种困难是由于"土地肥力递减律"在起作用，因此人口增长必须有一个限度[2]。

马尔萨斯由两个公理得出两个级数学说，通过两个抑制，在"土地肥力递减律"约束下保持人口适度的思想，既奠定了"适度人口"的理论基础，又对当今世界人口的控制不无借鉴和参考价值。尽管马尔萨斯的"适度人口论"主要集中于人口的数量增长同生活资料的供给必须平衡或相适应，而并未涉及劳动力的供给同生产发展需要相平衡，人口生产同生态环境相适应，以及保持适度的人口空间分布等问题；尽管他亦未曾涉及科技进步的作用和人类社会的持续发展问题，而仅仅局限于土地报酬递减律来片面地论述人口的控制，但在当时能从人口与食物消费的平衡上为"适度人口"思想立论，本身就是一大进步。

19世纪中叶，为适度人口学说的形成奠定重要理论基础的是英国经济学家坎南。他在《财富论》一书中指出，人口应围绕某一极大报酬点——适度人口而变化，这个极大报酬点不是指以土地生产为核心的农业的人口承载，而是指各个产业及其基础上的社会综合生产能力的最优人口状态。他认为“这个点的位置是随着知识进步和其他各种变化而不断变化着的”，因此“我们与其将关于人口的理想或适度规定为在一定的时点上，不如当作人口的正确运动，即增加或减少来加以处理。所谓正确运动就是把所有世代的人们的利害考虑进去，从长期对产业提供最大的报酬的运动”[1]。可见坎南的适度人口学说不仅具有随科技进步和社会生产力发展的动态观点特征，而且隐喻着适度人口的实现可视为一种运动的规律，有助于调节、促进物质生产的产业发展和社会的持续发展。

人类的社会存在既决定了人们维持生存需要劳动，需要进行物质生产，也决定了在一定生产能力基础上所能创造的物质财富仅能满足一定人口的生存所需。因此，从生产需要劳动力和生活资料所能抚养的人口方面，探讨最有利或尽可能合适的最优人口数量，是每个社会形态都不能回避的现实问题。

马克思曾指出，古代的希腊、罗马“这两个国家的整个制度是建立在一定人口限度上的，超过这个限度，古代文明就有毁灭的危险”[3]。在这里，马克思所论述的适度人口思想虽是针对古代私有制社会的，但是关于一个国家的人口应该有一个适当限度的思想确具有普遍意义。恩格斯曾指出：“历史中的决定性因数，归根结底是直接生活的生产和再生产。但是，生产本身又有两种。一方面是生活资料即食物、衣服、住房以及为此所必需的工具的生产；另一方面是人类自身的生产，即种的繁衍。一定历史时代和一定地区内的人们生活于其下的社会制度，受着两种生产的制约。”[4]马克思、恩格斯不仅承认一定社会经济条件下客观上存在着一个人口再生产的限度，而且所揭示的人类自身生产必须与物质资料生产相适应的规律，本身就是适度人口思想的高屋建瓴。特别是马克思关于相对剩余人口学说和生产力压迫人口而引起人口迁移的有关论述，本身就体现了适度人口的思想，因为人口过剩是相对于客观上存在的“适度人口”而言的。相对过剩人口概念的提出更使我们认识到，人口再生产不仅应与生活资料供给、物质生产需求相适应，同自然环境相协调，而且由于社会生产方式决定着人口再生产，因此，适度人口不能脱离社会生产方式，不能脱离生产关系制约下的物质财富分配、交换而独立存在。

适度人口的学说、理论产生于社会实践，她像一个幽灵伴随着人类对社会可持续发展的追求，从古到今历来受到人口学家、经济学家和社会学家的关注与青睐。20 世纪 50 年代初，法国著名人口学家阿弗雷德·索维在总结先哲成就的基础上，更为系统地论述了适度人口的概念和理论。认为“适度人口就是一个以令人满意的方式，达到某项特定的目标的人口”。并认为目标有多少个，“适度”也相应地有多少个，包括经济上的适度、政治上的适度、文化上的适度乃至美学上的适度等。[5]因此，他利用边际分析法不仅深化了前人的经济适度人口学说，而且提出和简析了社会实力适度人口问题，从而推动了适度人口理论的研究。

嗣后，美国社会学家赫茨勒提出了人口压力理论。[6]他认为当代世界人口爆炸已形成一股强大的人口压力，即人口增长超过生活资料增长的压力。这是因为“地质资本”是一种一去不复返的资源，地球的“流转资金”，即自然界可以失而复现的资源，在一定时间之内也绝非无限。在赫茨勒看来，不论任何地区或是全世界，收益递减规律是永恒的，总要经常发生作用，这不仅体现在一定技术进步下的农业，也反映在一定技术进步下的工业上。因此随着人口增长，不仅给土地带来巨大压力，也给居住空间、工商业发展空间、交通设施空间等造成日益加剧的压力。他认为发展中地区的人口压力使经济努力集中到消费方面，而不是生产方面，使有限的资金积累用于消费，而生产投资则处于饥饿之中。由于人口剧增，人们不得不更加紧张地开发和利用资源，乃至达到滥采滥用的地步。亦因劳动力多而价格低廉，导致生产中人排挤机器设备，结果未来的进步就牺牲在眼前的权宜之中了。因此，赫茨勒的人口压力理论不仅主张用“适度人口”来评价人口与经济、资源和环境之间的相互适应关系，而且对于我们今天从“适度人口”角度研究可持续发展问题无疑有更多的启示。

中国历来是一个人口大国，其古代人口思想史亦闪烁着“适度人口”理论的火花。战国末期的思想家韩非曾曰：“不事力而养足，人民少而财有余，故民不争。”“人民众而货财寡，事力劳而供养薄，故民争。”即认为人口过多、财富不足、生活困难是社会不安的根源。秦国丞相商鞅也曾言道：“民过地，则国功寡而兵力少；地过民，则山泽财物不为用。”就是说，人口太多，超过了土地的负载量，农业生产就无法向社会提供必要的生活用品，从而造成国弱兵危。相反，人口太少，土地得不到开发，自然资源不能充分利用，同样不利于富国强兵。我国清朝的汪士铎也曾明确地提出了“民不可过少，亦万不容过多”[7]的命题。

到了20世纪50年代，由于我国人口的迅速增长，适度人口问题又引起仁人志士的关注。著名社会学和经济学家马寅初、孙本文教授等提出了我国必须适度控制人口增长，以便同国民经济发展相协调的卓见，然而却被当作“马尔萨斯主义的幽灵”遭到严厉的批判。在禁锢了20余年之后，随着我国人口问题的日益突出，对适度人口问题的讨论与研究又重新为人们所关注。人口学家田雪原对适度人口的实现和社会主义社会的人口规律进行了富有卓见的探讨，宋健和于景元从控制论角度为适度人口的研究奠定了方法论基础，胡宝生和王浣尘等明确提出了我国的适度人口规模应在 7 亿～10 亿之间。本书作者曾从经济适度人口、生态适度人口和社会适度人口及其相互关联的角度，比较深入地研究了人口与经济、资源和环境协调发展的理论和方法体系，既发展了适度人口理论及其研究的方法，也为从适度人口角度研究可持续发展的理论与实践问题进行了新的探索[7]。

显而易见，适度人口问题在人类历史的长河中不断引起中外学者的青睐，其根源在于它是能够正确处理人与自然、人与人关系的枢纽，是保障人类社会可否持续发展的基础。作为能动的人类只有依据生态环境的承载力和物质生产的吸纳与支撑力，遵循自然法则和社会运动规律，主动地按照适度人口目标，控制好人口的数量增长，不断改善人口的素质和合理人口的空间分布，才能保障人口代际对自然奉献的公平占有，也为同一时代不同地域民族、民众对自然和社会财富的合理享用奠定了基础。

尽管人口的增长推动了人类社会的历史进程，但不适度的人口膨胀和低素质人口的增多将阻碍着人类社会的持续发展。因此，围绕适度人口目标来调控人类自身的生产和再生产自然是每一时代社会应关注的议题。然而，由于人类认识自身的历史局限性，适度人口之研究虽自古以来持续不断，但历尽艰难，迄今上升到持续发展方面来的认识论和方法论甚为薄弱。在实践方面，人口压力常常迫使社会和家庭按适度人口的客观表象调整生命和生命力的再生产，但追求适度人口以保障人类社会持续发展始终未成为统治者的纲领得以有效实施，从而导致当代人满为患。全球性的人口消费和就业压力不仅威胁到现代社会的有序发展，也将波及未来人口的安生。因此，重新认识适度人口与可持续发展的相依关系与内在运动规律，将有助于有效地控制人口，以促进人类社会的持续发展。

5.3.2　可持续发展与人口控制

人类作为生态系统中的高级动物成员，在人类社会发展的历史长河中并没有按照生物繁衍的几何级数生育规律无止境地增延，其阻力不仅来自自然生态环境平衡律的约束，而且更重要的是受到自身所能创造的物质财富的限制。但人类并没有如同一般动物一样简单地适应自然，自生自灭，而是在认识自然、改造自然的同时，人类也能够认识自己，按适度人口目标控制自身“种的繁衍”，以适应生态的平衡和促进社会生产的持续发展。

适度人口是指符合社会、经济持续发展和自然环境条件有序改善要求的满意目标人口。目标因社会生产方式、自然环境条件和社会集团利益追求各异，因而适度人口在时空表象上具有多目标性，但它必须符合人类社会持续发展要求下的两个准则——代际公平和代内公平，是一个相对的综合指标集和具有伸缩弹性的合理空间。由于人口再生产与特定时空域的经济、社会和生态环境密切关联，因而其内容包括适度的人口数量、质量、年龄结构和空间分布。人口数量是特定时空域具有一定素质和年龄结构人口群体规模的集中体现。在特定环境条件约束下，提高人口体能和智能素质，需要控制人口总量的增加；追求较优的人口年龄结构，需要调节人口的年度出生率和机械性变动；为了平衡社会经济发展和自然环境的有效人口承载，亦需要合理人口的地域分布。

总之，上述四个方面的适度人口内容是一个有机联系的整体，构成了以人口数量为主体的人口再生产适度空间。由于它受控于特定时空域社会生产方式与自然环境条件的抉择，因而在表现形式上，可区分为经济适度人口、生态适度人口和社会适度人口，但它们都综合协同于人类社会可持续发展和特定时空域要求的适度人口空间。

适度人口空间的变化同人类社会产业的发展过程基本一致。在人类摆脱依靠采集和捕猎谋生时代进入农业社会之后，适度人口空间随之跃升，人口再生产也由生物性控制转入适应社会生产发展需求的社会利益机制。当农业发展到一定水平，其生产规模报酬递减至负值时，农业生产需求的劳动力和农业生产资料所能抚养的人口数量相对过剩。嗣后，由于农业生产力持续压迫人口，加之农业发展需要其他产业的支持，于是又产生了社会大分工，在原手工业发展的基础上第二产业开始独立于农业而发展。

在这一转化初期，劳动力和消费人口超过适度人口数量仍显过剩。只有当第二产业充分发展后，适度人口数量区间递增，一方面劳动力供给逐渐相对不足，另一方面社会生产创造的消费资料可供养较多的人口，人口年龄结构由传统型向发展型转移，人口空间分布也由分散的农村向工业区域或城市集中。但当科技进步呈现相对恒定状态时，第二产业以至社会生产的边际生产力递减出现负值，因劳动力投入增多规模生产效益相对下降。于是，在人口增长过剩和产业扩张需求双重压力下，社会再度出现大的分工，第三产业独立于第一、二产业而初步得到发展。

这时适度人口数量要求还较低，劳动力供给仍过剩，只有当第三产业充分发展后，适度人口空间才得以向高层位移。这缘于一方面第三产业发展促进了第一、二产业的勃兴，另一方面社会分工愈益细化，就业门类增多，社会财富亦迅速增长，因而既需要更多的劳动力，又可提供更多的消费资料，在提高人均消费水平的同时，还可抚养较多的人口。同时要求人口素质迅速提高，人口再生产类型向低出生、低死亡和低人口增长方面发展，并要求人口年龄结构和空间分布渐趋合理。

随着社会生产力的发展，当人口压迫生产力，即因消费人口超过生产力增长可能提供的财富与环境空间的承载力，和当生产力压迫人口，即要求减少劳动力数量的供给与提高人口质量时，这一矛盾对立运动过程不仅要求某一时空域保持相对稳定的适度人口，而且伴随人类生存空间的相对狭小和资源供给的日益短缺，要求全球须积极控制人口规模的膨胀，并通过新的产业革命以保障人类社会的持续发展。

因此，从历史上社会分工和产业革命的变化进程中可以看出，与社会生产力发展相适应的适度人口处于螺旋形发展，且随着产业革命的发展在转移。即往往在相邻两次产业转变之机，适度人口保持相对稳定；当新的产业得到充分发展和迅速增长时，适度人口空间随之位移，呈现递增趋势。但人口数量的递增幅度逐渐减小，且滞后于社会生产力的发展，人口分布渐趋于相对均衡；人口质量要求愈来愈高，需要超前于社会生产力的发展而发展；人口再生产类型亦向合理化方面转移，人口控制逐步由生物性控制、社会利益机制，向以适度人口规律为要求的自觉控制方面发展。这种发展趋势不仅来自科技进步的推力和生态环境的压力，而且也是人类社会可持续发展目标要求下适度人口调节规律作用的结果。

由于地球负荷有限，某一时期的自然资源可开发潜力和人类开发能力有限，决定了不同时空域社会生产力所需劳动力和所能承载的人口总量亦有限，因而客观上总存在一个适度人口数量区间。这个适度人口数量区间，总是伴随着社会经济发展和消费水平的波动而波动。在特定时空域，假定人口消费水平的递增为一常数，科技进步相对不变，那么这个适度人口数量区间则出现于社会边际生产力递减至零值这一范围内。这时劳动力就业充分，人们生活水平提高，社会生产及其他事业蓬勃发展，生态环境的内在能量循环也相对均衡。在达到此适度区间之前，社会边际生产力持续递增，人口的数量和质量供给相对不足，或因人口年龄结构与空间分布不能满足生产力的发展需要，而使两种生产未能达到最佳配置状态；当社会边际生产力递减出现负值之后，反映在劳动力总量上供过于求；或因素质不高加剧了劳动力过剩，进而亦呈现出人口的相对过剩，消费不足；或因空间分布不合理，而使生态环境超负荷。伴随科技进步和社会生产力的发展，以及人口再生产状态调整的惯性滞后影响，又会出现适度人口与现实人口的等价时期。

总之，历史上现实人口的不足或过剩，都是围绕社会生产力发展和支撑所要求的适度人口规模在波动。这犹如商品经济社会中，商品的价格围绕价值波动，价值规律通过商品的价格调节商品的生产和供需一样，消费人口和劳动力的供需总量，以及人口素质和空间分布也围绕着社会生产力所要求的适度人口在变动。适度人口规律通过就业矛盾和人们生活水平变化，来调节人口的生命再生产和生命力的再培育，使之适应社会生产力的发展；通过控制人口的出生率，使现实人口趋近于适度人口的总量要求，以与社会所能提供的生活资料和自然环境的保障相适应；通过欲达适度的人口年龄结构，提供适量和高素质的劳动力，以与近、远期自然资源的合理开发和物质资料的生产相适应；通过实现适度的人口空间分布，以平衡生态系统的承载力和促进社会生产力的地域协调开发需要。但在不同资源环境约束、不同社会生产方式和不同社会制度的国家或区域，适度人口的目标不同，其规律的表现形式和调节作用，以及围绕适度人口所应采用的控制策略和措施亦不尽相同。

在人类社会发展的历史进程中，虽然适度人口目标之追求在调节人口再生产与物质资料再生产的协同中发挥了积极的作用，但由于人类可利用的自然资源和可开拓的地理空间在20世纪中叶以前一直相对较充裕，加之以人为中心的偏倚思潮和避孕技术落后的束缚，因而伴随生活资料的丰富和就业机会的开拓吸纳，使得适度人口目标不断攀高。于是，人口数量增长的控制仅仅依托于社会供需失衡后的战争、瘟疫、疾病、饥饿和局部家庭或社区的自我调节，而没有变成人类社会和历代各国政府的行为准则与行动纲领。从而既引起世界史上人口规模的大起大落，也因人口持续膨胀导致了当代全球的人满为患之灾，使人类社会处处面临不可持续发展的危机。

这些危机主要体现在：一是世界人口增长翻番的周期迅速缩短，生活消费水平的提高又显著加快，在可供人类开辟新的生存空间已十分有限、资源供给日渐短缺和环境污染加剧情况下，人与自然之间的矛盾冲突愈益尖锐。这不仅威胁到未来人口的生存与发展，亦制约着当代人口的生活幸福；其二，由于劳动力人口太多和资本有机构成迅速提高，故而导致了大量显性或隐性失业人口，引起贫困人口增加和贫富差距加大，遂使社会极显不安定；其三，在发达与欠发达国家之间，既因发展基础显著不同，也因人口逆向发展的差距增大，加之全球范围内的能源等非再生资源日益紧缺，因而国家利益冲突、民族矛盾不和，致使世界难以安宁。

由于上述危机是当代全球性危机，因而我们不能仅仅立足于一个国家或地区，按其社会生产力发展和支撑要求下的适度人口目标来调控人口再生产。而是应着眼于全球的未来，按人类社会的可持续发展要求来研究和确立不同时空域的适度人口目标，然后依据这一目标逐步调控人口的数量增长、素质改善、年龄结构和空间分布，无疑是全球特别是人口众多的发展中国家应十分关注的议题。此外，调整生活消费方式，避免畸形高消费和适度减缓消费水平的增长速度，不仅是着力改善人民生活水平的发展中国家应采用的可持续发展策略，更是高度生活消费的发达国家所须遵循的准则。这样，一则可节约大量的自然资源和社会财富，二则有助于减少环境消纳压力和污染，以保障当代和未来人口的生存与发展。

为了促进当代人之间的和睦相处和公平享有自然资源与社会财富，解决社会就业和贫困问题是国际社会应着力持续探索的核心。在当代社会、经济全球化的进程中，需要通过加强国际经济贸易、技术交流、人口合理流动，以及发达国家对欠发达国家的经济技术援助与国际合作，来调整世界与区域的产业、消费和分配结构。同时在国际组织和各国政府的努力下，加强社会保障体系建设，持续开展扶贫工程和积极推行人口的计划生育与素质改善事业亦尤为重要。[8]

总而言之，没有人类的生育文明，就不可能实现全球的物质文明和环境文明，也不可能保障人类社会的持续发展。因此，从适度人口目标追求角度探讨人口与经济、生态环境和社会发展之间的协同，以促进人类社会的可持续发展，无疑是一条重要的途径。

5.4 区域人口的适度规模与分布

5.4.1 人口空间分布机理

时间和空间是一切物质与能量存在和运动的基本形式。任何物质与能量的变换和转移，既以不同尺度的时序径向流逝而发生物理或化学的演变，又以不同维度的地理空间横向分布而进行有形或无形的广延与扩展。时间、空间的对立统一是一切客观物质与能量得以存在、变换和发展的基础。正如恩格斯在《反杜林论》中所指出的“……因为一切存在的基本形式就是空间和时间，时间之外的存在和空间之外的存在，同样是非常荒诞的事情”[9]。人和人口是生活在地球上的生物进化中的高级繁衍物，是一种具有生物和社会属性的多种规定与关系的丰富总体。它的发生发展和能量输入输出变换须臾离不开某一特定地理空间和特定的时间。因此，人口与经济、社会和自然环境的发展协同、适度人口目标的探寻和控制、人口容量的计算和超载对策方略的制定，不仅需要按时序来考虑，亦须从地理空间去运筹。

5.4.1.1 人口空间分布的特征与规律

人口数量的增长、质量的提高、年龄与其他社会属性结构的变化，同社会生产方式决定下的社会生产力水平及社会制度机制息息相关。这种内在相依性，不仅沿时间轴进行状态结合的涨落与协同，而且在空间分布的矛盾对立交织运动中呈现出各具特色聚集与扩散的地理拓扑。不同社会生产方式决定下的社会生产力水平与社会经济形态，决定或具有为它所特有的人口地理结构系统。特定人口地理结构系统在不同时序延续过程中，以不同的人口增长模式、人口素质水平、人口定居形式、人口迁移方式而与地理环境和社会经济形态构成一个不可分离的整体，二者相互依存，互为作用与反馈影响，从而推动着人类社会以社会生产力的发展为中枢进行时空域的拓扑。在原始社会，人类所能驾驭的生产力主要是石器和棍棒，用于采集和狩猎活动。由于人类早期智力、体能发育的低级与不完善，依赖简陋的生产工具所能获得的食物数量仅能维持劳动者的基本生存，所能采猎到的食物仅限于自然界无偿、随机而有限的供给，人类抵御自然危害的能力颇低下，因此人口的增长十分缓慢，亦决定了原始人在一定地域范围内逐群兽水草而近距频繁流动分布。这种人口地理和生产地理结合过程中的非均衡变迁，主要源于自然资源在空间上的分布不均匀和原始人生产能力的低下所使然。

青铜器和铁器的产生与使用，致使社会生产力产生了一次飞跃，农业和畜牧业的相继分离和发展，标志着人类介入自然环境程度的加深和驾驭自然界能力的增强。人口分布也逐渐由迁徙不定转向气候温和、水源充足、土壤肥沃、利于轮耕和放牧的自然地理环境而半游半居和/或长期定居。但处在原始生产方式状态下的农牧业生产，由于生产力水平低下，自然灾害频频发生，农畜产品生产数量少而不稳定，超过土地初级生产能力所能抚养的过剩人口或被饥荒、疾病吞没，或辗转流徙他方。所以人口增长依然缓慢，地理空间分布密度稀而离散，既不可能产生低级适度聚集的规模生栖效应，亦依然摆脱不掉自然界的强大束缚。

自然经济时期，农畜产品剩余量的增加为抚养较多的人口创造了物质条件，以小农经济为主体的分散生产经营方式对劳动力供给的需求拉力，又促使了封建社会地域封闭割据下的农村人口的显著增加。落后的生产、交通工具和分散的农耕经营，亦迫使人口的聚集以平原、盆地、流域为依托呈现出离散分布的均衡格局。由于以农业的平面垦殖、分散粗放经营为主要生产特征，生产力发展水平较低，人口素质提高的动力不足，人口自然增长率较高，人口群体结构普遍年青，人口空间分布密度稀疏，自然迁徙流动频率小，人口居住相对固定和离散均衡。由此而产生的社会经济势场动能小，科学技术的发明和利用缺乏推力与拉力，加之仰仗自然力，自给自足，供需平衡，从而使社会生产力发展甚为缓慢。这也恰从另一个侧面映像了如中国封建社会能够延续两千年的社会经济和人口地理分布的反馈动因。

商品经济的产生和发展、资本主义生产力式的形成与完善、工业革命的推波助澜，从而使奴隶、封建社会相继解体，大批小农破产。采掘业和加工业的日趋发展壮大，一方面促使交通运输业兴盛，商贸流通繁荣，农业生产的商品化、专业化和社会化程度增强，劳动力的数量需求和质量提高不断加剧；另一方面，由最初农业剩余劳动力的就业部门转移和易耕土地超载压力的迫使，引起生产和消费人口依次向工业据点、商贸中心、文化教育和政治力量集聚的城市、矿区、港口和商贾云集的重镇迁徙位移。大工业的迅速发展和新兴工矿业、商业中心的形成，引起劳动力数量需求的增加，从而亦刺激人口生产的增长和聚集。工业对农业发展的反馈装备，使农业劳动生产率和对自然资源的开发利用程度不断提高，亦为大批农村劳动力和消费人口的迁徙奠定了基础，从而不断打破人口地理空间的离散均衡分布，日趋向以居民点、城镇网络格局聚集。劳动力人口且由此引起消费人口的聚集效应有力地推动着社会生产的专业化、区域化分工合作，从而大大促进了社会生产力的较快发展。

从不同社会生产方式影响人力资源流动，既而带动人口迁徙分布，又反作用和推动社会生产力发展的内在机制角度看，如果说，前资本主义社会的人口迁徙主要是由于生产力水平低下，使得人类在仅能维持最低限度生活的有限可垦土地上压强超载，由此而形成的过剩人口压迫生产力发展，从而引起人口向适宜生存的地域空间迁徙。

在工业革命兴起的近代，资本的原始积累和工业发展进程中资本有机构成的提高，一方面因使小农经济破产，制造了庞大的无产阶级后备军；另一方面资本家追求剩余价值的贪婪，加重了相对过剩人口的失业困境和无产阶级的贫困化。这种被马克思称之为生产力压迫人口的状况，其结果，一则促进了工业门类与生产规模的扩展，迫使劳动力素质得以提高，以适应就业的需求；另则过剩人口为生存被迫背井离乡迁徙到新的矿区、工业据点或荒无人烟的边疆地区垦殖生栖。那么到了建立在高度技术基础上发展起来的后工业社会的今天，以及未来信息革命蓬勃发展的时代，社会生产力高度发展要求人口生命力再生产的科技文化素质显著提高；物质生产的日益丰富，加速了人们对生活消费和幸福生存的不断追求；适宜人类美好生存的新的地理空间逐步缩小和要求生态环境的良好保护；高新技术的不断发展和交通、信息传导日趋便利，致使地理间隔相对缩短。

诸此状态变化的现实和趋势，皆要求人口规模的数量增长不再随经济发展曲线同步增长，而须以自然环境的承载、经济发展的需要和社会文明之追求下的适度人口规模、质量和年龄构成为准则，有机地调控人口生命与生命力的再生产；人口的空间分布逐步不再以城市为极核进行梯度单向式自然聚集，而是以城市为极源呈多向式扩散适度分布。人口的迁徙位移，将伴随职业的变更、生活环境的追求，呈现多方位钟摆式或定期性流动。[10]

概而言之，人口生命和生命力再生产的运动过程与人口在地理空间的分布和迁徙，尽管还受到诸如战争、灾荒、疫病、宗教、国家移民政策、婚姻家庭等因素的影响，但造成人口迁徙与分布、聚集与扩散的主要内在动因，是不同时空域生产力发展水平决定下的社会引力场利益熵流有序变化的结果，亦是人类追求幸福生存和发展的微观利益机制的外在表现。

5.4.1.2 生存空间与适度人口

物质运动的物理空间是世界上一切事物发生、发展和存在的基础。自从地理上出现生物之后传统的物理空间已发生某些质的变化，出现与生物活动密切相关的生态空间。生态空间除了具有支配普通物理空间的一般规律以外，还具有自身特殊的性质与规律。

生态空间是生物要素与环境要素相互作用与活动变化的舞台。生物的空间格局分异现象，正是各种生物与环境要素在特定生态空间随时间耦合效应作用下的产物。生物群落既因环境要素的制约呈现阶梯状间断分布，又随时间位移而连续演替。生物在生态环境中的长期时空耦合，则形成了自身生存与发展的生态位。生态学家Hutchinson（1957）和May（1974）从资源利用谱系的角度，提出和分析了超维生态空间的生态位宽度、种间竞争及生态位重叠度理念，揭示了生态位重叠度随生态位维数增加而降低的规律，成功地解释了在种内及种间竞争存在下的空间聚集行为。显然，生态位作为一生物种能生存与发展的抽象空间与特定环境要素相结合，就构成生物可利用的地理生境资源。生物受生态位重叠度交互影响和边缘效应，使其在分割、占有和利用这一地理生境资源过程中，也将自身同化进去，从而构成和强化了生态空间的异质性现象。(11)(12) 在生态空间中，动物和人类的行为意识决定了其在生态地理空间上的群聚性和地域选择性分布特征。著名生态学家Allee（1951）发现群聚性来源于种内的原始合作，并提出了著名的阿利氏定律，即种群通过某种社会组织来调节适宜的群聚度，指出过疏与过密对种群都是有害的。Odum（1969）认为，人类社会的“城市群聚”现象同样遵循阿利氏定律，人口群聚程度必须有利于人群的最适存活、增长和人类自主行为的扩展。[11] 在群聚过程中，动物和人类为生存和发展需要，通过迁徙和选择而相对定居于某一生态地域空间繁衍生息。以群聚性和地域分布为特征的人类社会的存在与发展亦必然有其自身的社会生态位——生存空间，即以生态空间为基础的地理社区。

人类为了生存，就需要选择适宜的生态空间，以便通过自身劳动的输出易于摄取食物和有效利用生境资源繁衍生息。为了发展，就需要通过群聚分工协作，以便更好地利用自然力和生态资源丰富自身的生产和再生产，抵御自然灾害的侵扰，从而不断壮大和发展自己。依据生态位重叠度随生态位维数增加而降低的规律，即食物链营养层逐级递减的规律，预示特定生态空间的人口容载量仅能维持在某一有限的水平上。但人类有别于其他生物的自主能动性，伴随人类对自然力的认识和驾驭能力的增强，从而逐步摆脱了生态位重叠规律的自然束缚，一方面使特定生态位的人口聚集度不断梯度增加；另一方面受生态位重叠度负载和社会经济边际效益递减即社会生态位重叠承载降低规律的制约，而进行逆向梯度扩散分布。于是，伴随社会生产力发展，人类由采猎、游牧，依赖自然赐予生存，向定居平面垦殖、城镇聚集的立体开发方面发展。当社会生态位的梯度叠加所产生的聚集边际效益达到社会生产所能承载的较适人口群居规模后，又必然产生沿不同聚集规模的城市辐射波半径而逆向扩散，从而逐步形成以中心城市为极核，以卫星城镇、中心村落为节点的生存空间合理格局。

如果我们将生态空间视作某种生境力场，则在生境引力场作用下导致种群的空间群聚性，在生境斥力场作用下形成生物群落的空间地域性；那么促使不同种属生物及其生境要素空间集散现象和调节种群生栖的内在动力来源于生态空间引力与斥力的相辅相成与平衡。同样道理，生存空间也构成了一种以自然、经济和社会综合要素影响的社会生态力场。社会生产力决定下的正反馈机制引力，使人口不断向生活条件优越、就业容易、经济收益较高的城镇聚集。特定时期的城镇空间超负载斥力又迫使不同职业素质和利益追求的人口滞留和/或迁徙到次级城镇或村舍或新地去谋生、发展。

诚然，影响人口生存空间聚集与扩散的动力，一是特定时空域社会生态位对人口的适度负载能力驱使人口在生存空间能够合理分布；二是人口生存与发展利益机制牵动人口作双向流滞。此外，地理空间的有限性和生物群落适宜生存的生态空间的局限决定了人口生存空间的有界性。社会生产力的发展使社会生态位重叠度提高，致使在特定的地理空间中可以容纳更多的人口聚集。人类对自然环境的不断认识、适应和开拓，使得生存空间在横向上可以广延到整个地球空间。但人类对物质财富的不断追求和生活环境持续改善的美好欲望，迫使平均每个人所占有的地理空间客观上存在一个阈值。因此，在特定时空域客观上存在一个适度人口规模的容载。

农牧业的平面垦殖扩展和交通运输、邮电信息业的发展，有助于人口开拓生存空间和扩散分布；工业据点的形成，商贸、文教、政治中心的诞生和发展，有助于聚集和承载更多的人口就业与生存；科技革命推动下的社会生产力发展能够全面提高地理空间的适度人口承载。然而，生物圈的界定、生态空间物质能量的平衡供需，以及人类对幸福生存的追求，迫切要求人口的总量规模保持适度；不同社会生态位的适度人口容载要求人口在生存空间能够合理聚散分布。这一切既需要人类不断认识开发自然力，创造日益增多的物质财富和保持生态平衡；又要求人类能够充分认识自己，控制自身生命的扩大再生产，特别在世界人口不断膨胀的当代更须控制人口的自然出生率，使之适应生存空间适度人口规模的要求。

不同历史时期的生存空间，既需要有适度的人口规模合理分布，又需要有合理的人口素质与年龄、性别、职业等社会内容结构，以保障人口群体在生存空间的合理流动和相对稳定。人口规模的生存空间聚集，伴随自然环境、经济条件和政治、文化等社会因素综合影响呈现梯度集结与分布。同样，人口质量、年龄、职业结构的空间组态往往与自然、经济和社会背景条件影响下的人口聚集度成正比。就是说，人口聚集度高的地理空间，人口素质构成往往比较高，年龄结构相对合理，职业结构层次多，社会分工精细、协作，能够显著地促进社会生产力发展，反之亦然。因此，人口素质、职业构成和年龄结构在生存空间上的合理与否，往往与适度人口规模的合理分布息息相关。

5.4.2 人口空间分布与社会生产力发展

马克思主义认为，人类社会的生产是物质资料的生产和人类自身生产的统一。但不论是物质资料生产或是人类自身的生产都是在特定的地理空间中进行的。这一特定的地理空间实质上是自然地理空间、经济地理空间和社会格局空间的综合集结，即人类生存空间的地理表现。

在人类生存的地理空间中，人口的地理空间分布密度往往同社会生产力的发展水平之间具有双向函数关系。即人力资源的空间聚集，有力地促使了该地域社会经济的迅速发展和自然资源的充分利用；物质财富的供给充裕，交通、文化教育事业的发达，既能容载更多的消费人口，又能不断吸纳和需要各类较高素质的人力投入社会经济多方位的发展。但特定地理空间自然资源的有限、生态环境能量转化的供需均衡，以及社会生产、生活资料供需和政治力量格局的均衡机制，又迫使人口空间扩散分布，梯度集结。相应地，生产力的发展亦随之位移，政治中心亦呈多极化分布发展。尽管环境条件、自然灾害、战争、民族利益及宗教等亦影响着人口地理空间的聚散和分布，但社会生产力的发展水平始终作为人类历史发展主线制约和影响着人口生存空间的扩展和地域人口规模、素质构成等内容的形成与发展。

5.4.2.1 人口空间分布与社会经济发展

人不同于动物的本质区别在于人能够认识自然、转变自然力为社会财富以供养人类的生存和发展。此外，在人类适应自然、改变环境的生产创造性活动中，亦能够控制自身生命与生命力的再生产，以适应空间经济发展需求和负载均衡。

当人类处于蒙昧阶段时，原始落后的生产方式决定下的采集、狩猎经济基础，一方面仅能供养极少的人口，另一方面迫使人口不断迁徙流动。新石器的产生启动了种植业和家畜驯养与繁殖业的诞生，人类由颠沛流离逐步转向定居生存。以平面垦殖为主体的小农经营时代和自然经济基础，决定了人口的空间分布只能是星星点点、相对孤立而离散式自然聚集。

自工业革命后，资本的聚集打破了自然经济和自然分居基础，自然资源的立体开发和自然力的多层次转化，由此而产生的立体商品经济，要求和驱使以人力资源为先导的人口聚集密度逐步而持续地加大。于是，以工业据点、商贸要埠、交通信息枢纽、文化政治中心为基础或特色的城市网络滋生形成和发展。城市网络的形成和发展，一方面使不同素质、专业技能的人力资源同相应规模的资本资源和技术水平紧密结合，既产生不同规模的经济输出，又因专业化、区域化、社会化分工合作，又带来规模效应和效益，从而加速了经济发展；另一方面充裕的社会物质财富和剩余产品，既可扶持较多的人口聚集，故而促使了人口的增长和乡村人口的城市集结，又因消费需求动力，大大刺激了经济发展和其他满足人口生活消费与生命力培养的各项事业的发展。

概而言之，人口在空间的聚集效应显著地推动了经济发展，继而促进交通、信息传导、文化教育事业的勃兴，同时亦促使人口的生命和生命力的扩大再生产。但当经济规模、资源利用和生活水平提高的边际效益在技术进步不足于扭转这种综合聚集效应递减时，特定时空域的人口规模伴随新的经济生长点向空间扩散，依据资源和资本规模，重新聚纳生产人口和消费人口逐步形成不同等级的经济发展中心。

由此看来，人口在空间的分布形式和聚散强度始终同社会生产方式决定下的社会经济发展水平密切相关。以基本生存追求为核心的采集、狩猎经济和自然小农经济时代，人口的空间分布逐水草而流转和稀疏聚散，以便同简单的生产方式和维持温饱的生活资料生产相适应。商品经济条件下，剩余价值的生产和消费水平提高的追求，既要求人口依据资本集中情况而聚集，又依赖交通运输、通讯等设施的改善和技术进步而使人口在一定的地理区域进行扩散。因此，人口的空间分布密度往往反映了不同历史时期或不同地域空间经济发展的水平和科学技术的发达程度。正如 19 世纪末叶区域发展“门槛论”的代表人物 Wagemann 所言：“地区人口的密度富有科学意义，是有价值的数量指标。”他认为：“区域的集约化程度首先由土地上有多少人来决定，其次才是土地上占有的资本、设备等技术装备。从而，人口密度是认识区域特征的本质指标，即门槛值。”[13]

尽管人口地理密度是人口居住分布与社会经济发展和资源环境相依为伴的

综合映象，但等同人口地理密度的地区，其社会经济发展水平往往差异甚大。例如，对每平方公里1000或1000人以上的这种密度来说，既可以是一些工业化和都市化地区，也可以是包括尼罗河盆地那样的纯农业区。因此，在探讨人口分布密度与社会经济发展的内在机制规律时，还需要诸如单位土地面积上的劳力与科技人口聚集度、矿产资源潜在价值与工业产值密度、固定资产与人均国民收入强度，以及单位面积上的交通运输里程或车辆和城镇人口密度等指标的辅佐。

不同时空域经济发展规模与增长水平是产业结构转化机制的外在综合映象，而产业结构的配置状况又同人口在地理空间的分布、构成密度息息相关。在以农业生产经营为主体的时代或国家、地区，人口的分布密度相对稀疏和均匀。工业经济的突出发展，不仅要求人力资源聚集于矿藏资源和加工业及便于运输的据点，而且伴随资本有机构成提高、深层序列加工的集团化经营，以及人力素质和交通条件的不断改善，以人力资源为主体的人口空间分布呈现点、线形式的相对集中和一定半径内的辐射面扩散。第三产业以技术、信息、文化教育、商业活动、生活服务和政务管理等为其对象，因而人口在空间据点上的密集度甚高。

如果说，以工业发展为主体的时代或国家、地区，城市是工业人口的聚集地，那么到了现代和展望未来之发展，城市将是以第三产业发展为主体、消费人口和第三产业人口高度密集的中心。诚然，消费人口和第三产业从业大军在某一据点的聚集亦存在一个阈值，产生一种扩散动力。这一阈值和动力与工业化的资本转移机制不同，它取决于人口对幸福生存的追求和超密度人口的不经济性，以及环境和社会财富的容载情况。

耗散结构理论认为，一个远离热力学平衡的物质系统，自由扩散可使化学成分均匀分布。而源于包含自催化的化学过程的局域扰动将使空间分布不均匀，两者的竞争便引起不稳定性并最终导致稳定的物质非均匀分布的出现。

引起自由扩散均匀分布的机制动力是由于极限环（阈值）约束机制产生系统熵值增大，引起无序度增加的结果。而系统外负熵流的输入引起自催化所产生的扰动或涨落，从而使系统变为有序结构态，导致稳定的物质非均匀分布集结。展示人口与经济流在地理空间的聚集与扩散运动过程，正是开放性的社会经济系统在空间格局上的结构耗散。人口在地理空间的聚集，是社会经济系统内部分工协作的规模经济效应和外部人、财、物流动与环境干扰影响引起人口——经济系统自组织生成催化的结果。人口的空间聚集显著地促使了该域经济的迅速发展，经济的外延扩张更加剧了人口的迁徙、增长与聚集。然而，一方面社会、经济和自然环境氛围条件综合集成的人口容载极限环又迫使人口空间扩散；另一方面，经济的内涵扩大再生产，要求资本、技术集约，人口素质不断提高，于是机器排挤人口不仅在职业上扩张，而且在空间上亦须扩散。

人口与社会经济在地理空间上的相依发展，呈现出聚集与扩散的螺旋形递进。人口的每一次规模性聚集，孕育着社会变革、经济发展、科技进步、人口素质改善和结构性调整的大跃进。人口的每一次规模性扩散，既是社会经济发展的外延地域扩张所需，亦是人口膨胀、生存空间缩小、生态环境破坏、人口自身再生产须控制的警告。人口与社会经济在地理空间的分布发展历史，正是聚集与扩散运动周期性发展的交响曲，是人类进步和社会文明的象征。

5.4.2.2 人口空间分布与生态环境

人类的居住环境是一个自然、生物和社会经济多要素互相联系与影响的综合空间。人类为了生存，就必须从这个综合空间中摄取空气、阳光、水、衣食和住所；为了幸福和永续繁衍，亦必须在摄取的过程中能够补偿自然，维护环境，控制人口的增长规模，保障生态系统良性循环。

尽管决定人口地理空间聚散的主要因素是社会经济的发展，但生态环境中的自然要素仍是人口赖以生存、发展和空间分布不可须臾脱离的物质基础。从基本生存条件看，空气、阳光、气温、水和土地资源是人类的生存之本和衣食之源。就生产资料和条件来说，土壤、矿藏、资源和河流、海域等均是农业、工业和交通运输业发展的重要基础。从人类采集狩猎阶段的迁徙流动、自然经济时期的固定居住点选择，到工业经济和现代信息革命历程中的聚集与扩散，人类在地理空间的生栖抉择均不能脱离对上述自然要素的考虑。

纵观世界人口空间分布，具有如下自然地理特点：

(1) 人类的固定居住地分布在北纬 78 度至南纬 54 度的地带。虽然也有一些村镇坐于海拔 5000 米以上的地区（如我国的西藏高原等），但是，据有关资料分析，55%以上的世界人口均住在海拔不超过 200 米的地方，尽管这些居住区面积不到全部陆地的 25%。在上述纬度带和海拔区里，气候比较温和，除了干旱、沙漠区外，雨量较足，因而适宜于生物生长和人口生存。

(2) 土壤既作为人体某些微量元素需求的源泉直接影响人口对地理空间的选择，又因其质量的好坏间接影响农业生产而决定着人口生存的分布。因此，在适宜生存的地形结构区，人类总是首先选择土壤肥沃的冲积土、黑钙土和棕色森林土壤区居住开发。如我国的黄河流域、长江三角洲冲积平原区等均是人口长期以来密集繁衍的地方。

(3) 矿藏资源是工业的发展支柱，因而伴随社会生产力的发展和矿藏资源的发现、开采与加工，使大批劳动力和消费人口亦相应地迁徙集聚。例如早期的“淘金热”，近现代大型煤矿和石油的开采，均吸引着大批人口迁移，且逐步形成工业基地或城市。

(4) 沿江河湖海流域，由于运输便利，因而历来亦成为人口争相居住和工商业发展的地区。目前世界人口一半以上居住在距海岸线200公里以内的地区，愈向内陆延伸，人口密度就越小。这不仅由于该流域海拔较低，气候温和、湿润，更主要的是由于水运是工业和现代社会经济发展的重要命脉。因而临江沿海城市林立，人口聚集。随着社会生产力发展和人类对自然力的充分认识与利用，相应地各国政治、经济中心亦大多逐步转向沿海地区，以至于太平洋沿岸成为当代经济发展的中心。例如我国政治经济和人口聚集重心从黄河流域转向长江和沿海也是历史发展的必然。

产生和形成上述人口地理空间格局的基础，在于自然界为人类的生存和发展提供了丰富的物质财富和生活、生产环境。人作为生态系统的高级成员，其生存和发展历史无不呈现出对自然环境和自然力的认识、开发与利用。这一历史轨迹可以沿社会生产方式决定下的社会生产力发展水平主线去追索。原始人手中的棍棒和石器，只能依赖自然界的生物赐予而不断地在自然生态环境中迁徙流动；铁器农具的运用，使人类能够定居于土壤肥沃、适宜耕作的河谷盆地和平原川坝的农田生态系统中男耕女织；加工机械和运输工具的诞生与改进，使人类更多地摆脱了自然界的束缚，不仅加速了生物资源的充分利用，而且采掘地下、海域资源和进行深度的加工转化，从而使人口更多地聚集于城市人工生态场中发展。

人类在适应自然、改造环境、充分开发利用自然力的过程中，一方面不断创造出更多的物质财富，满足人口增长的基本生存和幸福生活需求；另一方面因盲目开发自然资源和人口急剧增长与聚集压力，在打破自然生态和人工生态均衡中，亦酿造了破坏生态环境与能量循环平衡的恶果，不仅使昔日的绿洲变成了不毛之地；因森林破坏，致使水土流失、沙漠侵袭、干旱漫延，生物种源减少、濒危，迫使人口迁徙退让；工业污染造成空气混浊、水源变质，导致部分城镇、工业基地人口外迁。且伴随人口的剧增造成的消费摄取压力，因疆域经济发展不平衡和盲目竞争机制引起向自然界的掠夺式开发，导致了人与自然的诸多不和谐。

生态系统的生物顶极是森林，而人类现代居住的顶极却是城市。两个顶极的错位，使得在自然生态与人工生态系统之间形成了一种离差场。如果两者之间的距离太大或因山脉阻隔，势必导致生态宏域的物质能量循环在这一离差场中表现为各自孤立的弱交流。尽管现代科学技术和运输条件，使人类能够干预和补偿森林顶极群落的植被与能量流动，但自然循环必定鞭长莫及。倘若两顶极间的离差适度，或在城市网络内外依靠人工植树造林，抑或通过控制城市人口规模，减少工业污染，严禁毁林垦荒和自觉保护人工生态环境，势必能促进生态环境的良性循环。

因此，人口的空间地理分布，既受制于自然资源和生态环境的影响，同时又影响着生态系统物质能量的输入输出。要实现人天合一，就必须合理人口的空间聚集与分布，且应当控制城市的发展规模。但归根结底仍然要大力控制人口，以免因生存需求和工业发展而无端地破坏生态环境；须合理产业结构的空间格局与采用先进的科学技术，在充分有效利用自然资源的同时，保护与修复生态环境，实现人类与自然界的共栖长存。

5.4.3 人口空间分布的适度解析

5.4.3.1 人口适度规模与控制

(1) 社会、经济与生态适度人口规模的相依关系

唯物辨证法告诉我们，任何事物客观上都受关联限制因素的制约，且对任何种类的压力都存在一种忍受的极限——阈值。构成事物能量、信息交换运动着的系统都具有一定的负载能力，超过系统的承受极限或负载能力，事物就会产生质的变化。自然环境的承受量虽然很大，但它也有一个时空极限，包括量的供给与承受，质的满足与负荷。作为具有能动作用的人类，在进行各种生存需求活动时，对自然环境施加的压力不能超出它所能承受的极限约束。为了人类的长久生存和幸福，必须维护自然资源的再生增殖能力和我们赖以生存的自然环境的再生功能。

尽管人口数量的增加和消费水平的提高，首先受制于劳动投入的经济增长，但最终又依赖和受制于自然资源与环境条件的约束。人口过多，因消费负担加剧而影响经济增长，增加环境负荷与压力，从而降低人均生活水平与其他

需求。因为自然生产力是社会生产力的基础，人类劳动的物质财富创造无一不是利用自然环境的生产力。自然环境系统的能量流、物质流是经济系统能量和物质流的源泉，自然生产力是社会劳动生产率和价值增长率的物质基础。环境系统再生产的数量特征正是必须保持物质和能量的输入等于或大于输出，从而才能为经济系统源源不断地提供物质和能量，使经济增长成为可能，以确保人类的生活水平能够得以稳固地提高。因此，人口的增长，经济的发展，必须以自然环境的可能开发利用能量和生态系统的平衡运转需求为基础。尽管特定时空域人口客观上存在一个较大的生态容量，但亦必须以自然资源的可开发利用能力和生态经济效益为前提。然而，人类的社会存在，在打破了自然的生态平衡之后，往往首先追求的不是自然资源和环境的保护以及新的生态平衡的再建立，而着眼于经济的发展、物质财富的创造与分配，以及由此而引起的国家和社会阶层的资源争夺、财富垄断、阶级统治、权力之争与社会化公共服务等方面的超度需求。因此，在人类社会出现剩余价值的生产、摆脱了蒙昧的原始社会之后，人口增长不再以自然束缚为主导，而是在不断突破自然约束的劳动创造进程中，按经济生产和统治阶级的利益需要而发展了。社会的初次、再次大分工，工业革命的勃兴和浪潮冲击，加速了人口的增长和容量的扩大，适度人口容量不再以自然生态机制为核心，而是沿着人工生态环境中的经济适度人口容量脉络，按社会阶层利益需要在增殖发展。

伴随经济的发展、人口数量的剧增、社会各民族、阶层利益的矛盾冲突，以及人类开发利用自然力的盲目、贪欲性和生活水平提高的机制需求，人类在欣赏对自然征服的喜悦之中，亦吞下了自然环境惨遭破坏而施行报复的苦果；在庆幸人类进步、经济增长、各民族、社会团体富强的欢歌笑语中，亦深感地球可容生存空间的日趋缩小。

滚滚而来的人口增长消费压力，迫使人类、迫使各国、各民族、各区域社会团体及其家庭居民不得不尊重自然的规律，使经济和社会的发展建立在自然资源的可供开发利用、生态环境的良性平衡运转基础上；不得不以生态环境的适度人口容量为基准，协调经济和社会适度人口容量的合理选择，且逐步使现实的人口规模调整到生态、经济和社会适度人口容量的共性合理区间，使人口质量、结构和分布，依据适度人口规模和生态环境改善、经济发展和社会进步所求，以及人类自身利益的需要和自身再生产的规律与可能条件进行适度的调节。

(2) 社会、经济和生态适度人口规模关联的理论分析

“福利这个标准比别的标准有更多的人赞成，因为它是人类向往的东西当

中最普通、最经济、最积极追求的一种。”尽管人类所追求的福利的内容界定和标准程度因时空域而有所不同，但它毕竟是人类生活水平提高和幸福生存的主要目标，是人类劳动的物质财富和精神产品的综合象征。

在商品经济时代，特定时空域的社会福利自然以国民总收入为其源泉和标志，个人福利取决于人均国民收入的总量和分配。假定价格因素影响不变，国民总收入则是人类劳动投入对自然力的转化和社会财富创造的结晶。人口的承载容量和生活水平的保障与提高，国力的强盛与经济的不断增长，生态环境的有效改善与保护，均取决于国民总收入的总量和消费与积累的分配。在特定空间域，国民收入受资本、人力、人口消费需求、自然资源的生态转化效益和技术进步综合影响，而诸要素又与人口总量的供给与需求息息相关，于是有，国民收入 $I=f$(总人口 POP)。在国民经济空间的某一发展时期里，通常I呈现出 S 形曲线变化态势，从而亦相应地决定了这一特定时空域生态、经济和社会适度人口容量的合理选择与匹配，如图 5-1 所示。

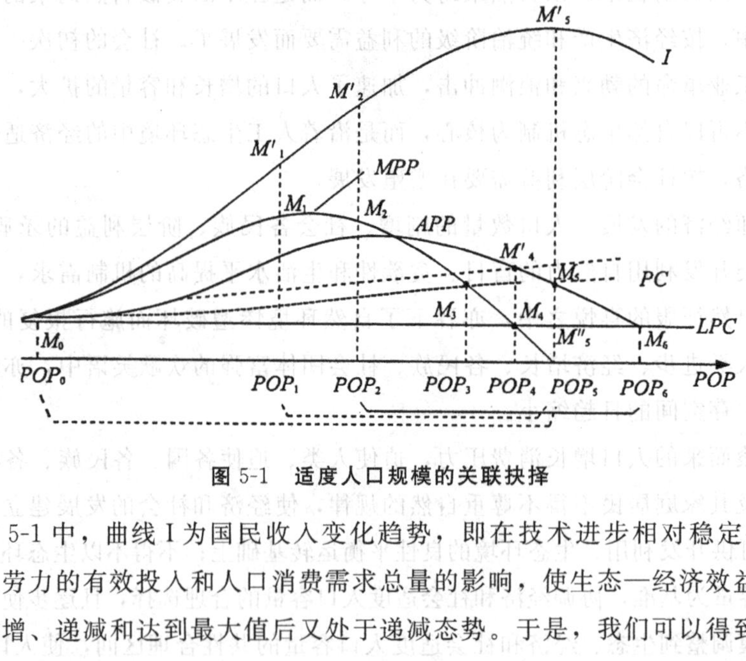

图 5-1　适度人口规模的关联抉择

图 5-1 中，曲线I为国民收入变化趋势，即在技术进步相对稳定条件下，资本、劳力的有效投入和人口消费需求总量的影响，使生态—经济效益的转化呈现递增、递减和达到最大值后又处于递减态势。于是，我们可以得到其产出效益变化的边际生产力收益曲线 $MPP=dI/dPOP$，平均生产力收益曲线 $APP=I/POP$。直线 LPC 为人口生存水准或生存最低限，即人均国民收入分配低于此线以下，人将无法生存下去。于是，与 LPC 相交的两点 M_0、M_6 所对应的人口 POP_0 和 POP_6 分别为最小、最大人口规模。当边际收益达到最大

时（M_1）所对应的人口容量为 POP_1，笔者称此为最佳生态适度人口规模，亦即因人口增加供需效应引起的追加生产，能以最高速度增加获取的生态—经济收益时的总量人口。

当平均生产力收益曲线 APP 为最大值时，$MPP=APP$，两曲线相交于 M_2 时所对应的人口规模 POP_2，笔者称其为最佳的经济适度人口。因为，尽管边际生态经济收益有所下降，但是受人口增加综合效应影响，在人财物投入下，国民收入仍能得到显著提高。这时的人均收益为最大，除了基本生活消费外，人均有最多的剩余用于发展生产，改善环境，增强国力，促进各项社会公益事业得到繁荣。伴随人财物的经济投入持续增加和社会对财富实力的最大需求，国民收入曲线在 M_5 处达到总量增长的极限，此时边际生态经济收益递增为零，所对应的人口容量为 POP_5，笔者称此为社会最大国力人口。

若人均消费为生存水准，则还有 M''_5M_5 人均收益剩余用于发展经济，增强国力；若人均消费为 PC，则不可能有剩余积累用于发展经济和满足社会公共的需要。国民收入超过极值点 M'_5 之后，开始下降，即边际收益变为负值。当人均消费维持生存水准时，POP_6 为最大人口容量。但它不一定等价于自然环境的最大容量，而仅仅是在技术进步没有重大突破，新的资源或替代资源未能得到开发利用，人类生产与消费需求对生态环境的破坏没有给予有效修复情况下，而伴随人口消费总量增加所施加的人财物投入换取的生态—经济收益，仅仅能维持人口的生存需要。相应地，这时的人工生态系统已遭到严重破坏而失调，任何经济、社会投入既不能换取有效的生态经济产出，反而因人口的超载加重了生态环境的失衡。所以这时的最大人口容量应视作特定时空域人工生态系统的极限容量，即可供人类开发利用的资源转化为经济财富，以满足人口最低生存消费需要时的极值人口规模。

由上述分析可知，不同目标要求的适度人口规模区间分别为：

$APP = LPC \triangleq POP_0 \leqslant$ 生态适度人口规模 $\overline{BP} \leqslant MaxI' = POP_0$

$Max\ MPP = POP_1 \leqslant$ 经济适度人口规模 $\overline{EP} \leqslant MaxI' = POP_5$

$Max\ APP = POP_2 \leqslant$ 社会适度人口规模 $\overline{SXP} \leqslant APP = LPC \triangleq POP_6$

且有 $POP_1 < POP_2 < POP_5 < M$（自然生态最大可能承载量）

$(POP_0 \leqslant \overline{BP} \leqslant POP_5) \wedge (POP_1 \leqslant \overline{EP} \leqslant POP_5) \wedge (POP_2 \leqslant \overline{SXP} \leqslant POP_6) = [POP_2, POP_5]$

即生态最佳容载人口规模＜经济最佳人口规模＜社会最大国力人口规模，

生态、经济和社会适度人口规模合理区间的交集或共性域为［POP_2，POP_5］。就是说，倘若我们追求“宇宙飞船经济模式”，着眼于生态环境的保护、资源的不断累积储备和永续利用与生态—经济边际产出效益最佳为目标，自然希望特定时空域的人口规模保持在较低的水平 POP_1 基点上；若追求“牧童经济模式”，即依赖社会生产力进行物质转化，获取人均经济收益最大、福利最佳为目标，则人口规模 POP_2 大于生态最佳人口容量 POP_1，且不至于破坏生态环境的平衡运转；在阶级未被消灭、国家未能消亡、社会党派团体依然存在条件下，任何国家或地区的社会适度容载人口 POP_5 一般总是大于生态、经济最佳规模人口。

此外，上述三个目标人口规模既各自有一个合理弹性区间，亦存在一个共性的人口容量范围［POP_2，POP_5］。人口规模控制在这一共同认可的范围内，既不至于使生态环境遭受较大的损害，人类能够依靠经济能量补偿，使其跃入新的平衡和良性循环，亦能够满足社会的需要和促进经济的发展。在这一能够相互兼顾的合理人口规模区间内，由于人类对生活水平和福利追求的趋同性，因而在无战争硝烟和强权政治干扰追求下，最佳的适度人口规模应介于人均生活水平曲线分别与边际收益曲线 MPP 和平均收益曲线 APP 相交点 M_3、M_4 所对应的人口规模区间［POP_3，POP_4］，即 $dI/dPOP=PC\leqslant$ 最佳适度人口规模（OP）$\leqslant I/POP=PC$。

伴随生产力的日益发展，人类社会文明的不断进步，以军事实力和政治强权为主体特征的社会国力人口日趋转向人民生活水平的提高和福利最大化。于是，最佳适度人口规模区间逐步左移接近于最佳经济适度人口。但由于国家驱壳存在条件下一定的军务、政治等需要，以及部分不可消除的福利救济或扶养人口的存在，因而不可能等同于最佳经济适度人口规模。

关于经济适度人口、社会适度人口和生态适度人口的理论、模型及其推导过程，有兴趣的读者可参阅《适度人口与控制》（毛志锋著）一书，此处不再赘述。

（3）人口规模的适度控制

人口是一个具有多重规定和关系的丰富的总体。人口作为一个生物群体，具有生命过程的全部机能，实现生命与生命力的再生产是人口存在和发展的自然前提。但人口的社会属性，不仅要求特定时空域人口的龄级构成、数量规模和素质结构符合社会生产力的发展需要，而且亦须按社会秩序的稳定发展、人口对幸福生存的追求、社会生活资料的供给和自然资源的有限保障及生态环境的良性循环，适度地控制人口数量的增长，规范人口生育的自然行为，调节人口的龄级与素质结构，从而保障人口与经济发展、社会繁荣和生态环境改善间的最大协同。

由于人口发展过程和生态环境秩序变迁的长期慢变滞后效应，经济与社会系统相对快变、波动的周期性需求，因此，现实特定时空域突出反映在人口规模及其龄级、素质构成往往同社会经济发展要求和自然环境的容许适度承载产生一定的背离。人口生命与生命力再生产的适度演替规律要求按未来发展的较适目标，调节现实人口的规模及其构成。

由前述讨论知，假定特定时空域的适度人口规模为 $P\hat{O}P_3(t)$，它不仅同人口内部的龄级构成和素质结构息息相关，而且同社会经济发展和自然生态承载密切关联。我们定义特定时空域的现实人口规模为 $P(t)$，则有

$$NOP(t)=[P(t)-P\hat{O}P_3(t)]/P\hat{O}P_3(t) \tag{5-1}$$

称 $NOP(t)$ 为人口超载强度，它是一个依时间流逝、伴随人口自然增长周期慢变和经济发展与生活消费需求短周期快变而交错影响的变量。社会经济发展客观上要求具有与之相应的质量和数量的人力资源投入，同时日益丰富的社会剩余能够负载较多的消费人口。但自然资源的有限可容空间缩小，人类对生活质量的无穷追求，致使适度人口容量只能缓慢增长，而最终须驻足在某一水平上。人口生育失控的历史积淀和滞后惯性影响与生育行为的微观自利追求往往同宏观适度人口的目标要求产生背离，无疑给未来的人口控制和协调同经济发展与自然的关系带来较大的滞障。然而，人类在认识自然、改造环境的历史长河中，亦能够逐步认识自身，控制调节自身的生育行为，使其自身的发展适应社会经济与自然环境改善的需要。于是，纵使不同时空域的超载强度能够趋于某一微小邻域，即 $NOP(t)\to(-\varepsilon,\ \varepsilon)$。

人类文明的象征是不断追求幸福地生存，而不是人口的无限增长。尽管伴随物质财富的增多，适度人口容量显著地提高，但只有使现实超载的人口逐步调整到某一适度容载水平上，然后使人口自然增长呈现零态，才能实现人类对幸福生存的美好追求。据有关研究知，对于人口平均寿命在 70～80 岁之间的国家或地区，妇女的极限生育率，尚在 2.0 左右，方能使人口发展过程处在生死平衡的稳态场中永续演化。而要使一个人口超载强度较大的国家，实现人口的零态增长，必须使妇女的生育率低于极限水平，从而使人口总量接近于经济发展所能承载的适度人口规模，然后再逐步稳定到零态增长，以满足人口对自然环境条件良好、物质供应充足、社会文明发展而幸福生存的追求。

实现人口生死平衡的稳态发展，将是一个人类充分认识自身，使之符合社

会经济发展规律和生态环境要求的自觉行为，这需要社会生产力的高度发展和物质财富的充裕供给，需要生育家庭普遍不再以子女的多少作为创造财富、老有所养的依靠，而以优生优育、不断提高自身的全面素质和幸福生存为最终的目标孜孜追求。

伴随社会化服务程度的提高，致使人的新生、成长、衰老回归成为社会的财富和赡养、培养、使用的职责，即成为社会的人、社会化的生命与生命力再生产的流水线式服务与需求，而不再是家庭的财富和所应承担扶养的使命。然而在诸目标实现之前，为了缩小现实人口与时空域适度规模目标要求之间的差距，就需要借助宏观干预，提高社会化服务水平，健全医疗、保健、文化教育和利益机制体系来控制人口的增长，从而使人口的龄级结构趋向稳态人口过程的发展分布，使人口素质不断提高，以满足社会生产力发展的需要。

人口规模与龄级结构的优化控制，不仅仅集中在妇女生育率的有效调节，还应当根据不同时段的目标要求，通过国际和国内区域间的人口合理迁移流动来优化人口状态的构成；通过利用外部的技术、资金、劳力和契机大力发展域内的经济、开发自然资源和保护生态环境，以便提高适度人口规模容载，避免人口增长控制不力所形成的超载或人口出生率显著降低过程的滞后影响所造成的人口老化，进而影响未来人口龄级结构与规模的再度失衡和与社会经济发展、生态环境改善的不协同。因此，人口区域的迁移和分布势必成为我们探索适度人口与控制不可忽视的研究范畴。

5.4.3.2 人口城乡结构与发展

(1) 人口城乡分布的机制探析

法国文豪雨果曾精辟地指出：“城市创造了新的经济活动，新的政治思想，新的社交方式，新的思想交流。”而以撰著《西方的没落》一书闻名的史宾格勒则更概括地论述道：“世界历史，其实只是城市的历史。”显然，城市是社会、经济、文化发展的产物，是人类文明的结晶和社会进步的标志，亦是推动人类社会继续前进的聚落中心。马克思主义认为，城镇的产生和发展取决于社会生产方式，它是生产力发展、社会劳动分工加深和生产资料私有制出现后的产物，并随着社会生产方式的改变而由小到大在不断演替。城市的形成与发展同人口在地理空间的聚集是分不开的。没有劳动人口的区域集结，就不能形成经济生产的分工合作；没有消费人口的空间聚落，就不可能滋生物质生产和文化发展的需求动力。人口在生产和生活方面集聚于一有限空间上的相互依存和交际，不同阶层人口在物质利益和文化意识上的矛盾对立与统一，便就有了这个城市社会。它是一个融经济功能、政治功能和文化功能为一体的社会系统，在整个人类文明的长河中负有向导和轴心的历史作用。

城市区别于农村的基本特征，在于它的由人口聚落引起经济、文化和政治的高度集中性。如果说农村是一个广袤的面，而城市只不过是这广袤面上的一个集聚点。只有面上的生产力得以发展，才能促使点的形成和扩展。亦只有城市的功能不断得以加强，社会生产力才能尽快发展，人们的物质文化生活无疑显著地提高，从而亦使农村的生产和生活条件逐步得到改善。随着近代工业的出现，生产的发展和现代科学技术的广泛应用，城市不仅成为生产力发展的先导，而且成为一定地域的政治文化中心。不仅吸纳着农村的剩余劳动力，而且辐射着环域社会经济的发展，成为推动人类社会物质文明和精神文明的桥头堡。

农业生产的平面垦殖特点，决定了农村劳动力和消费人口只能广泛地散居于广阔的原野村落。工业生产对自然资源的立体开发利用和对农副产品的深层加工转化，要求生产人口密集在一定空间里分工协作。工业以农业为基础，城镇以农村为母体。促使工业发展和农村人口向城镇密集的动力，在于工农业生产力发展和城乡生活消费之间所产生的势差。

尽管资本的原始积累是大工业发展和城市产生的助推剂，但真正推动工业发展和城市形成的源泉首先在于农业生产力的发展。没有农业劳动生产率的提高，就不可能产生剩余劳动力和剩余财富以供工业和城市的发展。同样，亦只有工业劳动生产率的不断提高，才能装备农业，改善农村的生产条件与环境，从而使农业释放出更多的劳动力资源，产生更多的粮食和农副产品，转入工业和城市。在单纯的农业生产向农业、工业生产结构转移，农村人口迁入城市的过程中，商业和交通运输业发挥了重要的桥梁作用。进而科技进步、文化教育和政治力量等第三产业要素构成和动能，在实现工业化、农业现代化的进程中更是推波助澜。不仅使农村的剩余人口向城市转移，而且使人口的素质显著提高，以适应城市社会经济发展需求。

(2) 人口城乡结构的适度解析

城市化是人类社会发展的必然进程，但在不同时空域，城乡人口的空间分布应当保持一定的适度结构。如果人口过度散居于农村，既造成人力资源的浪费和延缓工业与城市社会经济的发展，又加剧着农村社会的贫困化。倘若城市人口聚集过度，既因失业大军的汇聚带来城市社会的不安定，或缘高就业造成生产的低效率；又因城市建设滞后和生活消费压力，迫使有限的资金更多地投入到生活的保障方面。其结果不仅导致城市经济停滞和内涵不经济，亦因农村强壮劳力的流失造成农村经济发展畏缩和整个社会经济外延拓展不力。因此，在确立确定时空域适度人口规模的基础上，还应当合理人口的城乡分布结构。

联合国社会经济发展研究机构，通过对世界部分国家城市化过程的分析，发现城乡人口增长的离差为一常数（k），且比较稳定地介于1.5%～4.5%之间，即 $k\in$〔1.5%，4.5%〕。且认为无论是发达国家，或是发展中国家的城乡人口增长转化皆符合这一统计规律，而与总人口的增长速度和城市化初始水平无关。[14]

于是，我们若令 $P_C(t)$ 和 $P_r(t)$ 分别为某一国家或地区 t 时刻的城乡人口，则有

$$\frac{1}{P_C(t)}\cdot\frac{dP_C(t)}{dt}-\frac{1}{P_r(t)}\cdot\frac{dP_r(t)}{dt}=k \tag{5-2}$$

对上式积分，得

$$lnP_C(t)-lnP_r(t)=kt+c,ln\frac{P_C(t)}{P_r(t)}=kt+c,\frac{P_C(t)}{P_r(t)}=e^{kt+c},$$

从而有

$$P_C(t)=P_r(t)e^{kt+c} \tag{5-3}$$

假定特定时空域的适度人口规模为 $POP_m\in[P_{cm}\cup P_{rm}]$，即

$$POP_m(t)=P_{cm}(t)+P_{rm}(t) \tag{5-4}$$

$$P_{rm}(t)=POP_m(t)-P_{cm}(t) \tag{5-5}$$

且（5-3）式变为

$$P_{cm}(t)=P_{rm}(t)e^{kt+c} \tag{5-6}$$

由（5-5）和（5-6）式便可得到 t 年的城市人口适度规模为

$$P_{cm}(t)=[POP_m(t)-P_{cm}(t)]e^{kt+c},$$

$$P_{cm}(t)(1+e^{kt+c})=POP_m(t)e^{kt+c}$$

$$P_{cm}(t)=\frac{POP_m(t)}{1+e^{kt+c}}\cdot e^{kt+c} \tag{5-7}$$

令 $\omega_m=e^c$ 故有

$$P_{cm}(t)=\frac{POP_m(t)}{1+\omega_m e^k t}\cdot\omega_m e^{kt}\equiv\frac{POP_m(t)}{1+\frac{1}{\omega_m}e^{-kt}} \tag{5-8}$$

式中，第一项为逻辑斯蒂（Logistic）函数，第二项为指数增长函数，即在适度人口总规模 $POP_m(t)$ 已知前提下，城市适度人口容量受到两种函数的交互影响与制约；ω_m 为参量，它综合城市生态环境、城乡社会文化与生活条件差距、交通与通信设施等因素制约城市人口的容载规模。

同理，由（5-4）式得 $P_{cm}(t)=POP_m(t)-P_{rm}(t)$，且代入（5-6）式整理得

$$P_{cm}(t)=\frac{POP_m(t)}{1+e^{kt+c}}=\frac{POP_m(t)}{1+\omega_m e^{kt}} \tag{5-9}$$

即为乡村的适度人口规模，它规范地服从逻辑斯蒂函数曲线变化。就是说，伴随社会生产力的发展，由土地边际报酬在某一时段的递减规律引起农村经济效益的边际递减，以及受城乡文化、生活差距和城市对农村剩余劳动力的吸纳引力诸因素综合影响，必然致使农村人口向城镇转移。

5.4.3.3 人口城镇聚集格局的拓扑

(1) 人口城镇聚集与产业结构变化

人口与社会经济的发展和自然环境的容载，不仅沿时间轴进行状态结合的涨落与协同，而且在空间匹配的矛盾对立统一运动中呈现出各具特色的聚集与扩散的地理拓扑。原始人以采集渔猎为生，受饥饿和寒冷驱使，或因躲避自然灾害而不断迁徙浪迹广阔的原野。农耕文明使人类守田定居，替代了漫游迁移。虽然地理空间相对于稀疏分布的少量人口而言显得浩瀚无垠，但简陋的生产、交通工具使人类只能弥撒于狭隘的地理空间。工业革命风暴建立了“空间广阔”的文明，使人类逐步由弥撒无序分布的村舍向不同规模的集镇、城市聚集，而且伴随科技进步、社会生产力发展及人口剧增压力向更广阔的地理空间分布。但与此同时，可供人类栖息的生存空间却在着实缩小。因此既要求人口增长能够得以控制，使之不超越生态空间的最大负载；又要求人口及其生产、消费活动能够在不同区域的梯度聚集地理上适度分布，从而欲达人口、经济和生态环境在地理空间上的最佳协同。

在不同时空域，能够反映社会生产力发展水平的产业结构组态，往往影响和决定着人口在地理空间的聚散形式与强度。农业生产的平面垦殖或对生物的初级加工转化特点，要求农业劳动力以其做功半径和简单的生产分工合作而弥撒于广阔的田野。因此，农业时代或以农为主的国家，其人口的空间分布主要以村舍、集镇和中小城市为据点。农业劳动生产率的提高，既为工业和第三产业的发展提供了人力资源和物质资料基础，又带来生产和消费需求动力，从而使剩余劳动力和部分消费人口能够脱离农业与农村。工业的产生与迅速发展，既需要愈益先进的科学技术支持和高素质人才的投入，又需要更加丰富的物质资料与产品销售市场，还需要信息的收集、传递、检索及经营咨询，且国家或区域党政统率与社会管理的介入，从而使中小城市难以容纳生产力要素的汇聚，难以满足社会的发展需求，于是在区域发挥主导作用的中等城市迅速演变为大城市或特大城市。

大城市的崛起和发展既以大工业的配套发展为基础，又排斥着大工业向城市边缘或卫星城市转移。第三产业突兀地占据着城市的地理中心，充盈着繁华要道，以其自身的创造力和产品输出服务诱导于工业，辐射中小城市或农村；以其自身的发展潜能吸纳不同素质的人力资源和消费人口的高度密居。从表 5-1、表 5-2 不难看出，无论是发达国家，还是像我国这样的发展中国家，人口在空间的聚集状态往往同产业结构密切关联。愈是生产力发达的国家，愈是人口聚集规模庞大的城市，第三产业的发展愈是居主导地位。对于发展中国家来说，由于社会生产力发展水平较低，产业结构以农业和工业的发展为主体，因而不但城市化水平低，而且大中城市的经济发展以工业经济为主导。

表 5-1　世界部分城市人口规模与就业结构变化

城　市		年　份	第一产业（%）	第二产业（%）	第三产业（%）
200 万人口以上	东　京	1981	0.4	29.0	70.6
	大　阪	1981	0.1	28.8	71.1
	芝加哥	1983	0.2	26.8	73.0
	伦　敦	1982	0.1	24.0	75.9
100 万～200 万人口	横　滨	1981	0.1	33.1	66.8
	新德里	1980	1.2	34.2	64.6
	新加坡	1984	0.8	36.8	62.6
	马尼拉	1981	0.6	36.7	62.7
50 万～100 万人口	布拉格	1980	1.0	38.6	60.4
	柏林（西）	1981	0.3	43.4	56.3

注：资料来源《中国城市统计年鉴》1988，中国统计出版社。

表 5-2　我国 1990 年城市人口规模与就业结构变化

城市规模	第一产业（%）	第二产业（%）	第三产业（%）
200 万人口以上	7.3	54.7	38.0
100 万～200 万人口	13.8	53.1	33.1
50 万～100 万人口	11.9	57.0	31.1
20 万～50 万人口	33.6	41.9	24.5
20 万人口以下	57.9	23.9	18.2

注：资料来源《中国城市统计年鉴》1991，中国统计出版社。

诚然，发达国家的城市产业结构，是以工业人口的聚集，且经历城市弊端的选择后逐步演变为第三产业的繁荣的。而发展中国家在人口聚集的发展格局上，完全可以吸取发达国家的经验教训，按产业结构的演变趋势合理控制大城市的人口聚集规模，适度发展中小城市和乡村集镇。因为发展中国家的产业结构以农业为主导，在向工业化迈步的进程中，自然需要加强以矿藏资源开采、提炼、加工为主体的重工业，以农副产品为原料的轻工业。这些工业部门生产以接近原料产地为立足点而比较有利，加之资金有限，工业污染多，因此，以工业生产为主体的中小城市的建设和发展势必成为人口聚集的较佳选择。农村集镇的发展，为农村剩余劳动力提供了更多的离土不离乡的就业机会，为农村工业的发展和农副产品与农用物资的交易建立了便利的场所，从而在人财物的有限供给与保障上能够经济有效地推动工业化的进程。

(2) 人口城镇聚落的适度解析

生产力要素在地理空间的聚集是工业化和现代化生产发展的客观要求与必然趋势。没有人力资源资金、生产资料在特定地域点的聚集，就不可能分工合作，进行规模化生产和产生组合效益。没有一定消费人口的聚落，就不可能提供产业后备人力，稳定生产者家庭和刺激生产的发展。由于生产和消费人口的聚集在促使物质生产的同时，亦必然加速了非物质性生产的发展；在不断强化聚落系统内的经济、政治和文化功能的同时，亦不断吸纳聚落系统外部的物质、能量与信息，不断辐射、服务和促进可及邻域内社会经济和文化等事业的发展。

以人力资源为主导的生产力要素和消费人口在地理空间点的聚落不可能等量同质，如同其他物质系统的存在和发展一样，同样具有层次、结构和功能。因为不同的生态环境和资源供给，只能容载一定的人口规模，保障一定特色和规模的工业生产经济有效地发展。不同的区域生产和消费，以及社会文化构成要求相异的城镇功能输出和服务，需要不等同的社会统率与管理、区域凝结和感应。社会生产力在地理空间上不断跃进和发展，既带来城乡人口的空间分离，又形成集镇、小、中、大城市人口与其他生产、社会要素的梯度集结和关联网络。各梯度点因其人口和其他社会经济要素聚落规模与质量不等同，因而产生了功能势差和物质能量的有序流转，亦就有了不同素质人口的规模聚集和城镇网络散点的分工合作与发展协同。

区域社会经济空间结构的形成与发展，必须具备节点（城镇）、域面（辐射范围）和网络（社会经济要素流转渠道与传递线路）三要素的存在和拓展。

不同等级城镇的功能在这一点线面有机结合的区域发展系统中，起着不同极核所具有的吸引与释放的重要作用。不同数量和质量人口规模在不同等级城镇的合理聚集，则不仅决定着各节点生产与非生产要素的较佳配合而形成较强的凝聚与辐射功能，而且亦影响到区域社会经济的发展和生态环境的改善。

城镇作为社会经济发展中的极核，首先产生在资源、交通、经济、技术、劳力等要素条件优越的生态空间特异区，然后像结晶过程一样不断拓展。在强大的空间社会经济比较利益引力场作用下产生极化效应，不仅使城镇规模梯度增大，而且沿人流、物流、资金流和文化信息流转移与凝结构成空间发展网络，从而使社会、经济和生态要素组配的空间聚落由点向面延伸，同时亦使城镇极核的潜能不断增长和扩展。就城镇演化的规律而言，北京大学的杨吾扬教授根据空间相互作用理论，提出如下演化模型：[11]

$$V_i(R) = \int_0^R P(x)e^{-bx}dx \tag{5-10}$$

式中 $V_i(R)$ 为市中心到边缘的潜能。

为不失一般性，我们假定某一时空域内存在一个首级或中心大城市，其人口规模为 $P_1(t)$，且有二级（中等城市）、三级（小城市）和四级（镇）城镇人口的梯度规模依次为 $P_2(t)$、$P_3(t)$ 和 $P_4(t)$，若次级城镇同一层次不止一个，则可取其平均人口聚集规模。统计经验表明，区域内不同等级城镇与人口聚集规模存在着确定的函数（不妨称为等级—规模函数）关系，且服从 Pare-to 分布，即

$$P_J(t) = P_1(t)(J)^{-b}$$

其中 J 为城镇等级，分别取值 2、3、4，b 为待定参数，经验估值介于 (0，2) 区间，即 $b \in (0, 2)$。例如，美国城市人口结构分布取值为 0.93，埃及为 1.77，而新西兰则是 0.74[14]。当 b 值较大时，不同等级城镇的人口规模差异很大；若 b 值较小时，则人口在不同级别城镇的聚集规模比较均匀等价。前者如资本原始积累时期的城乡显著分离，或因外部资本的大量投入，使某一城市或工业据点突飞猛进地发展，从而集聚了大量的移民，如我国深圳新工业城市的兴起与超速发展；抑或因战争、自然灾变等使城镇网络的有序递阶结构产生破缺。后者因城市化的高度发展，将使人口在不同城镇的集结趋于平衡，因而有可能是未来人口区域聚散的象征。

由 Pare-to 等级—规模函数知，假定确知区域首级城市的人口规模 $P_1(t)$，且通过统计资料的时序分析，或根据实际发展情况经验确定参数 b 的估值，就可以得到区域不同级别城镇人口的聚落分布。由上一节城乡人口的适度解析

中，我们已经得到了城镇人口的适度规模 $P_{cm}(t)=\dfrac{POP_m(t)}{1+\dfrac{1}{\omega_m}e^{-kt}}$，那么据此如何探析区域首级或中心城市人口的适度规模 $P_{lm}(t)$ 呢？

任何时空域城市和城市化系统是一个开放的耗散结构体。城镇的形成和发展，是人口和其他生产、文化等要素受社会经济机制影响，从混沌到有序，由低态向高态递进演化的过程。在这一历史进程中，既是人流、物流、资金流和文化信息流在社会发展需求动力作用下的自组织聚集和凝结，又是上述诸流受边际综合效应影响和张力驱动下的沿可能辐射半径有机耗散。城镇依靠外部物质和非物质的负熵流输入促进自身的有序化。当人口和其他要素聚集到受社会经济和生态环境容载约束而使边际综合效应递减至零态时，便会产生结构与功能的涨落。其结果，一则促使原有城镇地理空间和辐射半径加大，既增强自身功能向综合、高层次方面发展，因而诱导高素质人口和高效益产业再度汇聚和发展，且迫使次效益产业沿原郊域分布，于是使原城市的人口规模、占有空间和物质能量拥有扩展到具有中心城市的功能要求，又促进了城市化地区卫星城镇的诞生与发展；二则由于部分资金、产业和人口转移与区域的重新集结，从而带动了其他次级城镇的发展。

因此，可以认为人口在不同等级城镇的集结规模符合逻辑斯蒂曲线演替。以人口聚集为主导，多种要素相互作用形成的不同等级城镇规模的梯度演进可用下列耗散结构理论方程描述。[15]

$$\frac{dP_i}{dt}=k_iP_i(P\dot{O}P-\sum_{j=1}^{n}\beta_{ij}P_j)-D_iP_i+F_c(\{P_j\})+F_k(\{P_j\})$$
$$+F_m(\{X_j\}),\{X_j^c\}(i,j=1,2\cdots n)\tag{5-11}$$

式中 k_i 为 i 城镇人口规模 Pi 的增量系数，既包括人口的自然增长，又含有人口的迁移定居；D_i 为人口减少系数，自然亦包括人口死亡和流失两个部分；$P\dot{O}P$ 为区域某一时期的人口适度容量；β_{ij} 为待定系数，即区域人口被不同城镇所能接纳的转移参量，它与就业和消费需求及城镇容载有关；非线性函数 F_c、F_k 分别描述 Logistic 方程之外的人口迁移竞争和调节；非线性函数 F_m 表示不同城镇规模间的边际综合耗散效应，通常它与人口密度差值有关。

沈小峰等人根据耗散结构理论，建立了如下区域空间人口的演化方程：

$$\frac{dX_i}{dt}=kX_i(E_i-X_i)-mX_i-\sum_{j=1}^{n}(X_i^2-X_j^2)e^{-bd_{ij}}\tag{5-12}$$

式中 X_i 是 i 点人口总量，E_i 是 X_i 增长的环境容许值，d_{ij} 表示 i 与 j 点之间的距离。通过计算机仿真，可勾勒出了城市独立发展、扩大、停滞、城市群竞争变化的四个阶段。[11]

就区域首级或中心城市的适度人口规模而言，在城市适度人口规模 $P_{cm}(t)$ 已知条件下，我们便可以借助如下简化 Logistic 状态方程描述区域首级城市的人口规模聚集变化：

$$\frac{dP_1}{dt}=k_1P_1(P_{cm}-P_1-\sum_{j=2}^{4}\beta_jP_j)-D_1P_1 \tag{5-13}$$

由（5-10）式知 $P_J=P_1(J)^{-b}$，代入（5-13）式，得

$$\frac{dP_1}{dt}=k_1P_1(P_{cm}-P_1(1+\sum_{j=2}^{4}\beta_j(J)^{-b}))-D_1P_1 \tag{5-14}$$

令 $\frac{dP_1}{dt}=0$，经整理得

$$P_1=\frac{P_{cm}-\frac{D_1}{k_1}}{1+\sum_{j=2}^{4}\beta_j(J)^{-b}} \tag{5-15}$$

将（5-8）式代入上式，得

$$P_1t=\left[\frac{POP_m(t)}{1+\frac{1}{\omega_m}e^{-kt}}-\frac{D_1(t)}{k_1(t)}\right]\Big/\left[1+\sum_{j=2}^{4}\beta_j(J)^{-b}\right] \tag{5-16}$$

在求出 t 年度区域首级城市人口聚集适度规模的前提下，根据（5-10）式，我们便可依次得到次级城镇的适度平均人口规模的城镇聚集格局。

对于任何空间系统来说，时间与空间是不可分割的统一体。从某种意义上说，空间是时间过程的外在表现形态，时间是空间过程的演变机制。就人类生存空间而言，人类在认识自然、改造和修复生态环境、控制人类自身生命再生产和物质生产过程中，在适应自然和社会发展变化的同时，需要不断沿时间轴调节人口在地理空间的合理分布，使社会经济、人口和生态环境在时间上的异质表现导引空间格局上的非同质演化与时空变迁中的矛盾对立得以统一。

时间是无限的，而空间则是有界的。有限的空间界定，既要求沿时间增长的人口总量控制在不同时间跨度的空间适度容载范围内，又需要在地域空间上合理聚散。人口在空间上的合理聚散，既包括农村人口向城市转移的城乡人口优化配置，又包括人口在城镇网络中不同等级城镇的适度集结。尽管两者皆取决于社会生产力发展影响和要求下的产业结构转移与人们对幸福生存的追求，但前者具有不可逆转的趋势，后者却不完全服从这一单向递增。就是说，社会

经济的发展，由以农业为主导，经工业发展转向第三产业发展为主体，而反馈回来又进一步促使农业和工业的发展。这一变化过程必然迫使农村人口由分散的空间格局，向工业和第三产业发展的不同极核聚集，既促使社会经济发展，又享受城市社会文化生活之文明，从而有助改善和提高人口的综合素质。

人口在不同城镇的规模聚集正是农村人口城市化的必然结局。但受生态环境、社会经济条件和效益，以及人类对生活质量提高的要求约束，人口在不同城镇的聚集规模一方面逐级有序扩大，另一方面达到适度容量后进行有序扩散。据国外研究，城市的人均国民收入现阶段达 3500 美元以上，会产生大城市人口向城郊或中小城市扩散的逆向转移趋势。因此，探索国家或区域人口的适度增长和空间合理格局，是人类社会发展和生态环境良性运转的持续需要。[7]

本节立足新的视野，借用现代生态区位理论和耗散结构思维、模型方法，系统地探讨了人口生存空间的分布机理、人口状态与空间聚集的相依关系和城乡人口结构的演进，提出了社会生态位与社会生态力场概念，进而预言和阐述了未来人口城镇化网络格局的聚散模式，并在此基础上建立了不同等级城镇人口的适度聚散理论模型，旨在裨益于适度人口规模要求下的空间合理分布之探索。

5.5 中国的人口控制与可持续发展

“人类对生育的选择将决定世界的未来”已成为全球的共识。中国虽已成功地实现了人口低速增长的历史性转变，但未达人口最高峰前的惯性膨胀、就业和消费压力及老龄化困惑，不仅加剧着资源紧缺和环境恶化，也给社会稳定和人们生活质量的提高造成了沉重的背负。因而，只有持续地控制人口增长、提高人口素质和合理人口分布，才能最终实现中国的可持续发展。

5.5.1 中国人口压力与发展困境

5.5.1.1 人口规模惯性膨胀与消费压力

中国大陆自 20 世纪 70 年代实行计划生育、且作为基本国策之一以来，已完成了人口增长的历史性转变，使其进入全面计划生育的理性发展阶段。虽然经过近30年不懈的努力，生育率持续下降，使人口自然增长率提前3年实现控制在1%以下的联合国目标，然而人口总量却仍以年增1200余万的速度在规模性膨胀，预计到2045年可能达15.5亿高峰。倘若再经过两三代人的努力，使人口达到高峰后进入有序负增长阶段，到21世纪末减少到10亿，便能为中华民族的可持续发展提供一个良好、永续的人口环境。由此看来，我国未来半个世纪的人口控制任务依然非常艰巨。同时，伴随人口生活水平的提高，经济生产的压力愈来愈大，资源和环境的承负亦日益加重。

生活水平的提高，生活质量的改善，是当代和未来人口生命力发展的必然选择。这意味着，既要持续地提高物质消费档次，又要增强文化、教育、医疗保健和优良环境享受方面的精神消费。也只有这样，作为个体的人才能适应现代经济和社会快速发展的需要。

改革开放以来，我国人口的物质消费状况有了显著的改善，基本摆脱了以原粮消费为主体的温饱型生存困扰，逐步进入了以物质消费质量提高为主体的小康水平阶段和文化、教育、保健、环境享受的多元消费时代。如果按发达国家的物质消费水平衡量，每人年均粮食须在1000千克以上，人口的粮食问题才算根本解决。而我国在1984年创人均粮食占有量的最高纪录时，才为430千克，仅及美国的1/3，加拿大的1/6，显然仍处于“温饱线”的偏紧水平。1990年粮食总量达4350亿千克高峰，人均粮食反而下降到369.2千克，看来粮食增产的水平赶不上人口增长的比例需求。随着工业化和城市化的加快发展，耕地的持续减少已不可避免，因此粮食紧缺的“紧箍咒”随时胁迫着我们，不可置若罔闻。

人口物质生活水平的提高，不仅表现为基本生活资料量的增加，更体现为替代性消费结构的变化。譬如，在生存阶段人们以原粮的消费为主，反映基本物质消费水平的恩格尔系数一般在60%以上。而在发展和可持续发展阶段，代之的是粮食的精加工和肉蛋奶、水产品的能量转化，以及衣食住行的现代化消费和对环境质量的追求，相应的恩格尔系数降到50%以下，这意味着需要更多的自然资源和更强的经济生产能力。因此，我国与粮食和耕地挑战相伴随的是能源、淡水等主要资源的供给和环境质量保障及生产转化方面所面临的危机。

能源是国民经济和现代化建设的重要基础，用清洁高效的能源配置逐步取代以煤为主的污染型能源使用是发展的必然趋势。20世纪90年代初世界能源消费结构以石油为主，占到38.7%，煤炭降到32.4%，天然气为23.95%，水电和核能达到 5%且有迅速递增之势，而同期中国的能源结构则是 18.6：73.8：2：5.6。我国的煤炭储量虽居世界首位，但人均占有量仅及世界水平的 1/2，石油为其水平的 12%，人均能耗也仅为世界的 47%（大自然探索，No.1，1996，P1）。此外，由于单位产值能耗高，既导致能源的大量浪费和生产成本的显著增加，使原本短缺的能源更为紧缺，也造成环境质量的明显下降。

我国人均淡水资源约为世界人均水量的 26%，仅与印度相当。由于水资源的地域分布与人口、耕地、经济中心的地域格局不协调，导致其利用率较低，加之浪费、污染和洪涝灾害频繁，因而淡水的供给、利用及其危害也将对我国未来的可持续发展构成严重的挑战。

5.5.1.2　人口质量变化与改善压力

人口总是数量与质量的对立统一。人口素质的构成与变化，不仅通过技术进步与精神文明直接影响社会经济的发展，而且经由潜意识和行为功能左右着人口数量的增长与控制。人口素质是自然要素和社会经济条件相互作用而不断进化的体能与智能的综合映象，因而附有时代和地域差异积淀的烙印。

衡量一个国家或民族人口素质高低的标准，主要借助婴儿死亡率和平均预期寿命来集中反映人口群体的体能素质，凭借受教育程度映射人口群体的文化技术素质。新中国成立前夕，我国人口的平均寿命仅为 35 岁，是世界上平均寿命最低的国家之一。[7] 1996 年已提高到 70 岁，高于当年世界平均水平（66 岁）和发展中国家的水平（64 岁）。新中国成立后随着文教事业的较快发展，人口的文化技术素质也有了明显的变化。到 2000 年 11 月 1 日，具有大专以上、高中、初中、小学文化程度人口的比例分别为 0.036，0.111，0.34，0.357，文盲、半文盲人口占总人口的比重也由新中国成立前的 80%降低到 6.72%（第五次中国人口普查数据）。然而，同世界发达国家和一些发展中国家相比，仍有较大差距。

据世界银行资料悉，1984 年美国大学入学率为 57%，印度也达到了 9%，而我国到 1999 年年末才达到 9%。日本在 1976 年已普及了高中教育，而我国 2000 年普及初等教育的人口覆盖率仅为 85%，要尽快实现 9 年制义务教育依然较为艰难。就人均占有的教育资源而言，全世界公共教育支出占国民生产总值的比例 1980 年为 4.4%，1995 年上升到 5.2%，而我国教育经费支出所占的份额仅从 1980 年的 2.5%上升到 2000 年的2.79%。

由于过去 30 年来人口增长的严格控制，我国“一胎化”政策的实施在城市最为成功，而在农村较为宽松，且愈是贫穷、偏僻的地方愈是无效。这样，势必造成落后地区低素质人口比发达地区高素质人口增长快得多，导致低素质人口比重的扩大化，因而我国未来教育条件的改善和国民文化素质的提高将面临巨大的挑战。特别在已到来的信息科技革命时代，如果我们不能严格地控制落后地区人口的膨胀和提高其文化科技素质，即使今后总人口不再增多，中国也只能继续成为世界上最大的廉价劳动力供应者，“强国梦”仍然只是梦。

5.5.1.3 人口格局与地域发展失衡

人口的空间格局和迁徙流动，虽然取决于社会经济条件及其发展的需求，但均以自然环境和地理区位为基础。我国地域辽阔，自然地理环境差异显著，近百年来人口地理空间分布和经济发展格局基本雷同，即人口密度大致形成自西北向东南逐步加大的“等高线”，经济、文化的发展也依次呈现出递增形繁荣。若按东、中、西部三大地域划分而言，各拥有国土总面积的13.46%、29.59%和56.95%，2000年分别占总人口12.658亿的38.6%、33.1%和28.3%，相应的每平方公里人口密度为452.3人、262.2人和51.3人（第五次人口普查数据）。从国内生产总值的结构来看，东、中、西部1998年的GDP分别占全国GDP的60.6%、29.1%和10.3%，人均GDP依次为9522元、5252元和4031元。[16]显然，人口与地域面积格局呈逆向分布，人口和经济占有比重却具有同向变化趋势，且愈是人口密度稀疏的地区，人均生活水平愈低。

从耕地资源和经济的人口承载力格局来看，经测算，东、中、西部的人口资源压力指数依次为0.75、1.2、1，人口经济压力指数分别是1.49、0.82、0.63。显然，东部地区经济的人口承载力最大，而资源的承载力最小；西部地区资源的人口承载力近于均衡，但经济负载严重超度，这表明西部既需要控制人口的增长，也更需要通过增加资金、技术的投入来发展经济；中部地区资源的人口承载能力最大，但因经济发展迟缓，其人口的超载也较严重，因而发展经济和控制人口是实现可持续发展应始终坚持的两大举措。

5.5.1.4 人口就业压力与社会稳定

生产资料与劳动力相结合，是任何人类历史发展阶段社会生产得以进行的必要条件。新中国建立以来，因人口数量急剧增加和生产力长期的涨落、低速发展，从而使劳动力的供需之间一直存在着较大的势差。由于计划经济体制下的人人就业和社会财富平均分配方略，将数量大、素质较低的一部分过剩人口以隐性失业方式潜藏于广大的农村和企业内部，而将规模较小、素质相对稍高的那一部分人口以显性待业或失业人口游居于城镇社会场。这种运行机制以分割的方式保障了社会的安定，有利于政权的巩固和集中精力于社会主义事业的拓展。但是，这种淡化就业压力和失业困惑的措施，亦弱化了人口增长危机的紧迫控制意识和政策运作。以牺牲劳动生产率为代价来实现充分就业的方针谋略，一方面导致经济效益、工作效率的低下和生产投资的长期饥饿；另一方面因“铁饭碗”的惰性劳动机制，扼杀了竞争创新意识和劳动者的生产积极性。同时，高就业政策也排挤着生产劳动和办公装备的机械化、自动化，从而刺激了人口的多生，制约着科技进步和人口文化技术素质的主动提高。

在劳动还是人们谋生的基本手段的我国，高就业的人口政策既已满足了人们为生存、发展而就业的欲望，也保障了社会秩序的稳定。但伴随我国现代化建设的快速发展和市场机制的日益完善，科技投入的大量增加和效益的追求必然使资本有机构成显著提高，也不可避免地“排挤”出愈来愈多的剩余人口于生产力系统之外。同时，我国人口规模的惯性膨胀和劳动寿命的延长，在 21 世纪的前半叶又源源不断地“再生产”出日益剧增的劳动力人口，这种双向的“挤压”导致大量剩余人口的存在已无法避免。据第五次人口普查和统计年鉴资料测算，我国 2000 年农村剩余劳动力达 1.4 亿，城镇失业人口约为 1630 万，2010—2030 年间仅城镇每年至少需要提供 2000 万个新的就业岗位。这样，解决就业问题的挑战势必成为我国各级政府和社会保障部门绝不可懈怠的艰巨任务。

5.5.1.5 贫困人口与生态环境的双重变奏

贫困问题是一个世界性的社会问题。尽管美国 1998 年还有 12.7%的人口人均收入低于 4000 美元，但这是发展中的相对贫困人口。而发展中国家面临的贫困，则是生存性贫困，不仅收入低，更为重要的是粮食短缺，营养不良，乃至于生存欲望的丧失和发展动力的泯灭。

任何国家贫困人口的规模和贫困程度皆取决于两个因素：一是人均国民收入或 GDP 的水平，二是国民收入分配的不平等程度。假定人均国民收入一定，分配愈是不公平，贫困人口愈多；反之，若分配公平度即定，人均收入水平愈低，则贫困人口愈多。这表明，贫困问题既与经济发展水平密切相关，也与社会分配息息相关。但经济是基础，没有经济的发展就不可能从根本上解决贫困人口的生存，也不可能解决其发展所需的物质、精神的支撑。绝对的公平分配和交易不可能存在，但贫困状态下的不公平分配和交易，其程度和危害更大更严重。

新中国成立以来，党中央和地方政府一直重视我国经济的发展和摆脱贫困问题。特别是1994年年初实施"'八七'扶贫攻坚计划"以来，全国已有97%的人口解决了温饱且逐步进入小康时代。然而，现亟待解决温饱的贫困人口除部分城市失业、残疾、老年人外，主要分布在我国边陲少数民族聚居或邻省边缘的偏僻山区及水土流失较严重的革命老根据地的广大农村地区。由于这些地区自然条件较差，且因长期的战争创伤和新中国成立后的政策失误，既形成了经济贫困、生态恶化、低产多灾的生态—经济系统的恶性循环，也陷入了人口愈穷愈生、愈生愈穷的人口—经济—生态多重滞障的陷阱。因此，解决这些地区人口的脱贫问题其难度倍增，任务也更加艰巨。

与上述生存贫困相伴的是发展中的相对贫困问题。这主要表现为东西部地区、城乡和贫富阶层之间经济发展和生活水平上的明显差异，以及由此引起的区域发展失衡和社会秩序紊乱。据有关报道，我国现在银行个人存款的80%系不足20%的人所有（参考消息，1999-9-2）；广东省居民的存款约占全国的1/4（文摘周报，1999-8-10）；1980年全国农民人均纯收入是191.33元，东、中、西部地区之比为1.39∶1.11∶1，到了2000年全国农民人均纯收入达2253元，而东、中、西部地区之比上升为2∶1.1∶1；城乡居民人均储蓄额的差距，也由1980年的3.25∶1扩大到1997年的6.8∶1；[16]1998年，占城镇居民20%的最高收入户人均年收入10962元，而占20%的最低收入户人均只有2447元，社会财富愈来愈向高收入者集中；不同所有制企业之间职工收入差距扩大，最低的是城镇集体经济单位，人均只有2770元，外资企业等最高收入类型企业职工收入是前者的2.26倍；行业之间1991年职工年均工资最高行业与最低行业之比仅为1.24∶1，到1998年已扩大到2倍多（新浪网，1999-8-29）。

尽管国家已加大了开发中西部的投资力度，采用相关的调节政策和经济措施缩小上述差距，但在我国经济发展未达到使人们的物质生活充分富裕之前，这种差距依然有加剧之势。因而，21世纪初在解决了绝对（生存）贫困人口问题之后，我国将面临相对（发展）贫困人口问题的严峻挑战。

5.5.1.6 人口老龄化与发展困惑

当前，发达国家现已进入老龄化社会，发展中国家也将陆续"银色浪潮"

化，由此引发了全球性的人口老龄化问题。老年人口因其体力下降、智力退化，必然导致劳动生产、创新意识和自我抚养能力的衰减、消失，故需要社会和家庭的抚养，需要医疗、安全、娱乐和摆脱贫困的社会保障，相应地也加重了社会和家庭的负担。例如，美国政府直接或间接用于老年人口的社会保障和公共支出，1980年占联邦政府预算的25%，1984年上升到28%，预计到2040年将达40%。[17]

我国2000年11月1日65岁以上人口已占总人口的6.96%，据预测，到2010年、2030年和2050年65岁以上人口的比重也将分别达8%、15.5%和22.4%（北京日报，2001，3，29）。显然，我国已进入老龄社会，且老龄人口的总数将较长时期居于世界的首位。

发达国家的人口老龄化是在人均国民生产总值约达1万美元之后出现的。[5]由于科技和发展中国家高素质移民的支持，因而对其经济发展的影响较小；亦因其经济富有，老龄人口的社会保障程度又较高，社会压力不大。而我国是在经济尚未发达，人均GDP甚低情况下就受到“银色浪潮”的冲击。与此同时人口总量又在膨胀，无疑使社会、经济的发展和老龄人口的抚养面临诸多困惑，对未来的可持续发展形成了巨大的挑战。

5.5.2 中国人口控制与发展对策

5.5.2.1 人口生育控制与结构调整

人口作为一个开放系统，其状态的发生、发展，既取决于内在的生物机制和结构演替，又受制于外部社会经济和生态环境的激励与约束。因而，既需要依据时空域社会经济和生态环境的适度容载目标控制潜在人口的增长，亦须按上述目标来调控现实人口的发展，即有机地遏制无形人口的有形化和尽力促进有形人口的素质改善与就业奉献。因此，人口控制的实证研究，不能仅限于人口生育控制的探讨，还应当包括人口发展调控和两者之间交互机制的对策制定。就中国而言，人口数量增长的控制依然是头等大事。

据预测，我国大陆未来人口控制的目标是：若取育龄妇女总和生育率为1.8，到2010年可达13.53亿，2030年上升到14.42亿顶峰，然后逐年下降；倘若育龄妇女总和生育率为2.1，总人口将持续增长到2045年的15.5亿，其后开始负增长。(18) 显然，这两种方案均要求总和生育率基本降到更替水平以下，这在城市和发达地区早见端倪，如北京市1996年妇女总和生育率为1.00，广东省同年也降到1.88，且全国在20世纪90年代后期已接近1.8。但在以农村人口为主、经济落后的省份，育龄妇女的总和生育率仍较高，调控难度较大，如海南省曾从1995年的2.03上升到1997年的2.30。

由此看来，实现上述目标，我国未来10～20年人口生育控制的任务依然非常艰巨。因此，需要运用行政管理、社会服务和市场机制相互配合的措施，有效地实施生育的计划调控；通过推广“把计划生育与发展经济、帮助农民勤劳致富奔小康、建设文明幸福家庭相结合”的“三结合”方略，使农村人口的生育计划变成农民自觉的行动纲领得以切实执行。从社会实践来看，现最为薄弱也最难解决的是流动人口和边疆、边缘山区人口生育的控制。如何借助行政管理、社会教育、经济扶持、医疗保障、提高妇女和少数民族的文化水平，以及加快城镇化建设等措施，实现人口生育观念和行为的根本转变，则是我国人口增长控制、实现可持续发展的关键和需要多部门联手解决的焦点问题。

伴随人口生育的严格控制和年龄结构的转型，人口老化问题已不可避免。但由于科技进步的强大作用和老年人口预期生产能力的延长，不会对社会造成较大的背负，且相对于老龄化问题人口总量的增加依然是我国实现可持续发展的严重桎梏，因此不宜恐惧老龄化而放松人口生育的控制。此外，城镇人口的低生育率会影响我国人口整体素质的提高，但通过大力发展贫困落后地区的妇幼保健和教育事业，以促其人口的优生优育和素质的改善，而不宜主张依靠扩大城市育龄妇女的总和生育率来克服人口质量上的“逆淘汰”现象。

5.5.2.2 人口素质提高与教育发展

物质资源的稀缺，并不能阻止一个国家从落后跃入发达，从穷国变为富国。然而，一个国家若人力资本贫乏，则可能使这个国家永远陷入落后与贫困的折磨之中。劳动力资源的多少，劳动人口体能的强弱，并不能代表这个国家人力资本的富有程度，反而会因“无能的手”和“填不满的口”导致社会和生态环境的负担加剧，陷入双重的恶性循环。社会实践表明，只有文化科技素质较高的人力资源，才能创造更多的物质财富；只有用现代的知识、理念和技能武装起来的劳动人口，才能适应未来社会、经济、科技的发展需要。我国虽拥有世界上最为丰富的劳动力资源，但由于其受教育年限较低，科技文化素质较差，因而人力资本总量却不多，单位人力资本所能创造的财富更为贫乏，这正是我国社会、经济发展落后的重要根源。

人力资本的生成依赖于教育投资，而我国由于经济基础较差，过去对教育的重视不够，加之文革 10 年的严重摧残，致使长期教育投资增长的速度赶不上人口膨胀的速度，也更难满足人口对教育发展的强烈需求。就国家财政总支出而言，1995 年较 1978 年社会文教费支出增长了 10.95 倍，虽是经济建设费支出增长速度的 3 倍，但仍次于行政管理费的支出变化，加之欠账太多使得教育发展步履维艰。近年来，中央政府又多次加大财政支出对教育的倾斜，即使按《中国教育发展和改革纲要》中要求在 2000 年达到 GNP 的 4%，仍依然远低于 20 世纪 80 年代初世界的平均水平。

由此看来，实施科技兴国战略和大力发展教育事业，若再仅仅依赖于国家财政拨款的大幅度追加是不太可能的，开辟社会经济资源和转变家庭消费模式以聚集更多的资金用于教育和人力资本的建设，则势在必行。这不仅需要制定相应的政策和建立社会激励机制，引导家庭或个人侧重于智力投资，鼓励企业或个人捐资办学；而且通过减轻学校、教育部门沉重的后勤背负，改革教育模式和教学方法，挖掘和解放教育"生产力"，提高办学效益，以便在有限的教育投资条件下有力推动我国教育的较快发展。值得注重的是中西部农村和边远贫困地区教育的发展和人口文化素质的提高，仍需要依靠增加国家的财政拨款，也希望发达地区通过各种形式给予支持，以避免这些地区失学者和新生代文盲的大量再现。

5.5.2.3 人口消费文明和就业保障

我国人口增长和生活消费膨胀的巨大压力已使"地大物博"相形见绌，资源供给和环境保障不仅制约着当今社会经济的发展，而且严重地威胁着未来的可持续发展。生产过程中大量的资源损耗和低效经营已触目惊心，生活消费的超度追求和无端浪费，不仅导致了部分产业的畸形发展、中心城市环境的恶化和主要水系流域生态的失衡、失控，也造成了土地、水和能源的严重短缺。因此，生产中的资源节流和生活消费上的节约对于我国实施可持续发展战略显得极其重要和迫切。

尽管 2000 年我国人均 GDP849 美元仅及美国的 2.92%和世界平均水平的 14%，物质生活水平还甚低，但已基本实现了温饱和正步入小康社会。面对人口持续膨胀、物质供给和环境保障压力，我们应当减缓对物质消费的"国际接轨"追求，在满足基本物质生活需求之后，应将人均可支配收入的剩余转入对文化技术素质、服务和环境享受诸第二性消费的追求。

值得指出的是，目前我国为了保持较高的经济发展速度，以利于就业和现代化建设，于是在物质产品相对过剩情况下纷纷出台了系列刺激物质消费的政策。这样做，尽管有助缓解当前经济、社会的矛盾，但却造成了大量的物质资源消耗，也增加了环境的消纳负载。因此，应调整策略于刺激对文化、教育、服务和环境享受的消费，加快第三产业的发展和产业结构的更新换代，则无疑为上策矣。

就业是联系人口与经济的中间环节，也是调节人口生产与物质生产的最有效杠杆。社会经济发展对劳动力的吸纳需要通过产业结构作用下的就业结构来决定，社会劳动生产力的提高与否，也必然取决于产业结构和就业结构的发展水平。产业结构水平高，即表明能够吸纳更多的劳动力人口就业。而反映产业结构水平高低的标志，一般是各产业的产值构成和就业结构，两者的变化趋势基本相似，不过就业结构往往先于产值结构而转移。若劳动力数量超度供给和强迫实行高就业率，必然引起各产业部门，特别是第一产业中冗员的大量充塞，因而既制约劳动生产率的提高，又阻碍产业结构向高层次转化。以牺牲必要的经济效益和减缓生产力的发展速度而保障社会秩序稳定，往往成为当今大多数发展中国家进行战略决策时无奈中的必然选择。[19]

我国为了避免因过多失业人口引起社会的不安定，除了继续控制人口的增长外，解决其就业的关键在于产业结构的调整和经济的较快发展。诚然，只有保持较快的经济增长速度，才能加速产业结构的替代和向高层次转移，从而也才能吸纳更多的劳动力就业。但通过政策等措施，适度加强文化、教育及服务业等劳动密集型第三产业的发展，既可带动消费模式转化和促进经济较快发展，又易缓解失业压力和保障社会的稳定。

5.5.2.4 人口合理迁徙与区域发展

自然资源的丰裕度和地理环境的适宜度是确立人口格局最为重要的条件，这不仅意味着人首先需要有良好的立足之地，也在追求广阔的发展前景，从而亦强化了地域空间社会、经济、文化和科技的非均衡性发展。

尽管近年来由于经济发展战略的西移，使人口东南飞的趋势得到了一定遏制，但要均衡我国人口和经济的发展格局是不可能的。相应地，缩小地区间的经济发展水平和人均收益差异则是永恒的奋斗目标。我国西部地区幅员辽阔，矿藏资源较为丰富，但生态环境最为脆弱，气候条件不佳，可利用的水土资源较为欠缺，因而地域空间本身所能承载的人口十分有限。因此，伴随经济的外延扩张，既不能盲目地向西部迁徙大量的人口，也更不能鼓励当地人口的无度生育。只有通过提高人口素质，加大科技投入和转化利用，改善交通条件和基础设施，有序地增加外部劳动人口的周期性介入，协调经济发展和生态环境保护间的依存关系，才能尽快实现西部的“山川秀美”和可持续发展。

为提高人们的物质文明和精神文明水平，人口格局的城市化是必然选择。人口城市化因缩短了人际交往和物质产品流通的距离与时间，而产生集聚效应以推动社会的较快发展。当代“信息高速公路”“数字地球”“电子商务”“电化教学”，以及高速列车、现代空运和海运等，更大大缩短和加速了人们之间的物流、信息流和人流的传输与交换，从而亦预示了人们并非居住、工作在大城市就可以更好地产生“人口的推拉效应”。因此，以中小城市为据点，“众星捧月”式的城镇人口格局既是可持续发展时代适宜的城市化模式，也有利于我国人口的有效控制和经济的快速发展。特别是加快小城镇的建设，对于推动我国农业产业化、农村经济现代化、农村人口生育控制有效化、农村生态环境优良化，克服农村剩余劳动力盲流的“民工潮”和保障城市的有序建设，最终实现我国的可持续发展，将会产生巨大的不可估量的作用。[20]

我国社会经济发展和资源环境承载的沉重背负，既要求严格控制人口规模的膨胀，又要求积极改善现有人口的素质，以促进百业俱兴，使人力资源充分就业和保障社会秩序稳定；人民生活水平的提高，既需要社会经济较快发展，生存环境日益改善，亦迫切需要控制潜在生命人口的剧增和促进现实人口生命力的再生产。因此，着力解决好我国的人口问题，不仅是人口控制领域的长期战略，更是实现可持续发展宏伟目标的核心任务。[22]

本章参考文献：

[1] 南亮三郎．人口论史，北京：中国人民大学出版社，1984
[2] 王声多．马尔萨斯人口论述评，北京：中国财政经济出版社，1986
[3] 马克思，恩格斯．马克思恩格斯全集，第 8 卷．北京：人民出版社，1972
[4] 马克思，恩格斯．马克思恩格斯选集，第 4 卷．北京：人民出版社，1972
[5] 阿尔弗雷·索维．人口通论，北京：商务印书馆，1982
[6] 赫茨勒 J. O. 世界人口危机，内布拉斯加大学出版社，1956
[7] 毛志锋．适度人口与控制，西安：陕西人民出版社，1995
[8] 毛志锋，叶文虎．论适度人口与可持续发展，中国人口科学．1998 (3)

[9] 恩格斯．反杜林论，北京：人民出版社，1973
[10] 毛志锋．人口自身再生产与生态环境的拓扑探析，人文地理．1997 (4)
[11] 马世骏．现代生态学透视，北京：科学出版社，1990
[12] P. 迪维．生态学概论，北京：科学出版社，1987
[13] 中国自然资源研究会编，国土资源开发和区域发展研究．人民教育出版社，1987
[14] 祝卓．人口地理学，北京：中国人民大学出版社，1991
[15] 湛垦华．普利高津与耗散结构理论，西安：陕西科技出版社，1982
[16] 中国西部地区市场潜力分析，http：//www. china . database. htm，2000-5-10
[17] 李卫武．中国：跋涉世纪的大峡谷，武汉：湖北人民出版社，1997
[18] 第五次中国人口普查主要资料解析．http：//www. china. database. htm，2001-3-29
[19] 毛志锋．论社会稳定与可持续发展，北京大学学报，2000 (3)
[20] 毛志锋．区域可持续发展的理论与对策，武汉：湖北科技出版社，2000. 11
[21] 田学原．大国之难——当代中国人口问题，北京：今日中国出版社，1999
[22] 毛志锋．论中国的人口控制与可持续发展，北京大学学报（哲社版），2001 (5)

第6章　环境文明与协同发展

6.1　引言

环境与发展，已成为当今世界各国人民共同关心的主题。人类有着改造自然和利用自然的卓越能力，能够为自己的生存和发展创造更加有利的生态环境。然而人类在改造和利用自然的过程中，如果失去对自然再生产和为满足自身消费需求而进行不适度摄取自然界的行为的控制，或者只求眼前、局部的发展，就会造成生态环境的整体破坏，就会受到自然界的无情报复，最终使人类失去必要的生存环境。

人类的农业文明在促使经济发展的同时，亦促进了人口的自身再生产，但无法承载过度的人口增长和减缓日益膨胀的人口生活消费压力的冲击。人口不适度的增长和盲目的经济开发，使生态环境失去良性循环的平衡，进而使人类自身面临自然界的无情报复。

18世纪掀起的工业文明，无疑给人类生存带来了幸福之“神”，在人类历史上写下了极其辉煌的一页。然而与此同时，人类同自然生态的关系也在急剧地恶化。资源面临枯竭，污染日趋严重，震惊世界的“公害事件”频频发生，工业文明在造福于人类进步的同时，也使人类的生存环境涂上了浓重的“污黑色”。

20世纪中叶以来，新技术革命使粮食亩产量成倍地增长，世界各国的经济发展普遍跃上新的台阶，亦给人口控制和环境治理提供了新的技术手段。但有增无减的人口浪潮和日益增长的消费压力，使日趋减少、被污染、蚀化的有限耕地的负载不断加重。自然资源的过度开发，尤其是能源、化工等工业快速发展所造成的黑色污染，不仅使水土流失，土壤退化加重，生物资源减少，生态循环调节功能降低，而且导致大气臭氧层被破坏，“温室效应”不断冲击着人类的生存环境。

因此，反思以农业革命和工业革命所引起的以人的需要为中心的物质文明危机，人类亦“需要进行一场环境革命”，需要借助现代科学技术成果，在积极控制人口增长和扶正人们消费行为，以及调整经济发展模式的同时，不断有效地保护和改造自然生态环境，从而开创一个人与自然和谐相处的“环境文明”新时代。[1]

6.2 环境与环境文明

6.2.1 环境概念与环境功能

广义而言，人们总是将相对于主体而存在的一切客体称为环境。从系统论角度看，我们可定义研究的对象系统为S，它是由具有相互关联的一些事物的某一个集合 W 和相互关系所组成的。而相对于这个系统 S 的环境，则是一个由一些不属于集合 W，但却与其事物有关联的事物所组成的集合 E。显然，环境不可独立存在，环境中的事物总是同系统中的要素保持着某种正向或负向的相互制约或补偿、激励的关系。

地球上的任何生物有机体都不可能脱离环境而存在。显然，这里的环境就是我们通常所指的自然环境，系指生物生存空间的一切作用因素和条件的总和，亦即任何一种生物周围的生命和非生命物质与信息联系的总体。它通常包括岩石圈的岩石、地质、土壤、地貌、矿物，大气圈的空气、风、光、热，水圈的海洋、河流、湖泊、降水，以及上述诸圈层交接界面附近空间的生物圈(biosphere)。生物圈是地球表面活的有机体层，它占据地球表面以上 23 公里，延伸地面以下 12 公里深处的地理空间，是人类和全部其他异养有机体依靠其第一生产力，即由光合植物利用太阳能生产有机物而生存的活动场。[2]

构成环境的因素很多，人们常把对生物有机体的生命活动起直接作用的环境因素称作生态因子，如光、热、水、空气、风、矿物、土壤等无机物，以及相对于对象生物的其他生物有机体的自然因素和人类的社会机制。这些生态因子不是各自孤立地单独作用于生物有机体，而总是相互机制的综合在一起对生物的形成、演化起促进和/或阻碍作用，从而构成了影响生物有机体生理变异的生态环境。因此，生态环境就是指能直接作用于生物有机体结构、形态、功能和能量转化的各个生态因素的总和。

自人类起源之后，人类就以一种独特、高级的生物有机体无时无刻地利用自然，作用于自然界。因此，广义而言，生态环境应当包括自然环境和人类社会环境。自然环境又可区分为无机界和有机界。尽管在茫茫浩瀚的宇宙中，人类作为一种生物有机体只不过是众多生态因子沧海之一粟，但人类影响生态环境的作用却愈益增强。人类同其他生物有机体一样，不仅从无机的自然环境中获取必需和发展所要求的物质与能量，而且亦从有机的自然环境和社会环境中摄取、加工和转化自身所需的物质与能量。同时，人类在从生态环境摄取必要物质与能量的过程中，既须适应环境，亦以其自身的行为影响和改造环境，从而最终改变着人类和其他生物有机体自身，推动着人类社会不断走向文明。

环境以其物质支撑、信息反馈和空间调控功能而使人类社会得以发展和壮大。就物质支撑而言，自然界以其丰富多彩、能量巨大的生物资源、水资源、太阳能源和矿物资源的再生能力或不可再生的蕴藏能量，既保障着人们的基本生存所需，又可通过经济生产、技术进步和社会机制以满足人们日益提高的物质生活追求和可持续的繁衍生息。

在信息反馈方面，其一是由自然界本身和因人为作用而导引的各种自然灾害、生物蜕化、物种濒危、生态失衡状态和趋势，则提示人类须调节自身的生产、生活行为，减少对自然的危害，利用人类的认知、创新、治理和保护能力，促进自然环境的良性循环。其二是指由于物种、气候、地质等环境状态与景观的多样性，在为人类提供物种改良、遗传密码信息的同时，可为人们的生活享受提供美好的自然欣赏和情操陶冶功能。

环境的空间调控功能是指依靠自然力的作用来消纳人类的生产和生活及其他作为对局域自然环境所造成的污染、危害乃至生态的失衡。例如，自然风力的大小可以降低空气污染的浓度，净化空气；生物群落的合理配置和增加植被覆盖可以调节气候，吸纳 SO_2、CO_2 和粉尘等，以清新空气，减少污染；潮汐的涨落有助于排解沿海河流、水域的水质污染；微生物的繁衍和湿地的存在能够分解固体废弃物，净化污水和降阶有毒物质；气候变化、降雨的多少既可能给区域农业、交通出行和人们的正常生活带来有利、有益的收获，也会因其不适度而造成灾害或危害。

相对于人类社会而存在的自然环境，虽然以上述功能支持和保障着人口的繁衍和生活质量的不断改善，但因自然能量供给和自身循环调节功能的时空局限性，而又往往滞胀着人类社会的可持续发展。作为自然异化和能动的人类，只有逐步而深入地认识、适应和更好地利用自然环境的演化规律，才能促进自身的有序发展；只有不断地调节自身的再生产行为、经济发展模式和生活消费习惯，减少对环境的超度索取和排放污染，并且利用自身的力量来治理和保护生态环境，才能实现人与自然的和谐演化，以及保障人类社会的可持续发展。

6.2.2 环境文明与可持续发展

自然环境是人类赖以存在和发展的前提和基础，它对人类社会生产力的制约作用永恒存在，但又随着社会生产力和自然生产力的发展而变化。社会生产力作为自然人化和人自然化的纽带，又能够对自然环境产生重大影响：合理的开发和利用自然可以为人类造福，不合理的开发和变革自然必然导致环境的污染和衰退，造成严重的社会公害，结果是正效应与负效应并存。

人类社会的农业文明虽然促进了社会经济的发展，但因人口规模不断膨胀和生活消费压力冲击驱使下对自然界的盲目开发和经济扩张，使生态环境自打破自然调节之后一次一次失去人工辅助下良性循环的平衡，进而带来难以遏制的自然危机回报。工业文明既创造了巨大的物质财富和促进了人类社会的快速发展，也使人类的生存环境惨遭前所未有的灾难性破坏，从而宣示了“先发展，后治理”模式的最终失败。因而，谐和人口、经济和资源环境之间物质、能量的有效转化和供需均衡，保障生态环境良性循环；在持续丰富当代人口物质生活和精神享受的同时，倡导满足子孙后代能够幸福生存的环境文明，以促进人类社会持续发展，已成为新世纪全球战略目标追求的主流。

有位贤哲曾经这样说过：“文明的人类几乎总是能够暂时成为他的环境的主人。他的主要苦恼来自误认为他的暂时统治是永久的。他把自己看作是世界的主人，而没有充分了解自然的规律。”（《小的是美好的》p. 66—67，商务印书馆，1985）人类社会发展进程中的农业文明和工业文明，均是以不同历史时期人口的生存和发展所需的物质享受为最终目标，通过手工劳动和机器生产来转化环境生产力。由于人的需要和物质生产居于主导地位，加之环境资源的慷慨解囊，因而人类总是以统治者的面目出现，对自然界的征服、摄取多于对其的补偿和保护；衡量社会文明总是以物质资料占有和生活资料享受的多寡为标志，因而亦总是呈现出一种对物质文明的贪婪。当人类的物质占有和生活享受欲同环境的资源存贮和可供给能力产生剧烈矛盾与不均衡时，人类才真正认识到自身将会面临征服者被征服的危机。因此，倡导和追求环境文明自然成为人类社会可持续发展的明智之举。

环境文明是指人类依托自然环境而生存，通过合理地开发利用自然资源和保护生态环境而发展的人与自然有序进化、人与人同舟共济的社会文明。环境文明不同于农业文明和工业文明的显著区别在于，作为能动者的人类不仅追求满足自身发展或当代人口生存需要的物质、能量，也要考虑到环境的生产力，以及为恢复和增强环境生产能力所需给予的能量补偿与保护，以便保障未来人口的生存和发展需要；不仅追求物质的享受，也需要非物质化的人文精神陶冶和回归自然的情绪感染，以促进自身生命力的健康发展。因而，在环境文明时代，人与自然和人与人之间的关系应是和谐代替对抗，人对自然的依赖亦应是征服与掠夺代之于有序补偿和保护，天人合一，荣辱与共。

6.3　环境文明与生态保护

工业革命以来，人类凭借自己聪明才智和高超技术，获得了改造自然的巨大成功，也实现了人类的诸多梦想。然而，在“人定胜天”和“以人为中心”的思想指引下，人类全然不顾环境负荷能力和资源供给能力的限制，掠夺式开发资源，肆意排放污染物，使环境污染、生态破坏、资源耗竭、灾害肆虐等问题日益严重，时刻威胁着人类的生存和发展。因此，只有在环境文明理念的指导下，认识生态危机，加强生态保护和建设，才能不断保障人类社会的可持续发展。

6.3.1　生态保护的紧迫性

昨天我们还在为工业革命所取得的物质财富欣喜若狂时，今天就不得不对它带来的深重灾难而忧心忡忡。看我们的地球家园，满目疮痍，问题多多。我们的生态环境正在恶化，其来势之汹，速度之快，令人震惊，为人心痛。目前世界上——

耕地：每分钟损失 $40hm^2$，每年损失 $2.1\times10^7hm^2$；

森林：每分钟消失 $21hm^2$，每年消失 $1.1\times10^7hm^2$；

沙漠化：每分钟有 $11hm^2$ 的土地沙漠化，每年沙漠化的土地达 $5.8\times10^6hm^2$；

次生盐渍化：每分钟有 $0.23hm^2$ 的土地次生盐渍化，每年次生盐渍化的土地达 $5.8\times10^6hm^2$；

泥沙：每分钟有 4900t 泥沙流入大海，每年流失的泥沙达 2.6×10^{10} t。[3]

皮之不存，毛将焉附？生态破坏，物种焉存？环境污染、生态破坏还有人类捕杀把物种逼上了灭绝的边缘。据统计，[4]全世界已有 25000 种植物和 1000 种脊椎动物濒于灭绝。我国是世界上生物多样性最多的国家之一，也是濒危物种最多的国家之一，濒危物种估计达 4000～5000 种。近百年来，我国已有数十种动植物绝迹，尚有数百种面临绝种的境地。另据 Myers 的研究表明，20 世纪最后 25 年，平均每年有 4 万个物种灭绝，灭绝速度是形成速度的 100 万倍。长此以往，春天终会寂静。

物种是大自然所赐，是人类的财富。人类的食物、药物、工业原材料等无不需要生物；科研、文教、艺术、美学的进步发展，也都离不开千姿百态的生物界。物种的灭绝是人类的一大损失，它不仅影响到人类提炼抗病药物，消除病变基因，也影响到培育高产农作物和家畜良种。最为重要的是，物种的退化、灭绝改变了生态系统的营养结构，使食物链断裂，食物网破碎，生态系统趋于脆弱；这也改变了生态系统的功能结构，使生态系统的物质循环、能量流动和信息传递的功能失调甚至丧失，必然会导致局域乃至整个生态系统的瓦解。

生态系统功能失调的后果之一就是自然灾害的加剧。如今的地球，水灾泛滥，瘟疫流行；旱灾频频，沙暴肆虐；蝗虫横行，庄稼无收。仅在最近一年中，自然灾害就导演了诸多惨不忍睹的悲剧：2000 年 11 月泰国共有十个省遭受洪灾，造成 40 人死亡，受灾的人数达 58 万人，他们还面临洪水消退后疫症流行的危险；2001 年春天，朝鲜遭受了近 300 年来最严重的旱灾，降水量仅为去年同期的 17%，播种的土豆、小麦、大麦和玉米 80%～90%的枯死，很多地区还出现高温天气，平均气温比往年高 10℃～13℃，创下了有气象记录以来的最高纪录；2001 年 8 月 4 日，印度尼西亚北苏门答腊省尼亚斯岛发生的严重水灾和塌方，造成 60 人死亡，124 人失踪。2002 年中国遭受了 10 年以来最严重的旱灾袭击，数百万公顷农田变成赤地，1600 多万人缺乏饮水。该年夏天，大群蝗虫侵袭西伯利亚东部农田，吞噬了近 40 万公顷的农作物，对当地农作物造成了毁灭性的破坏，俄政府不得不在该地区颁布了国家紧急状态令；我国国内的蝗虫更是肆虐无忌，山东、河南、河北、天津、安徽、江苏、山西、陕西、海南、西藏、新疆 11 个省、市、自治区，7000 多万亩农作物遭受蝗灾，其中重发生区 3000 万亩左右，损失严重。

严峻的现实迫使我们去反省，诸多生态危机与其说是一种“天灾”，倒不如讲是一种“人祸”。正如恩格斯早就告诫的:“我们不要过分陶醉于我们对自然界的胜利,对于每一次这样的胜利,自然界都报复了我们。”

长期以来,人们只把动物、植物看成是自己利用的对象,自己有权对自然界进行任何处置,而没有意识到自己也是生物的一种,应该具有和其他物种和谐共处的道德。人类无限制地开采自然资源,恣意地破坏生态环境也是一种不负责任、缺乏道德的表现。特别是最近 200 年来,世界人口从 10 亿激增到 60 多亿,这无疑给生态环境造成了巨大的压力。多数生活在欠发达地区的人们为了生活,不得不“靠天吃饭”;过牧、滥垦、滥伐好像是“无可指责”的事情。

人类的目光是短浅的、片面的,在使用 DDT 的时候,有谁看到益虫、益鸟也因此而亡,有谁意识到处于食物链最高层的人类却是最大的受害者!而人的欲望是无限的,在吃饱穿暖之后,却又在梦想更加舒适奢侈的生活。有需求就有供给。一些人为了展示自己的财富,不惜重金吃飞禽走兽,穿珍稀皮绒。另一些人为了眼前暴利,铤而走险,捕杀、走私珍稀动物。显然,我们的人类在自然观、价值观,即人与自然的关系处理上还存在着根本性的缺陷和弊端,人类社会的物质文明与生态环境的自组织循环存在着激烈的矛盾和冲突,其结果就是生态破坏、环境污染和不可持续发展。

因此,保护生态环境既是人类必需的、义不容辞的职责,又是当代人紧迫而亟待付诸实施的行动。

6.3.2 生态保护的内涵

我们需要一场环境革命,它是对现代文明在“体制层面、物质层面、价值层面上的全方位的变革”[2]。我们呼唤“绿色文明”的到来,这是一种追求发展与环境双赢、人类与自然和谐的新的文明。它使人们认识到人只是这个复杂生态系统的一个组成部分,人不可能离开生态环境而存在。热爱生态环境就是关爱自己的生存和发展;善待生态环境就是善待自己。我们要摒弃传统的“高开采、高生产、高消费、高排放”的发展观念,建立“最适生产、最适消费、最小排放”的生产生活模式,实现人类社会经济的可持续发展。

保护生态系统,旨在通过限制人类的过度生产、生活行为和损害自然的不良作为及方式,以及借助人类的能动作用和创新、建设能力,维系和增强生物物种的繁衍及群落结构的合理配置，保障生物栖息之地和生存环境的优良，增强生物能量的输出和自组织调节功能。因此，为了和谐人与自然的相依关系，实现人类社会的可持续发展，首先要建立自然的屏障，减少灾害侵袭，遏制生态环境恶化的态势。毁林开荒、广种薄收、围湖造田，使脆弱的农业生态系统失去了森林的呵护和水源的滋养，使风沙和洪水等自然灾害加剧，导致沙漠、荒地的面积不断增加。20 世纪 80 年代建设的“三北”防护林带以及长江沿岸流域的防护林，目的就是加强森林涵养水源、保持水土、防风固沙等生态功能，减少灾害发生频率，减轻它的破坏程度。

其次，要保护生物多样性。生物多样性是指某一区域内遗传基因品系、物种和生态系统多样性的总和。地球上的生物多样性及其形成的生物资源，构成了人类赖以生存和发展的生命支持系统。许多目前认为无足轻重的物种，可能存在着重要的价值，有待人们去发现和利用。所以，我们应该让尽可能多的物种保存下来，保持遗传的多样性，这是对我们自己的幸福负责，也是对子孙后代的生存和发展负责。

再次，要注意美化景观，丰富人们的生活。生态环境，特别是许多野生动植物有令人陶醉的观赏价值，可以美化人们的生活，陶冶人们的情操。在物质文明高度发达的今天，物质享受已不是人们生活的唯一目标，人们纷纷追求一种更高的精神享受。工作之余，人们喜欢到公园、野外体会一下融入自然的愉悦。我们在城市内建设公园和城市绿化林，这不仅美化了城市景观，还对整个城市生态起了积极的调节作用。

最后，注重封育与建设并举，保护与利用并重。封山育林、退牧还草、退渔还湖，不失为生态保护的好办法。毕竟人类欠自然的太多，在一些生态环境恶劣的地区，单靠自然恢复是很难的，也是很漫长的，所以迫切需要我们的加入，进行人工固沙，人工造林。

保护并不是我们唯一的目的，保护生态为的是能够长久利用和可持续发展。一般说来，需要保护的生态系统多位于环境较恶劣、经济欠发达的地区。要保护就需要投资，这无疑加重了当地的负担。实施封闭性保护还意味着使一些人失去生活的栖息之地和陷入失业的困境，以及造成巨大的经济损失或使生活更加困难。所以我们要调整经济结构和人口格局，或积极寻求一种合理开发、综合利用的途径，既达到保护生态环境之功效，又不损当地社会经济的发展。

6.3.3　生态保护的措施

危机并不只是威胁，它也是机遇。因此我们必须抓住机遇，采取积极有效的措施，走出困境。要保护好自然生态环境，首先实施生态保护和恢复工程，制定有利于资源和生态保护的经济与投资政策，提高贫困地区人口的文化素质。同时严格开发建设项目的环境评价与管理，处理好发展经济、消除贫困与保护环境的关系。大力开展环保宣传教育，提高各级政府、部门、企业领导和公众的环保意识，自觉执行各项环境保护法规、政策。

6.3.3.1　树立正确的理念，不断增强“生态意识”

对地球生态环境最大的威胁或许不在于威胁本身，而在于人们对它认识上的冷漠和扭曲。因为许多人至今还不理解这一事实：生态恶化是极端严重的；人们对自然的利用，依然是“以人为中心”，我行我素。生态环境是人类生存和发展的基础，“生态破坏，人人有份；保护生态，人人有责”。因此，建树正确的生态意识，可以指导人们的生态行为，促进人们正确认识人与自然的关系，也能保证各项法规、政策、方针、制度的正确执行。所以，通过宣传教育，使公众树立正确的价值观、道德观、发展观、消费观以及人-地相依关系观，增强生态意识，协调人与自然的关系，并能自觉地参与保护生态环境的行动，这是解决环境问题的一条重要途径。宣传教育主要是依靠大众媒体，如电视、报纸、互联网等，促进人们观念的转变。譬如，2001 年中央电视台的“中华环保世纪行”栏目就在公众中引起了巨大的反响，对提高公众的生态意识起到了相当重要的作用。

6.3.3.2　改变生产生活方式，持续减轻生态破坏

传统、粗放型的经济增长模式，其突出特点就是高耗、低效，高投入、低产出，是一种以牺牲生态环境为代价的、不可持续的发展方式。要减轻人类活动对生态环境的影响，实现可持续发展，必须推进经济增长模式的改变，使之尽快从粗放型过渡到集约型。即从依靠资源的初级生产和简单加工，转为依靠知识和技术、资金的集约而进行多次开发利用和深度加工；从资源的高消耗生产，转为低耗高效的节约生产及废弃物的循环利用。在我国劳动力大幅剩余情况下，根据不同产业类型，实施劳力与资源、技术或资金不同形式组合的集约

化生产，将更有助于解决失业，减轻生态环境压力和促进经济的快速持续增长。

资源高消耗的生产模式和生活高消费的消费模式，是现代工业化国家发展的基本特征。高消费的生产、生活方式，既耗费了大量的物质财富和自然资源，也会带来大量的生产、生活废弃物，给环境消纳和人工排污造成了巨大的压力。我们国家还没有进入现代工业化国家的行列，但改革开放后生产力的快速发展所带来的物质财富，显著地提高了人们的生活水平。为了保护生态环境和实现社会的可持续发展，我们应该吸取西方国家过度消费和浪费的恶果教训，提倡节约资源、适度消费和绿色消费，以协同与环境的友好共存。

6.3.3.3 调节土地利用结构，加强生态屏障建设

由于人多地少，我国一直存在重农轻林牧的状况。农业种植的品系单一，易受病虫灾害的侵袭，生产力不高。因此我们需要统一规划，下大力气调整农业内部生产经营结构和土地利用结构，完善土地使用的法规和政策措施，以提高土地生产效益。同时，要把农业稳定发展与生态环境建设紧密结合起来，走生态农业的道路，提高生态建设和农业投资的效益。

森林砍伐，草场退化，使我们的地球家园失去了保护的屏障。目前我国森林覆盖率只有16.55%，草地面积虽占国土面积的41.7%[5]，但分布不均，质量不高，达不到完全防治自然灾害的要求。所以植树种草，建设绿色生态屏障已成为刻不容缓的事情。对生态环境已经遭受严重破坏的地区，要统筹规划，本着“宜林则林、宜灌则灌、宜草则草”的原则，建设乔、灌、草相结合的生态屏障体系，减少灾害发生频率，减轻灾害破坏程度。

6.3.3.4 加强自然保护区建设，保护生物多样性

建立自然保护区是保护生态环境和自然资源的基本途径，也是保护动植物物种资源的有效措施。面对越来越多的物种濒临灭绝的危险，我们需要进行详细的调查研究，确立要保护的物种并建立生物资源信息系统。然后根据该物种的作用以及数量的多寡建立不同类型的自然保护区，并实施不同的保护措施。对于生境遭受破坏、数量稀少的物种，应该建立珍稀物种养殖场，或进行异地保护。对于已经建成的自然保护区，应加大科研投入，探索人工繁殖的方法；加强法制，规范管理，防止野生动植物资源减少和破坏，特别是珍稀物种的灭绝。

6.3.3.5　依靠政策法规，加强环境管理，促进生态保护

在建树环境文明和实现可持续发展过程中，法制手段应该是环境管理的基本和主要手段。一方面我们要加快环境立法步伐，增加法律责任特别是刑事责任的条款，使环保法律真正发挥引导、教育、促进、保障、制约和震慑作用。另一方面，在环境执法上进一步加大力度，坚决扭转有法不依、执法不严、违法不究的现象，以建立生态保护的新秩序。

加强环境管理是进行生态环境保护的重要手段，但是我国的环境管理制度并不健全、不规范。所以我们要尽快把环境保护纳入国民经济重大决策议程，将科学与民主引入决策过程并实现规范化、法制化，以解决和避免环境保护游离于决策之外而造成决策失误的问题。对重大政策的制定，实行征求群众意见和进行科学论证相结合的环境影响评价制度。同时要加强环境管理机构和队伍，特别是基层环保机构和队伍的建设，提高其管理水平和专业素质，以促进生态环境的保护。

6.3.3.6　加强国际合作

随着全球气候变暖而引发的世界共性问题等的日益突出，越来越多的国家政府和民众更加深刻地认识到，地球生态环境恶化是全人类所面临的最为严峻的挑战，它不受国界、社会制度、意识形态等的制约；而它的解决，也要靠世界各国的紧密合作，通力互助。各国通过技术交流、投资共担，不仅可以节约大量资源，还能早日解决生态破坏的问题。所以，为了人类的共同利益，也为了各国自己的切身利益，积极履行《里约宣言》和《蒙特利尔议定书》，尽快签署和执行《京都议定书》等有关条约，以使各国携手同舟共济，合力保护我们共同的地球家园。

6.4　环境文明与经济发展

环境与经济是相互依赖、相互制约的对立统一关系。首先，环境是经济发展的基础和制约因素。良好的环境可以为经济活动提供优越的自然地理条件，为经济生产提供更多的能源和其他资源，亦因自然的循环通畅而能更多地消纳经济活动所产生的废物，节约人工处理的费用。但是环境资源在时空格局上是

有限的和分布不均的，它往往制约着经济发展的方向、规模和速度。环境的污染净化能力也是有限的，如果污染物排放量超过环境容量，则会导致环境污染和生态破坏等问题。

其次，经济是环境改善的主导力量。经济发展了，经济实力增强了，就会有更多的资金投入环保事业，发展环保产业，为工业污染防治、城市环境综合整治和生态保护提供优质高效的服务。同时经济发展了，不仅人们的物质生活水平会有很大的提高，且对精神文化生活的需求也越来越多，因此更多的人会主动保护环境、改善环境，从而提高环境质量。

自孔德、斯宾塞以来，西方社会科学形成了关于"增长就是发展"的传统观念。二战以后，世界各国对经济增长和实现现代化更是满怀憧憬，费尽心机地发展经济。到20世纪60年代，由于人口膨胀、环境污染、生态破坏、资源匮乏、南北冲突等问题不断凸现，人类面临空前的发展困境。这也使人们意识到，经济增长并不一定带来社会的全面发展，国内生产总值（GDP）的增长与物质富裕不一定带来生活的幸福。20世纪80年代以来，环境危机的全球征候引发了人类对于自身发展危机的严肃思考。

6.4.1 工业文明与传统发展观

传统发展观的理论思想，来源于亚当·斯密建立的古典政治经济学。亚当·斯密于1776年出版的《国富论》是关于古典政治经济学理论体系的重要著作，其核心问题就是怎样增加国民财富，并详细分析了促进和阻碍财富增长的原因。战后20世纪50年代至70年代初，传统发展观成为全球各国普遍接受的发展观得以广泛推广。它推行以经济增长为核心的发展战略，以国民生产总值（GNP）增长率作为衡量发展的主导性指标，而不顾及资源的浪费和环境的破坏。传统发展观对西方国家实现经济增长，战后发达国家振兴经济起过重要作用。

1960年，罗斯托出版了《经济成长的阶段——非共产党宣言》一书。在书中，作者以发达资本主义国家发展经济的历史经验为基础，以古典政治经济学理论为依据，把人类的发展划分为5个阶段——传统社会阶段、为"起飞"准备阶段、起飞阶段、人们高额消费阶段和追求生活质量阶段。[6]这是传统发展观的进步，但它也是从经济增长的角度看待发展，强调以经济增长为核心的发展战略。同时，作者还提出了衡量经济增长的指标——国内生产总值

(GDP)，诚然较 GNP 更注重于经济增长的效益，而非经济增长的总量，无疑有助于遏制资源的高消耗和浪费。迄今为止，该指标仍被世界各国广泛使用，成为衡量各国综合实力的权威性指标。

在传统发展观的指导下，以物质财富增长为主导的工业文明迅速发展，许多国家的经济实力也有明显增强。但是传统发展观注重的是一个民族、一个国家、一个地区、一个集团甚至一个单位或一个企业在物质财富占有或拥有上的个别利益、眼前利益和局部利益。他们为了得到这些利益，不惜牺牲他国、他地区、后代人的利益，甚至于发动战争，导演人类无数悲剧和灾难的折磨。战后非洲国家通过掠夺式开采资源使 GDP 有了大幅的提高，但美国通过不平等贸易却获取了更大的经济增长；美国成为富人的天堂，而非洲各国人民却仍在贫困线上挣扎。可见 GDP 的增长并没有消除贫困，反而使贫富分化程度加剧，人类面临有增长而无发展的难题。

6.4.2 环境文明与经济可持续发展

为解决日益严重的环境和社会问题，在 1972 年联合国人类环境会议上通过了《人类环境宣言》，它呼吁各国政府和人民为维护和改善人类环境，造福全体人民和子孙后代而共同努力。1987 年世界环境与发展委员会发表了长篇报告《我们共同的未来》，提出可持续发展是协调人口、资源、环境和经济相互关系的共同发展战略，是人类谋求生存和发展的唯一途径。在报告中，首次把可持续发展准确地定义为："既满足当代人的需求，又不对后代人满足其自身需求的能力构成危害的发展。"[7] 在 1992 年京都会议上，联合国颁布的《21 世纪议程》标志着人类可持续发展观的确立和可持续发展实践的启幕。

与传统的发展观不同，可持续发展强调发展的可持续性、公平性和共同性。可持续性是可持续发展的最基本原则。由于资源和环境是人类赖以生存和发展的基础条件，因而要求人类社会经济的发展不能超越资源环境的承载能力；要实现可持续发展，就要有资源的可永续利用和以生态环境的稳步开发作保障。公平性包括代内公平和代际公平。我们应适度开采和公平利用自然资源，特别是不可再生的稀缺性资源，以便使落后国家和子孙万代享有同样的生存和发展权力。人类社会的可持续发展不只是一个国家内部的事情，也不可能仅凭借自己的力量来实现。因而共同性原则要求世界各国须携手合作，同舟共济，才能实现人类社会的可持续发展。

尽管资源环境的可持续利用是前提，社会的可持续发展是目的，但是离开了经济的可持续发展，资源环境与社会的可持续都成了无源之水。因此，作为基础和灵魂，经济的可持续发展须体现下述三方面的特征，才能最终保障前提和满足目的的需要。

6.4.2.1 清洁生产，减少污排

为了减少环境污染，1989年联合国环境规划署（UNEP）工业与环境规划中心率先提出“清洁生产”这一术语。清洁生产是实现经济可持续发展的一项基本策略，它是通过产品设计、原料选择、工艺改革、生产过程管理和物料内部循环利用等环节的科学化和合理化，使工业生产最终产生废物最少的生产方法和管理思路。清洁生产包括清洁的生产过程和清洁的产品两部分，即既要实现生产过程中的无污染或少污染，还要使生产出来的产品在使用和最终报废处理过程中也不会或尽可能少地对环境有危害。清洁生产主要是通过采用新的专门技术，改进旧的工艺技术和引进科学的管理方式来实现的。

需要指出的是，清洁生产是一个相对的概念，即所谓的清洁生产过程和产品都是相对于现有的工艺技术和产品消费需求而言的。随着科学技术的发展和社会经济的进步，我们需要适时地更新清洁生产的指标，使之达到更清洁的水平。所以清洁生产不是最终的目标，而是一个不断完善、不断更新清洁能源、清洁材料和清洁产品的过程。这就要求经营管理者适应社会经济发展潮流，不断积累知识，改善工艺，调整管理方式，实现清洁生产，减少污染物的排放。

6.4.2.2 走集约化增长道路，节约资源

粗放型的经济增长方式相对于环境保护和资源利用而言，其突出特点就是高耗、低效，高投入、低产出，这也是多数发展中国家自然环境恶化的直接原因。在经济技术条件落后的国家，高速的经济发展主要靠人力和资源的高投入，与之对应的是将大量污染物、废弃物排入环境。在传统发展观影响和经济技术条件约束下，很多国家或地区往往急功近利，杀鸡取卵，采取掠夺式生产经营方式，势必造成生态系统破坏、自然资源浪费和全球环境污染等问题。

就我国而言，目前要从根本上处理好环境保护和经济发展之间的关系，必须按循环经济原理进一步推动经济增长模式的改变，使落后地区依靠资源的粗放型经营过渡到系列深加工的集约化发展，使发达地区劳力、资金集约转向智力、技术集约型产业，使仅依赖全国的城市集聚型经济转向城乡统筹要求下的

农村城市化的多中心发展格局。为此，有关行业部门应尽快制定和执行利于社会经济和生态环境协调发展的技术经济政策，优化经济结构和产业结构，调整产品结构和行业布局，大力发展科技先导型、环境清洁型、质量效益型和资源节约型产业，使经济步入良好的发展轨道。

6.4.2.3 建立环境友好的生活方式，适度消费

生活和消费方式的变化在经济发展过程中有着十分重要的作用。合理的生活和消费方式有利于经济的可持续发展，而不合理的生活和消费方式则会阻碍经济的可持续发展。

随着社会进步和经济发展，人们的生活水平特别是物质消费有了大幅度的提高，但同时也出现了过度消费和赶时髦等不合理消费的现象，这不仅造成了资源的巨大浪费还加剧了环境污染、生态破坏等问题，使可持续发展受到严峻的挑战。因此，我们要通过合理消费结构来推动商品、原材料结构的合理化，减少因消费造成的环境压力。

与环境友好的生活方式是以简约消费观和简约生活质量观为标志的。一方面，我们应该从追求单纯的物质满足转向物质、精神的双向满足。在工业文明的熏陶下，人们把物质享受等价于生活质量，错误地把幸福的判据建立在自己比周围他人或比过去可以消费更多物质的信念之上。诚然，物质生活是人们必不可少的，但是生活质量还与生活环境的优劣、闲暇时间的多少密切相关，我们以破坏环境换来的物质享受是有代价的、暂时的、虚假的，而造成精神享受上的亏缺却是深沉和长期的。另一方面，我们要用尽可能少的自然资源消耗来提高我们的生活质量，尽可能防止把生活废弃物排入自然系统。这需要我们树立适度消费、合理消费、绿色消费和循环消费的理念，以节约有限的资源，促进经济的可持续发展。

6.4.3 协调环境与经济的途径

面对伤痕累累的全球生态环境，我们在发展经济的同时，必须采取下述积极的、行之有效的措施，来弥补我们对环境的亏缺。

6.4.3.1 优化产业结构，调整行业和产品结构

目前，我国大多数城市是以第二产业的发展为主导，其中冶金、电力、化

工、造纸、建材、机械、轻工等行业排放的污染物占工业总排放量的70%以上。显然，因产业与行业结构引起的结构性污染是我国城市环境质量差的主要根源。

在产业政策实施过程中，需要淘汰能源消耗高、资源浪费严重、污染严重的产品生产，逐步降低重污染工业的比重，减少工业污染。伴随我国经济的进一步发展，城市经济应实施“兴三优二”的发展方针，即坚持以第三产业中的知识、商贸和服务性经济为方向，以高新技术产业为第二产业发展的核心，不断改造传统产业，推进产业结构的战略性调整。就农村经济而言，应根据市场需求和环境条件，调整农业生产结构和乡镇企业经营结构。农业生产要提倡多业协同发展，坚持走生态农业的道路；正确引导乡镇企业的发展，禁止没有防治污染能力的乡镇企业生产有毒有害物质和“三废”严重的产品。

6.4.3.2 搞好城市总体规划，调整城市功能布局

我国目前正面临城市产业结构和发展格局的调整，因此在编制城市总体规划时，要依据《城市规划法》，把保护和改善城市生态环境、防治环境污染和其他公害等环境保护的内容纳入城市总体规划。我国多数城市，特别是其老城区的布局不尽合理，生活区和工业区交融混杂，这不仅限制了经济生产的发展，而且加剧了环境污染，损害了居民的身心健康。

根据现推行的生态城市总体规划要求，在老城区改造和新城区建设中，需要按照生态学原理和同社会、经济协调发展原则进行的功能分区，调整工业布局，加大工业和生活污染防治力度，改变工厂和居民混杂的状况，从生产、生活、交通多方面控制城市环境污染，并建成一大批布局合理、社会服务功能齐全的开发区和住宅小区。其宗旨在于以提高人们的生活质量为核心，促进城市经济和生态环境的和谐演化。

6.4.3.3 调整资源消费结构，节约利用资源

中国是一个以煤为主要能源的国家，在1994年煤占能源消耗的76%。[8]全国烟尘排放量的70%、二氧化硫排放量的90%均来自燃煤，[9]使得工业和人口集中的城市几乎都产生了严重的大气污染，很多城市还出现了酸雨并呈加剧的态势。

随着城市机动车辆的增加，尾气排放量迅速上升，在北京、上海、广州等大城市出现了各种有害气体、光辐射和热岛效应的复合污染，严重威胁着居民

的身心健康。为解决日益恶化的城市环境问题，一方面，我们需要调整能源利用结构，积极推广使用燃油、燃气灶，逐步限制煤的大量使用。另一方面，要从能源工业入手，大力发展水电，适当发展核电，限制发展火电，加强地热、太阳能、风能、海洋能等新能源的研究和开发。再则，生物能是一种非常有开发利用前景的可再生能源，它有可能成为能源持续利用的重要支撑点。因此，应加强城市的绿化带、生态屏障和生物能基地建设，既能净化空气，美化环境，又可节约不可再生能源的利用。

由于工艺技术的限制，我国在资源利用方面存在着高耗低效的缺陷，其直接后果就是原材料大量以污染物、废弃物的形式向环境排放，使生态环境加剧恶化。以能源消耗为例，我国的能源利用率现只有 35%，比日本低 10%。仅此一项，我国每年就多消耗 5000 万吨标准煤，多排放 140 万吨二氧化硫和 1500 万吨烟尘，[10]既污染了空气，也造成了企业经营的内外不经济性。因此，加入“WTO”后，应积极引进国外先进的工艺技术，推行清洁生产，加强生产全过程的监督管理，从而最大限度地提高资源和能源利用率。

6.4.3.4 依靠科学技术，实现可持续发展

邓小平指出“科学技术是第一生产力”。人类社会发展的历史证明，科学技术是人类生存和发展的重要基础，也是现代人类社会进步的重要支柱。如果说环境问题来源于人们认识水平的不足和科学技术发展阶段的限制，那么我们今天解决人口、粮食、能源、资源和环境等一系列问题，提高人们的物质生活和精神生活水平，都必须依靠科学技术的发展。只有依靠科技进步，人类才能使经济和社会的发展及生态环境的演化既能满足当代人的需要，又不损害后代人的需要，以实现人类社会的可持续发展。

首先，科技进步有利于解决人口和“三农”问题。人口和“三农”问题一直是困扰中国发展的两大问题。实践表明，只有依靠科技的进步，才能使人口优生优育、节制生育策略得以实现；只有依靠科技的进步，才能使占 70%的农村人口的教育文化水平和人口素质有很大的提高，促进社会的进步和农村经济的繁荣，亦为农村过剩劳动力的就业开辟广阔的就业市场，进而有助提高农民的生活水平和生活质量。可以说，离开了科技，中国再用占世界 7%的土地养活占世界 22%的人口，以及实现可持续发展，只能是天方夜谭。

其次，科技进步有利于节约资源和治理环境污染。科学技术对提高资源的利用率，寻求新的资源开发途径，促进工业、农业和交通运输业等领域减少资

源消耗，正发挥着越来越重要的作用。离开了科学技术，水电站无法设计与建设，风能、核能、地热能、海洋能、太阳能、生物能都无法开发，更谈不上广泛推广利用。人类单纯追求经济增长导致了对自然资源的掠夺性开采，造成了全球性环境污染和生态破坏，引致大气污染、水污染、森林消失、臭氧层破坏、厄尔尼诺现象频发。因而，亦迫使人类对气候变化、生态环境恶化的了解正在通过科学技术不断加深，这些了解能帮助人类正确制定可持续发展的战略对策。如通过对地球生态系统的科学研究，能够准确地把握地球的承载能力，有助于对人类活动作出科学的指导，使自然生态环境得到更加有效的保护。

6.4.3.5 发挥经济政策作用，加强环境管理和法制建设

伴随市场经济的发展和调控机制的健全，实现经济的可持续发展必须借助于经济手段和政策导向。即按照环境资源的有偿使用原则，通过市场机制，将环境成本纳入各级经济分析和决策过程，促使高污染、高资源消耗企业选择更为有利于环境的生产经营方式。同时，加大对环境治理、基础设施、清洁生产和清洁能源的资金投入，切实贯彻执行污染收费、环境税收、排污权交易、环境损害责任保险和财政奖励等政策和完善其管理制度，促进经济与环境的协同发展。

环境保护作为环境文明的一种手段，在一定意义上讲，就是一种法律意识。对于缺乏法律意识的人和事，就要进行法律教育或强制其按照法律规范约束自身利益行为。自 1979 年以来，国家已颁布了 6 部环境法律和 9 部相关资源法律，确立了环境影响评价、“三同时”、污染物总量控制等有效环境管理制度，初步形成了符合国情的环境法规体系，使环保工作基本做到有法可依。我们还需要进一步理顺环境监督管理体系，实施全国环境监测能力建设规划，逐步建立起遍布全国的生态环境监测网络。

6.4.3.6 建立绿色国民账户，开展环境管理体系认证

如何实现环境与经济的协调发展，在理论和实践上都存在着亟待探索的问题，而其中最棘手的是用何指标来评价或衡量两者之间的协调。比如说 GNP 的计算，因环境污染导致环境质量下降，需要环境治理，但是环境损失并未从国民生产总值 GNP 中扣除，治理费用却列入国民收入开支。显然，传统的统计指标使人们难以整体分析和把握环境与经济的关系，结果使决策者缺乏充分的依据，导致发展战略中对环境保护缺乏应有的重视，或因决策失误造成资源

配置不当。为纠正这种缺陷，必须建立一种新的与可持续发展战略相适应的国民账户体系——绿色国民账户。诚然，这种探索目前还处于尝试阶段，但方向正确，定会付诸实施。

实施环境标志产品，有助于引导企业在生产的第一个环节——生产设备的选择和使用中就开始重视环境管理。运用成本-效益分析法考察产品的环境效益，可使产品获得新的竞争条件，从而减轻污染，提高效益，在宏观上使整个社会经济受益。在有条件的企业，积极开展 ISO14000 环境管理体系标准认证，建立和完善企业的自我约束机制，以便在未来发展和国际市场的竞争中立于不败之地。

6.4.3.7　加强公众环境意识教育

环境保护是关系到群众切身利益和子孙后代长远发展的重大事业，需要全社会的积极参与。我国环保事业起步较晚，公众的环境意识也有待提高，因此要通过电视、互联网、广播、报纸等媒体宣传，提高全民族的环境意识和可持续发展意识，继续在中小学校和高等院校开展环境教育，培养专业人才，加强对地方领导人和企业决策者的环境培训，以提高他们的综合决策能力和自觉保护环境的意识及职责。

6.5　环境文明与社会稳定

追求人类社会的可持续发展和实现环境文明，旨在和谐人与自然、人与人相互依存、时空耦合的内在关系和物质能量的供需均衡，其最为突出的表征是社会的稳定。社会稳定是指区域社会关系结构的相对恒定、社会运动秩序的有条不紊、社会运作规则的相对适宜、人们的物质和精神需求的相对满足，而这一切又须建立在物质能量的供需均衡、物质利益的分配公平、人们心理素质和认知理念的相对成熟，以及社会法规和保障体系相对健全的基础上。

社会稳定是相对于社会发展而存在的，没有发展就不可能稳定；同样，没有稳定也就不可能实现有效的发展。但传统的发展理念和模式实践表明其并不能保障社会的稳定，也使发展难以为继。因此，社会稳定既是可持续发展的基础，又是可持续发展的标志。也只有建立在可持续发展理念的基础上，才能保障人类社会的稳定性发展。

由此看来，揭示区域社会发展的规律，探讨稳定与发展之间的相依关系，寻求两者之间的协同途径，这对于促进我国现代化建设和可持续发展实践无疑具有重要的理论价值和现实意义。

6.5.1 区域空间发展的非平衡演化

对于一个多要素共生的复合系统来说，由于系统内存在不同物质的子系统，因而既具有不同层次或等级系统上的包含或嵌套，又有同一层次缀块或子系统间的兼容或依存。由不同级次子系统或缀块整合而成的区域复合系统在时序演变上具有非平衡性，而在空间上看来，它又有不同子系统或缀块之间的相对稳定性，即在某一时段上系统呈现出多平衡态特征。正是由于系统内存在子系统的多平衡态的相对稳定性与动态转移中的非平衡性，从而在与外界物质、能量的交换过程中，系统通过能量耗散和非线性自组织机制，可使系统形成远离平衡态的有序稳定结构。

系统的能量耗散即催化循环会使系统发生“扰动”而产生涨落。随机的小的涨落将会因各子系统或缀块的叠加效应而被放大，使系统处于临界状态，在放大或“巨涨落”的作用下，使系统原有稳态失衡，而产生新的稳定的有序结构，这就是耗散结构理论中的“通过涨落生序的新成序原理”。但在协同学看来，这种新的有序结构的形成是当与外部的物质、能量输入输出达到一定程度时，系统内主要素或空域间的相互作用愈来愈强，需要在自组织机制下使其参加集体的协调运转，于是原先的低序结构被破坏而失衡，在进一步发展中便会形成一种新的更高层次的有序结构，即“通过协同生序”使系统得以进化[11]。

一个国家或区域社会经济系统，是一个借助与外部物质、能量的交换，依靠自组织机制进行结构重组和多部门、多地域有机协同的非平衡系统。人类社会从原始混沌的部落社会，历经涨落——革命、不稳定到新的稳定有序状态，进而发展到当今具有很强的地域、部门和生产力要素分工与合作协同的现代社会，正是这一非平衡系统演化机理的写照。

未来区域社会的可持续发展仍然离不开对生态环境的依赖而从中摄取愈来愈多的物质、能量，也更需要在转化物质和能量的过程中，一方面须认识和遵循自然规律，在向自然索取过程中有机地补偿和维护地域生态系统的稳定演化；在富国满足自身对资源利用和环境享受的同时，也能够协助发展中国家对自然资源的有效利用和对环境的积极保护。另一方面须遵循社会经济规律，在有序控制人口自身再生产和物质生产行为的过程中，通过有机地调整社会、经济和产业结构，实现资源的优化配置和有效利用；通过调整社会利益机制实现当代人公平参与社会发展和分享经济报偿；通过对话与合作，促进国家、区域之间发展的和谐。因此，只有使自然生态环境和社会经济两大系统在地域空间发展有序和其间和谐互利，才能使区域社会稳定，也才能最终保障人类社会的可持续发展。

6.5.2 区域社会稳定与发展的理论辨析

6.5.2.1 稳定与发展的辩证

一个开放性系统之所以成为系统，就要具有一定的稳定性。而开放系统的发展之所以是可能和必要的，就在于这个系统存在失稳的因素和为了生存而须同外部环境进行物质能量的交换。稳定意味着系统结构的相对恒定和状态变化的有序，以及系统内部功能的协同和同外部物质能量供需的均衡。任何开放系统的稳定均是动态中的稳定，也只有在与环境交换中引入负熵流，才能保持系统内部物质能量的有效蓄积和有序催化循环，也才能依靠自组织机制协调各子系统或要素之间的均衡发展，从而保障系统整体功能最优，抗干扰能力最强。

发展即系统结构的涨落和关系的重组，意味着系统因结构失衡、状态失稳而产生功能的变迁，通过涨落达到新的有序结构，也标志着系统迈向一个更高层次的稳定。通过涨落达到有序，就体现了系统中微小涨落被放大从而成为系统发展的建设因素，也是一个系统通过失稳而重新建立稳定的发展过程。涨落是稳定系统中的不稳定因素，它总是使得系统失稳，但只有在一定条件下尤其是系统处于临界状态时，微小的涨落就可能得到系统的响应而产生巨涨落，系统的失稳就被推向极端，使原有的系统结构、秩序在整体上被破坏，进而产生新的稳定结构和形成新的秩序。

因此，发展不仅仅是与失稳相联系，也与稳定相联系。系统具有一定的稳定性也是系统发展的必要条件。正如恩格斯所指出的："物体相对静止的可能性，暂时的平衡状态的可能性，是物质分化的根本条件，因而也是生命的根本条件。"[12]显然，开放系统在动态之中保持稳定，是生命有机体的根本奥妙所在。

就社会发展而言，客观上存在诸如贫富不均、社会地位高低等差异，表明个体性状态和趋势的存在，故产生竞争，使系统失稳和产生创造性。而系统原本固有的整体性，则要求各社会阶层或区域空间须保持一种利益共同体上的协同，以求系统的稳定和获得整体化效应。发展的手段是竞争，而稳定的措施是协同。没有协同就不可能保障系统的稳定，没有稳定系统也就不可能进行有序的发展。同时，没有竞争，没有发展，也就不可能使系统呈现出更高层次的稳定。

值得指出的是，竞争和协同不仅相互依赖，而且在一定条件下可以互相转化。就是说，通过涨落放大，原有的发展竞争和创造性便转化为新的稳定协同目的态；其后新的稳定协同目的态在发展之中又会出现新的竞争涨落，出现新的创造性因素。亦即竞争之中有合作，创造之中有目的，反之亦然。竞争、创造以协同、目的为基础，协同、目的也以竞争、创造为前提。于是，竞争和合作、创造和目的的相互转化与促协，既决定了系统的稳定，又推动了系统的有序发展。稳定是发展的基础，基础不稳，发展则无序，创新也不复存在。发展是稳定的主导，主导不能创新、竞争和施展个性的张力，则稳定不复存在，也无协同可言。

自第二次世界大战结束以来持续掀起的现代化经济建设，不仅使西方资本主义国家和一些战后新兴国进入发达世界，而且也加速了第三世界国家为摆脱贫困和缩小差距所进行的改革浪潮。由于现代化意味着对传统社会稳定状态、结构和发展模式的否定，是加速的发展和巨型的结构涨落，因而现代化进程常常伴随着社会失衡和动乱。

因此，美国学者 Samuel P. Huntington 在《变化社会中的政治秩序》一书中，提出并用西方国家的历史经验给予旁证的命题："现代化孕育着稳定，而现代化过程却滋生着动乱。"[13]就是说，要使社会稳定，就需要通过经济的较快发展来解决诸如发展欲望与发展不足、贫困与贫富差距矛盾等类使社会失衡、失稳问题。但伴随经济的增长，人们的物质、精神生活和社会地位追求等更呈现出超前的加速增长。当社会难以满足时，就会出现各种怨愤；当经济发展过快，不仅引起经济结构失衡、资源供给欠缺和生态环境危机，而且因改革失度或不力，导致社会分配不公、贫富差距过大、失业严重、政治腐化、违法犯罪，以及文化观念扭曲、心理承受力差和民族问题等，易于使社会产生较大的动乱，乃至政权的变更。

因此，在这位学者看来，不仅社会经济的现代化会产生动乱，而且动乱程度与现代化进程的速度有关，即发展的速度越快，社会动乱越严重。尽管这一理论揭示了西方发达国家实现现代化过程的曲折经历和动荡教训，其命题所指出的二律背反的结论值得我国借鉴。但却忽视了发展中国家的“后发优势效应”，以及由于各国现代化模式不同，其结果也将显著不同这种现实，因而存在一定的局限性。

此外，社会失衡和动乱不仅与发展的速度有关，也与发展的周期相联系。由于经济发展具有周期性，也决定了社会发展和稳定的周期性演化。如经济发展处在萧条时，社会易于产生失衡和动乱；经济的复苏，也往往伴随着社会的稳定。经济发展的周期性源于经济系统内部矛盾的对立统一和协调与非协调的规律性演化，但其周期的长短和涨落的幅度却与社会的稳定息息相关。同样，社会发展的周期性不仅源于社会系统内部的矛盾转换，也更与经济的发展密切相关。因此，社会稳定能够保证和促进经济的发展，经济的发展反过来又带动了社会的发展和更高层次的稳定。

6.5.2.2　总量供需与社会稳定

一个国家或区域系统内物质、能量和人力资源的总量供需均衡既反映着人们的基本生活和发展要求是否得到满足，主要资源的储备和环境消纳污染的能力能否保障生产和生活的持续发展需要，也进而标志着社会的稳定，映象着发展的潜力和人们对未来的预期。由于上述总量的供需是社会发展的基本矛盾所在，是社会经济结构稳定与否和环境支撑能力的功能表现，因此，调节其供需均衡不仅是保障区域社会稳定的基础，也是促进其社会经济可持续发展的基本需要。

诚然，特定时空域物质、能量的供需均衡是指在围绕最佳均衡点的某一邻域里的供需等价，即有 S(供给) $\cup$ D(需求) $\in \{(N, M\}$ 或 $N \leqslant S \cup D \leqslant M$，使 $S \subseteqq D$。在这一状态范围内，物质、能量的总供需之间虽有一定差异，但不破坏供给“源”和需求“宿”及其在供需过程的系统协同和自组织机制。同时，由于均衡域存在的适度势差往往会使诸总供需在其过程中得以充分认知、有序调整和有机协同。

满足人们的基本生活和日益增长的物质需要是社会稳定的基础。就是说，伴随人口(P)的增加和消费水平(C)的提高，既要使当年的物质生活资料的供给(F)不低于当年的消费总需求，也要考虑到下一年度的生产保障而需要一定的积累(a 为积累系数)，故使两者的差(α_1)控制在某一可接受的邻域内，于是有

$$CP - (1-a)F \leqslant \alpha_1 \tag{6-1}$$

社会财富的创造既与人力、财力和技术进步有关，更取决于再生资源(R_1)和非再生资源(R_2)的支撑。也就是说，社会总产品(Y)对自然资源的依赖不能超过这两种资源在维持生态平衡前提下的可能供给，即有

$$\theta Y - c_1 R_1 - (1 - c_1) R_2 \leqslant \alpha_2 \tag{6-2}$$

式中：θ 为资源转换率，c_1 为再生资源的利用系数，α_2 为可利用资源剩余。

伴随现代化过程中科技贡献的日趋凸现和资本有机构成的加速提高，以及人口的膨胀所引发的人力资源的失业问题，不仅困惑着发展中国家的发展决策和易导致社会的不稳定，也使人口较少的发达国家常感棘手。它不仅制约着经济结构的调整和现代化的进程，且也加剧了贫富差异和因"无事生非"而带来更多的社会不稳定。因此，追求人力资源的供需均衡成为各个国家保障社会稳定和促进经济持续发展的关键决策议题之一。值得指出的是，保留适度的失业率有助于通过竞争调动劳动者的生产和工作积极性，从而推动经济和社会的有效发展。于是，我们可得到下列人力资源(L)供需均衡式：

$$L - \omega Y \leqslant \alpha_3 \tag{6-3}$$

式中：ω 为单位社会总产品或产值所需劳动力系数，α_3 为适度人力资源剩余。

环境是人类社会延续的自然基础，而发展则是人类社会协调人与自然、人与人关系的能动表现。如果发展不能立足于可持续性，那么这样的发展势必胁迫环境的自然无序演化，亦将危及人类自身的生存与发展。因此，保护人类生存的自然基础，改善环境质量以满足人们日益增长的生活水平提高的需要，既是人类社会可持续发展的需要，也是保障社会稳定的基础。环境质量的改善，既取决于环境自身净化能力的提高，又与减少人类生产和生活排放的废弃物及其治理有关。要保障环境质量即使环境的污染限制在某一可接受的邻域(α_4)，则必须使环境消纳、自净的能力大于或至少等于废物排放的污染浓度。为此，我们有

$$\upsilon_1 (1 - E) - \upsilon_2 W \leqslant \alpha_4 \tag{6-4}$$

式中：υ_1 为环境自净系数，υ_2 为废物污染浓度系数，E 为环境质量，此处定义为无污染的环境浓度；W 为排放到环境中的废物总量，分别来自人口消费、资本折旧与社会总产品的生产损耗和废弃物。

如果能够解决上述四个方面的总量供需均衡，或者使其保持在一个可接受的范围内，那么就可以基本保障区域社会的稳定和可持续发展。

6.5.2.3 结构均衡与社会稳定

结构是指一个系统内部主要元素的状态及其之间的相依关系，它支撑着系

统，决定着系统的存在和运动方式。结构不同，系统的输出功能和表现形式也截然不同，它不仅决定着系统的输出总量，也因与外部环境的能量、信息交换，而决定着系统的稳定和发展。保障上述总量均衡的基础是社会内在结构的均衡与协调，这需要合理或优化产业结构、利益分配结构和区域发展结构内部及其之间的相依关系，以便促进经济的有序发展和社会的稳定。

产业结构是指决定区域物质生产、社会运行和满足人们精神生活需要的一、二、三产业及其内部部门的构成，通常以产值或劳动力配置比例来反映一个国家或地区产业结构的形态，进而反映经济的发展和人们的生活水平。产业结构具有相对稳定性，也就是说各产业之间应保持一定合理的物质能量供需比例，以便在适应和自适应中满足各方的需求，促进各自和系统的有序协调发展。

然而，伴随人们物质和精神生活的发展需要，以及资源紧缺和外部干扰，产业结构在慢变中也会产生大的涨落，从而导致产业结构、总量供需的失衡，引起行业、职业的分化和重组，引起社会地位、生活方式、贫富差异、文化水平、消费结构等系列变化；进而即使经济发生质的变迁，也必然引起其他社会结构和生态结构及其状态的变异，最终造成社会的失衡乃至质的变更。因此，产业结构的稳定与否，往往通过经济和就业总量的供需影响着社会结构的变化和稳定。

在某一时空域的社会财富相对恒定情况下，社会各阶层之间的利益分配问题便成为矛盾的焦点，也直接决定着区域社会的稳定。历史发展表明，越是贫穷，区域社会的稳定程度越与利益分配的公平程度呈线性相关乃至指数效应。就是说，在人们的劳动剩余不足于满足自身和家庭人口的生存与基本发展需要时，人们对集体财富的公平分享就特别关注，也因此易于引起激烈的矛盾纷争和动乱。相反，在社会财富丰裕足以满足基本需要情况下，人们对不公平分享的忍耐度就较大，且社会进步也使财富的分配日益公平。有道是，经济愈发达，社会愈稳定。

就我国而言，长期以来存在的利益分配结构问题主要表现为：城乡收入剪刀差、贫富差异扩大化和脑体劳动收益倒挂。我国的工业化和城市化是依靠农业的发展支持和农村剩余劳动力的转移而实现的，在这一过程中必不可少地存在着工农业产品的价格剪刀差，以及由此而引起的农村和城市人均收入差异扩大化。与此同时，由于计划经济条件下的“平均”分配原则，导致“搞原子弹的不如卖茶叶蛋的”的脑体倒挂现象造成我国科教事业发展上的落后，也从根本上制约着经济的发展和现代化建设。

伴随改革开放，上述两种差异在持续增大之后已开始缩小，特别是脑体倒挂现象正在发生明显的转变。然而，由于“权钱交易”而滋生的贪污腐化，由于向市场经济转轨和机制、法规不健全而出现的暴富，由于行业发展不平衡或失业而产生的同劳不同酬及贫困，且因此而造成的贫富差异近年来有所加剧，已成为影响我国社会稳定的主要因素。据估测，我国现阶段个人银行存款的80%隶属于不足20%的富裕阶层，因而尽管国家反复通过降息以求刺激消费来带动经济的发展，其结果却收效甚微。另则，我国迄今还有4000万人口未能解决温饱，以及因减员增效而导致的较多下岗人口和低收入问题，亦均加大了社会的不稳定程度。

区域发展结构的失衡也是导致社会不稳定的元凶之一。与反映社会阶层或集团之间的局部利益分配结构不同，区域发展结构则表现为地理空间上的整体利益差异。它既因自然环境和发展条件不同而产生经济发展上的离差，也会因民族和文化氛围不同而出现社会发展方面的明显差异，因而具有综合性和地域上的独立性。这种区域发展结构上的非均衡，既易于引起人口、资本的无序流动，也易于引起同一民族利益和文化的地域固守，从而在加剧地域非均衡发展的同时易于导致一个国家的分裂。值得指出的是，当今占世界人口20%的发达国家却拥有80%的全球财富，因贫富差异悬殊和大量贫困人口的存在而使世界难以安宁。

6.5.2.4 精神文明与社会稳定

伴随人类社会的发展和物质生活的日益丰富，人们对精神生活的追求亦愈来愈强烈，因而精神文明问题往往成为区域社会稳定的主导因素。精神文明是指社会在意识形态方面的进步，它反映着人们的精神寄托、思想追求、信仰和思维方式是否有助于社会的稳定和发展。

精神文明虽然与物质文明密切相关，但由于它是人们对客观世界认识的映像和对未来一切预期的理念与追求，因而它又超越物质文明，超越人们对物质运动规律的认识和社会发展的把握，会出现一些虚无缥渺的唯心史观和非理性意识及其邪恶行为。如果人们丧失对客观世界发展的正确认识和科学理念，如果把宗教信仰或非理性的意识作用于政治，强加于他人，那么就会产生社会的不稳定现象。当其在社会上引起一定的误导和盲目响应时，则会使区域社会产生震荡，乃至动乱。譬如近年国内出现的求神消灾、财运膜拜、“神功”治病等千奇百怪的伪科学意识、封建迷信和秘密结社等黑社会行为，乃至映及全国或境外的“法轮功”事件，不但对我国社会的稳定和现代化建设造成了严重危害，而且对人们的身心健康带来无法弥补的损失，亦使认识观、信仰自由、精神追求等意识形态领域产生了极大的混乱。

精神文明与人们健康的心理素质和文化行为息息相关。如果一个人的心理素质和文化水平较高，对社会的丑恶现象认识就比较清楚，对其污染的抵抗也就坚决；对不合理、不公平和危及自身利益的行为既敢于反抗，也会产生一定程度的理性容忍，从而有助于缓解社会矛盾和保障社会秩序的稳定。反之，若其心理素质较差和文化水平较低，除了对社会发展趋势和主流意识模糊不清，是非混淆，易于受邪恶观念诱惑外，对于可能遇到的不公平或挫折往往会产生过激行为，易于置法规和社会道德不顾而聚众犯罪或参与动乱，导致区域社会失稳。

6.5.2.5 外部环境影响与社会稳定

尽管一个国家或区域社会系统的稳定取决于其内部主要矛盾体之间的和谐度，然而社会经济的开放性又决定了既须依靠同外部物质、能量和信息的交换来促进自身的有序发展，又不可避免地承受着外部不良因素的随机干扰，乃至遭受严重的破坏而引起系统的剧烈振荡和结构涨落。如果区域社会经济系统自身结构稳定和发展有序，那么抵抗外部干扰的能力便较强，或者对遭受侵袭破坏后的系统修复具有很强的自救能力。但当区域社会经济系统处于变革、急速发展和失衡状态时，外部的随机干扰即使强度较小，也会像导火索一样易于引发系统的急剧涨落乃至质的突变。

影响区域社会稳定的外部因素主要来自自然灾害的侵袭和区（国）外经济、政治、军事等方面的诱导或冲击。自然灾害是生态系统失衡的表现，它往往源于人类的过度开发和利用，反过来又危及人类社会的安全，引发区域社会失衡和动乱，迫使人类反省和和谐与自然的共存。至于区域系统外部的经济、政治和军事干扰等因素，往往与资源掠夺、经济利益和意识形态密切关联。

诚然，一个国家的发展离不开同外部交换物质能量和科技、信息，以拉动和促进自身的经济发展及使社会更加稳定，但外部资本、文化和价值观的输入也会破坏系统的原有经济结构、文化氛围和价值理念。倘若不能较快地虑波、溶解或适应、转化，则易使区域系统的经济、社会产生振荡和失衡。因此，如何正确地发展同外部的经济、文化和科技、信息交流，如何有效地抵御外部的干扰和破坏，以实现经济的发展和社会的稳定，则是一个需要不断实践和探索的问题。

6.5.3 社会稳定的调控途径与机制

社会稳定既是经济发展的基础，也是社会进步和可持续发展的基础。保障社会稳定，首先需要树立可持续发展的世界观，以便克服急功近利和局域获益的失衡性发展。同时也要纠正唯稳定论，以免使社会和经济在徘徊中漫步爬行。由于可持续发展的基本准则是持续和谐人与自然、人与人之间的相依关系和物质能量的供需均衡，于是要求社会必须在稳定中得以发展，在发展中求得更高层次的稳定。如果我们的认识观还停留在传统的依靠征服自然、破坏环境、占有他人劳动、追求物质享受的发展模式和价值观理念上，便不可能保障人类社会沿着稳定的“时间之箭”而有序地演化。

适度加快经济结构的调整和发展的速度，以保障供需均衡和提高就业率；均衡不同社会阶层、不同地域空间的物质利益关系，以保障社会安定；有步骤地控制人口的增长和空间分布，以及提高人口素质，以减少未来就业和消费需求的长期压力；依靠科技进步，有效地开发利用自然资源，改善和保护生态环境，以及加强政治民主化、社会法治化和精神文明化，均是保障区域社会稳定和实现其可持续发展的关键。

对于像我国这样人口众多、地域辽阔、民族多元、经济基础较差、物质生产和社会福利保障还不能较充分地满足人们的需要的发展中国家，在加速现代化建设中必须坚持“发展是硬道理”的原则，因为诸上问题只有在发展中才能予以有效地解决，社会的稳定也只有在发展才能得到保障；必须均衡利益分配，即在首先满足人们的基本物质生活前提下，尽可能达到公平的分配和缩小贫富差距；应当尽力拓展就业领域和健全社会保障体系，以利社会的稳定发展；需要根据各地域的特点合理布局生产力，并采用一定的特殊政策加强边疆民族地区的社会稳定和同内地经济的协调发展；积极引导社会组织和广大民众树立科学的世界观和按法规、公共道德约束自身的行为，克服和杜绝歪理邪说的社会污染，弱化社会矛盾冲突和减少犯罪危害；尽可能积极地创造一个周边和全球和平与安全的国际环境，才能保障社会的稳定和促进我国的可持续发展。

解决上述问题必须依靠政策、法规和市场机制的综合调控，而建立一个从中央到地方强有力的廉洁高效的政府和加强中央政府的主导及宏观控制则极为重要。我国经过 20 余年的改革开放，虽然已成功地驶入了向市场经济转轨的快车道，但在一个较短的时间里实现发达国家需要 200 年才完成的现代化建设目标，会面临诸多具有共性和特殊国情，以及加入世贸组织后受到外部强烈冲击而引发的社会经济失衡问题。

在市场机制有待深化、健全情况下，我们必须依靠中央政府，通过制定正确的政策来加强宏观总量供需、结构协同、利益分配和区域发展均衡的调控；利用市场机制，调节行业的发展和企业的经营；依靠完善法规，来规范民众的职业和社会行为；建立健全社会保障体系，以便消解人们的生活和安全的后顾之忧；加强精神文明建设，以便树立正气，克服歪理邪气的侵扰。因此，建立一套能使政府的决策科学化、施政廉洁和民主化、管理高效和法治化的调控机制与运行规则，则是我们需要急迫解决也需长期探索的问题。[14]

总之，只有坚持改革开放，有序地加速现代化的经济建设，加强法治、精神文明和社会保障体系的建设，才能实现我国社会发展的稳定和可持续发展。

6.6　环境文明与人类共同体

6.6.1　环境文明与“地球村”共识

人类作为芸芸众生中的一员，是生物圈的一个有机组成部分。以生物性而论，人是动物，具有和其他动物一样的特征。但是人又有别于地球上其他生物物种，本身为一“家”——人种。人种（race）原义为同一始祖血缘集团的意思，在科学上，它完全是生物学中的一个概念，或者说是生物分类的一个单位，就是具有可区别于其他人群的共同遗传体质特征的人群。从这一角度来看，无论是白色人种、黄色人种，还是黑色人种，都属于人种，同其他动植物有着种的隔离。

人种又不同于种族，种族是作为一个在不同群体之间，除了具有部分特异的形态和生理特点之外，还具有由语言、习俗等历史文化因素组成的区域性特点的群体。种族一词最通俗的解释就是具有历史文化因素和某些体质特征的区域性群体。早在 1735 年瑞典人林奈（Linne），根据人的肤色，把全世界的人分为4个人种——美洲红种、欧洲白种、亚洲黄种和非洲黑种。[15]这种科学上的分类，未曾料到造成了人类社会历史上的种族问题。白色人种自视高贵，把非洲黑人当作奴隶和劳动工具。

在长达几百年的奴隶贸易中，不知有多少人葬身鱼腹，有多少人劳累惨死！在希特勒眼里，犹太民族是低等的民族，于是开始了他的疯狂屠杀行动，600多万犹太人死于非命！时至今日，因种族及其政治、经济和军事割据产生的地域对抗、冲突不断，种族问题仍是困扰国际社会的一大难题，且因历史上的仇视和当今化解矛盾不当、非平等相待而滋生的恐怖思潮和严重危机，成为目前全球政治和军事冲突的主要焦点。反思2001年美国纽约发生的“9.11”惨案和引发的阿富汗战争、伊拉克战争，不能笼统地归纳为是伊斯兰文明与现代文明的，或是伊斯兰教与基督教之间的对抗和冲突。其根源仍在于种族、民族问题的历史仇结和现代工业文明光环下经济利益和地缘政治势力的争夺与控制。

国家是世界组成的重要单位，也是利益分割的基本单位。自“国”而下，有着相同文化背景和生活习惯，或者有着相同利益追求的人又组成了一个个小圈子，形成了一个个或利益或信仰或文化阶层，如宗教、党派等等。这些组织，你有你的野心，我有我的追求，因而矛盾和对抗在所难免，也把人类自私、贪婪、残忍的本性暴露无遗。

自人类诞生之日起，哪一天没有刀光血影。如果说古代战争只是区域性的打打杀杀，那么近代两次世界大战，范围之广，伤亡之惨，破坏之重，影响之深，无异于人类的集体自杀！二战以后世界略显安静，但由于东西方意识形态的差异，一场没有硝烟的战争——“冷战”爆发了。美苏两个超级军事大国大搞军备竞赛，推动了世界范围内的军备竞争和政治势力的分割，这极大地影响和制约着国际政治、经济的健康稳定发展。1991年圣诞之夜，东欧剧变，苏联解体，冷战结束，世界就和平了吗？可以说，当代世界上虽有和平之势，但却无安宁之日。美国昨天刚刚轰炸了巴格达和贝尔格莱德，今天以色列又入侵巴勒斯坦，更令世界震惊的是美国世贸中心、五角大楼和国会山被撞的爆炸声和阿富汗、伊拉克战乱乃至中东地区的硝烟。最令世人担心的却是美国、俄罗斯等核大国所拥有的核弹库，它足以把人类毁灭几百次。我们的和平正遭受着史无前例的挑战，人类何时才能走出战争的阴影，求得真正的安宁？

我们渴望幸福，追求幸福，但由于人类的无知和贪婪，却用牺牲环境的代价来换取幸福。结果使我们栖居生息的环境被践踏，人类自身也朝夕难保。

据有关资料悉[16]，全球每年排放到空气中的铅达2.0×10^6t，砷$7.8\times$

10^4t，汞 1.1×10^4t，镉 5.5×10^3t，超出自然背景值 20～300 倍。在经济合作与发展组织工业化国家中，每年排放的一氧化碳 1.49×10^9t，二氧化碳 3.7×10^7t，二氧化硫 5.5×10^7t，颗粒物 1.6×10^7t。全世界每年生产的有害废物 3.3×10^9t，每年倾倒进大海的船舶废物 6.4×10^6t，排入海洋的石油高达 1.5×10^7t。发展中国家水污染也相当严重。马来西亚 42 条河流已变成死河，印度 2/3 的水源被严重污染。目前，全世界有 12 亿人口缺少安全饮用水，每年有 500 万人因饮水不洁而死亡。

随着社会的发展和科学技术的进步，人与其他生物之间的“伙伴”意识也被逐渐淡忘，取而代之是“主宰”意识并日益膨胀。这导致了大量物种的灭绝，使生物多样性迅速减少。据美国“全球 2000 年报告”统计[17]，到 2000 年现有物种的 15%～20%可能会消失，灭绝的物种将会达到 45 万到 200 万种！偷猎者是不会顾及物种的存亡的，他们为了一张珍贵毛皮、一顿美餐、更多的是为了贪欲的利润而疯狂捕杀。这也使得珍稀野生生物走私成为仅次于毒品和军火的第三大国际走私活动，每年走私金额达 50 亿美元[3]，不知有多少野生生灵死于偷猎者屠刀之下。

问题远远不止如此。今天，生态破坏、温室效应、环境污染、臭氧层耗竭等问题正严重威胁着人类的生存和健康发展。在重重危机面前，我们应该懂得“世界不单单属于任何一个国家和一代人，我们属于一个比我们自己更广大的世界，尽管这个世界家族血缘并不那么紧密”[18]，甚或存在着激烈的纷争和对抗。对整个地球自然物种、环境和子孙万代生存与发展的责任，把我们、地球上所有的居民，变成了一家人。

1992 年 10 月 24 日，前联合国秘书长加利在联合国日致辞中说：“第一个真正的全球化时代已经到来。”1995 年 10 月 22 日，150 多个国家的元首和政府首脑出席联合国宪章生效 50 周年特别大会，共同研讨与参与解决诸如人口、环境等一系列紧迫性全球问题。这一盛会充分表明，在世纪之交，“地球村”年代景观开始出现，可持续发展成为全球人类社会共同追求的目标和应分享的职责。

6.6.2 生产力发展与经济全球化

忆往昔，这个蓝色星球上不同国家和地区，因为地理位置差异、历史文化传统的不同，有着各自不等同的生存和发展方式。时至今日，世界还没有变成一个统一的“地球村”，差别和对抗依然存在。但是在全球化浪潮影响下，诸多差别日渐模糊，对立对抗也在弱化，科技和商品的国际传导，使全球的生产方式和经济形态呈趋同之势。各国消费者虽隔万里，却也有类似的生活方式——买同样的产品，听同样的音乐，吃同样的麦当劳，同为《泰坦尼克》而疯狂。这一切，都是来自全球化浪潮的洗礼，“地球村”也将成为人类历史的下一个驿站。

全球化是当今政界、经济界和社会各界普遍使用的词语，它包括经济全球化、政治全球化、文化全球化、生活全球化等等，其中经济全球化是全球化的基础和先导。

6.6.2.1 经济全球化产生与发展的原因

世界各国所处的地理位置和自然条件不同，不仅决定着各国矿产资源的储量分布和开采难易程度，而且也决定着社会经济的发展状况和潜势。根据比较成本学说，在物质产品生产过程中，各国可以充分发挥自己的优势，生产和出口比较成本低的产品，换取由本国生产不利的产品，即以人之长，补己之短。为了节约社会劳动，取得最大的经济效益，各国必然首先根据本国的自然情况和资源特点发展生产，并为满足本国生产和生活需要而跨国互通有无，交换各自的产品，这就产生了国际分工和国际贸易。

近 30 年来，全球范围内的科技进步形成了新的生产体系，促进了全球生产力的迅速发展，这是经济全球化出现和形成的前提与推动力。发达国家的高科技开发与应用直接促进了全球贸易的发展，尤其是计算机技术、无线通信和国际互联网络技术、传真技术及资讯业的发展，使得各种经济信息迅速而准确地传递到全球各个角落，加速了资本、劳务和技术等生产要素在国际的流动，形成了经济的全球化趋势。

6.6.2.2 信息革命加速了经济全球化

目前，全世界互联网（Internet）技术应用迅速扩大，计算机网络已成为全球经济信息的高速公路，这大大缩短了世界市场各部分间的时空距离，使整个世界成了“商贸村”，有力地促进了全球化的经济发展。互联网技术使分散在世界各地的生产者和消费者联系在一起，从订货、生产、付款到交货，可以在最短的时间内完成。特别是近年兴起的电子商务，正使现代信息技术和经贸活动完美结合，创造着一个真正意义上的无疆界的全球市场。

在全球范围内，厂商和消费者可以在网络所提供的虚拟市场上进行面对面的交流。在这个市场上，时间和空间得以统一，这对于无形贸易来说，其影响尤为显著。因为服务、贸易通常需要生产者和消费者在时间和空间上高度统一，这正是网络这个虚拟空间最大的优势。由于网络无边界，传统的关税、非关税贸易壁垒在这里失去效力，从而又推动着国际贸易和资讯交流向更高层次发展。

6.6.2.3 经济全球化与中国

改革开放以来，中国积极开展对内经济体制改革、对外贸易和技术交流，逐步介入世界经济，并日益融入了经济全球化的进程。经济全球化既影响着世界经济的进程，也决定着中国经济的未来发展。在经历15年漫长的谈判后，中国已于2001年12月正式加入世界贸易组织（WTO），这意味着中国经济须进一步融入全球经济之中，也标志着中国向世界的开放进入了一个全新的阶段。

加入世贸组织，融入经济全球化大潮，将给新世纪的中国经济带来难得的发展机遇。中国经济改革的目标是建立和健全市场经济体制，而WTO是一个以市场经济规律为基础的国际经济组织，所以加入WTO符合我们改革的目标和长远利益。其次，加入WTO将消除一些国家对中国在对外贸易、引进先进技术和先进管理方法等方面设置的层层障碍，为中国在平等互惠的基础上与世界各国进行资金、技术、人才的交流创造了条件。最后，加入WTO将为中国经济的创新带来强大的压力和动力。这种来自外部的强大的竞争压力，将迫使中国的经济管理部门和企业真正把创新提升到关系生死存亡的高度上来认识，从而促进中国经济的顺利发展和管理水平的不断提高。

在欢歌笑迎发展机遇的同时，也要看到加入WTO以及经济全球化使中国经济面临的严峻挑战。外资企业的迅速发展可能削弱了国内企业的竞争力和市场份额，而外国公司的高薪聘用，将会使国内人才流失更加严重。但是，经济全球化已是一种不可逆转的趋势，中国只有迎合这一历史发展趋势，采取有效的政策和措施，消除隐患，才能充分利用经济全球化为中国产业结构升级和经济增长方式转变提供有利条件，才能在今后激烈的国际竞争中取得长足发展。

6.6.3 建立国际政治经济新秩序

当今世界的国际政治经济秩序仍是二战后建立的由西方发达国家主导和控制的旧秩序，存在严重的不公正、不平等、不合理现象。霸权主义、强权政治仍是世界和平与发展的主要障碍，限制与反限制、控制与反控制、干涉与反干涉的斗争仍是国际关系中的重要内容。

虽然各发展中国家利害关系不同，但是维护和平、实现稳定、谋求发展是它们共同的呼声。发展中国家根本利益仍是一致的，它们在利用经济全球化带来的机遇的同时，也逐渐意识到全球化所带来的负面效应，迫切希望在和平共处、互不干涉等国际关系准则的基础上建立国际政治新秩序，遵循平等互利、共同发展的原则建立国际经济新秩序。

6.6.3.1 战争冲突需要国际社会协同解决

冷战结束后，国际形势总体趋向缓和，但决不意味着不再有冲突和战乱。据统计[19]，冷战时期世界各地发生的局部战争和武装冲突平均每年约4起多，而冷战结束后的几年间，新发生的武装冲突每年平均在10起以上。武装冲突和军备竞赛是可持续发展的巨大障碍，也是人类文明的最大威胁。战争吞噬了一个个无辜的生灵，军备竞赛则消耗了大量宝贵的物资，而这些物资本来可以用于缓解贫困、解决环境问题。1985年，全世界军费开支在9000亿美元以上，而用于解决最为紧迫的热带森林保护、水资源紧缺、沙漠化和人口问题所需的费用仅相当于一个月的军费开支。[20]

困扰当今世界的恐怖主义和恐怖灾难，成为各国关注的焦点，政治格局和军事策略亦难免随之而调整。但消除恐怖思潮和隐患，仅靠军费增加和军事打击是无法从根本上保障世界安宁的。只有本着公平、均富、互利原则，通过政治协商和国际社会合作，才能有助于世界的稳定发展。

考虑到军备竞赛对世界和平的威胁和现代战争对文明潜在的破坏，迫切需要那些有部署大规模毁灭性武器能力的大国应当彻底转变统霸世界的理念和思维定式，顺应世界追求和平与可持续发展潮流，勇敢而自觉地限制核武器的研制、扩散和威慑欲。亦需要世界各国着眼未来，紧密合作，共同消除不断增长的武装冲突的根源，保障人类社会的安定和可持续发展。

6.6.3.2 解除贫困危机需要国际社会携手合作

贫困问题是当今世界普遍存在，也是危及社会稳定和可持续发展的最严重问题之一。世界上现在的穷人比人类历史上任何时候都多，而且数量仍在继续增加。据有关资料悉[19]，相对最不发达国数目由1974年的29个已增加到1994年的48个，超过世界发展中国家总数的1/3；每年有1800万人死于饥饿或与贫困有关的原因。单从收入来看，世界上20%最贫穷人口占世界收入的比例，1960 年是 2.3%，1998 年是 1.1%[21]，说明贫困差距依然十分严重，富国愈富、穷国愈穷的现象仍在加剧。

贫困本身不会直接污染环境，但是它以不同的方式制造出环境压力。那些贫困饥饿的人们，为了生存，砍伐森林，过度放牧，过度耕种贫瘠的土地，越来越多的人拥入已经拥挤不堪的城市。这使得人类居住的生态环境日益恶化，自然灾害日益频繁。在 20 世纪 60 年代，每年有 1850 万人受旱灾影响，而到 90 年代，受灾人口增加到了 9620 万[20]，这些受灾者几乎都在贫困落后国家，灾难使其社会经济更是雪上加霜。前印度总理英迪拉·甘地说："贫困是最大的环境污染。"他道出了发展中国家生态环境问题加剧的根本原因。

每个人都有生存和发展的权利，也都有生活好的权利。每一个生活好的人都有义务帮助那些穷人。可喜的是，世界环境与发展委员会（WECD）已经采取很多措施，支持贫困国家着力保护环境和发展经济。但是要根除贫困，除了各国特别是贫穷落后国家健全社会保障体系和扶贫解困机制外，还需要世界各国的共同努力，建立一个公平合理的国际经济与贸易新秩序。

6.6.3.3　生存优先，平等发展

当今世界是一个不公平且两极分化加剧的世界：一边是穷人的世界，另一边是富人的世界；一边是城市化和工业化的国家，另一边是以农业和乡村为主的国家；一边是追求高消费的国家，另一边却是为生存而斗争的世界。城市化和工业化高度发达的国家虽仅有 20%的世界人口，但却拥有 80%的全球财富；而占世界人口 80%的欠发达国家，却仅拥有 20%的全球财富。前者人们不断追求生活的高消费，而后者却为生存而斗争。美国 2.6 亿人口的消费量相当于 30 亿中国人，85 亿印度人，或者 170 多亿孟加拉人的消费。美国每年新增人口 300 万，其消费量相当于发展中国家每年新增 9000 万，而世界每年实际新增人口是 9300 万。[7]显而易见，贫富导致的"马太效应"既不断加剧，也将使世界难以安宁。

发达国家通过侵略掠夺和不平等贸易，获得了经济的巨大发展，而他们现在又大量转移污染，还要求发展中国家共同承担环境责任，这是不公平的。军事大国通过军火交易，获取大量外汇，而贫困落后国家却用来打内战，这更是不公平。全球环境问题、经济危机、政治冲突，虽然多发生于发展中国家，但其根源却来自发达国家，来自不公平的国际政治经济秩序。

在发展中国家看来，环境污染和生态恶化还不是首要问题，他们更关心的

是如何生存和平等发展。在现有经济发展阶段和技术水平下，他们没有能力承担削减污染的重负，更不可能牺牲发展来换取环境保护。对他们来说，首先要做的就是生存下来，发展下去。

冷战的结束为人类和平打开了绿灯，高科技的迅速发展、国际经济一体化的浪潮澎湃和可持续发展运动的勃兴，为人类社会展现着一幅幅光明美好的憧憬。但新世纪伊始，凸现的恐怖主义思潮和震惊的恐怖灾难，以及经济衰退、贫困蔓延和环境污染加剧，又使世界生存和发展危机重重，建立国际政治经济新秩序路漫漫其修远兮。然而历史的车轮不会倒行逆驶，人类社会只有遵循自然规律和公平准则，高擎环境文明和共建“地球村”旗帜，协同人与自然、人与人的相依关系，才能实现世界和平和保障自身的可持续发展。

概而言之，人类必须重新认识地球承载力的有限性，而放弃技术万能、精神至上和自身生产放任的虚假无限。人类亦必须重新认识自己创造力的有限性，而放弃征服自然、统治异己和对物质财富的无穷贪婪。只有坚持以环境文明为基础，物质文明和生育文明并举的人类文明观及其实践方略，才能促进和实现人类社会的可持续发展。

本章参考文献：

[1] 毛志锋．论环境文明与可持续发展．中国经济问题．1998 (1)
[2] 毛志锋．适度人口与控制．西安：陕西人民出版社，1995
[3] 毛德华．危机与出路——人类生态环境问题透析和可持续发展．湖南地图出版社，1999
[4] 舒代宁等．环境革命与环境文明．乐山师范学院学报，2001 (2)
[5] 中国2000年自然资源状况统计．国统计摘要，2001
[6] 李小建．经济地理学．北京：高等教育出版社，1999
[7] 刘任清．人类永恒的主题——人与自然和谐发展的正确抉择．长沙：湖南人民出版社，1999
[8] 刘志文等．农业可持续发展与环境保护．昆明：生态经济，1999 (2)
[9] 中华人民共和国国务院新闻办公室．中国的环境保护．北京：人民日报，1996-6-5
[10] 傅兴．实行可持续发展战略 必须加强环境与资源保护．北京：中国环境管理 1996
[11] 何希吾，姚建华．中国资源态势与开发方略．武汉：湖北科技出版社，1998
[12] 国家自然科学基金委员会．全球变化：中国面临的机遇和挑战．北京：高等教育出版社，1998

[13] 曾国屏．自组织的自然观．北京：北京大学出版社，1996
[14] 毛志锋．论社会稳定与可持续发展，北京大学学报，2000（3）
[15] [美] Samuel P. Huntington（塞缪尔·P. 亨廷顿），王冠华等译．变化社会中的政治秩序．北京：生活·读书·新知三联出版社，1989
[16] 周大鸣等．现代人类学．重庆：重庆出版社，1990
[17] 杨德才．忧患中国　生存环境　昨天·今天·明天．武汉：长江文艺出版社，2000
[18] [美] 莱斯特·R. 布朗等．世界现状 2000（中文版）．北京：科学技术出版社，2000
[19] [美] 阿尔·戈尔．濒临失衡的地球——生态与人类精神（中文版）．北京：中央编译出版社，1997
[20] 詹世亮．发展中国家与国际新秩序．北京：人民日报，1999-12-25
[21] 世界环境与发展委员会．我们共同的未来．长春：吉林人民出版社，1997
[22] 毛志锋，叶文虎．论可持续发展要求下的人类文明．人口与经济，1999（5）
[23] 叶文虎．环境管理学．北京：高等教育出版社，2000
[24] 刘培桐等．环境学概论．北京：高等教育出版社，1985
[25] Richard Primack. 保护生物学基础．北京：中国林业出版社，2000
[26] [美] 阿尔·戈尔．濒临失衡的地球——生态与人类精神（中文版）．北京：中央编译出版社，1997
[27] 秦麟征．破损的世界 现代文明的阴影．哈尔滨：东北林业大学出版社，1996
[28] 晏路明．人类发展与生存环境．北京：中国科学环境科学出版社，2001
[29] 郑易生等．深度忧患——当代中国的可持续发展问题．北京：今日中国出版社，1998
[30] 胡春惠主编．“转型期的中国社会经济问题学术研讨会”论文集．香港珠海书院亚洲研究中心，1997
[31] 钱箭星．发展中国家的人权观——反贫困与可持续发展．北京：国际论坛，2000（3）
[32] 李京文．二十一世纪经济全球化及加入 WTO 背景下的中国经济．武汉：经济与管理论丛，2000（11）
[33] [美] 芭芭拉·沃德等．只有一个地球——对一个小小行星的关怀和维护．长春：吉林人民出版社，1997
[34] 黄贵荣等．失衡的世界——20 世纪人类贫困现象．重庆：重庆出版社，2000